PowerPoint 最強時短仕事術

Inoue Kaori
井上香緒里

IT × 仕事術
IT × Work Hacks

技術評論社

本書をお読みになる前に

●本書はMicrosoft 365版 PowerPoint(Windows版) で誌面作成をしています。ほかのエディションでは操作が異なったり、機能そのものがない場合もあります。また、Office for Macでは対応していない操作もあります。あらかじめご了承ください。

●本書に記載された内容は、情報の提供だけを目的としています。したがって、本書を用いた運用は、必ずお客様自身の責任と判断によって行ってください。これらの情報の運用の結果について、技術評論社および著者はいかなる責任も負いません。

本書記載の情報は、2021年9月現在のものを掲載していますので、ご利用時には、変更されている場合もあります。

本書のソフトウェアに関する記述は、特に断りのないかぎり、2021年9月時点のバージョンをもとにしています。ソフトウェアはバージョンアップされる場合があり、本書での説明とは機能内容や画面図などが異なってしまうこともあり得ます。本書ご購入の前に、必ずバージョン番号をご確認ください。

以上の注意事項をご承諾いただいた上で、本書をご利用願います。これらの注意事項をお読みいただかずに、お問い合わせいただいても、技術評論社および著者は対処しかねます。あらかじめ、ご承知おきください。

はじめに

PowerPointは「パワポ」の呼び名で親しまれているプレゼンテーションソフトです。これまでは、商品やサービスなどを提案するシーンで使われるのが主流でしたが、在宅ワークやオンライン会議が増えた昨今、PowerPointの利用シーンは爆発的に広がりました。特に、オンライン会議やオンライン授業では、職種や年代を問わず、多くの人がPowerPointを使って資料を作成しているのではないでしょうか。

PowerPointの良さは、何と言ってもその操作性。「スライド」という白いキャンバスに文字や写真、グラフを配置するだけなので、ExcelやWordを使ったことがあれば直感的に操作できます。また、**スライドを魅力的に見せてくれるデザインやアニメーションが豊富に揃っているので、デザインに自信がなくても見栄えのするスライドを作ることができます**。

しかし、PowerPointを簡単に使えることによる弊害も生まれています。それは、スライドの作成に時間がかかりすぎること。PowerPointのスライドには「これで終わり」という区切りがありません。そのため、もっとこうしたい、こうすればもっとよくなるという気持ちが勝ると、スライド作成に膨大な時間を費やしてしまうことになるのです。スライド作成にかける時間の多さから、「パワポ禁止令」を出す企業もあるほどです。

PowerPointをビジネスで使う以上、作業効率をあげることが求められます。短時間で効率よくスライドを作成するポイントは2つです。

1つ目は、PowerPointの正しい使い方を学ぶことです。他の方が作ったスライドを拝見すると、本来の使い方とは違う操作をして遠回りしているケースがよくあります。たとえば、図形の中に文字を入力するときに、図形とテキストボックス（文字入力用の図形）を重ねているケース。このやり方では、2つの図形を別々に扱うことになり操作が煩雑になります。**自分流のやり方を続けていると、結果は同じでも作成までの時間やその後の編集時間に大きく差が出ます**。また、後からスライドを修正する時に「スライドマスター」機能を使っていない人が多いことにも驚かされます。1枚ずつ手作業で修正していると、時間がかかる上に修正漏れが発生しますが、**スライドマスターを使えば、すべてのスライドの書式を一発で修正できます**。「スライドマスター」は、まさに"時短の特効薬"です。

PowerPointのすべての機能を勉強する必要はありません。仕事でよく使う機能や使い勝手が悪くて困っている操作があれば、その機能の正しい使い方を学んでみてください。正しい操作を身に付ければ、その後のスライド作成がスムーズに進んで"時短"につながるでしょう。

2つ目は、スライドの見た目はPowerPointに任せることです。誰もがかっこいいスライドを作りたいと願い、あれこれ試行錯誤して時間をかけてしまいます。**PowerPointには秀逸なデザインが数多く用意されており、そのデザインを使うことで全体の統一感を保てる**ようになっています。スライドの背景やグラフ、図表など、どう見せればいいのか分からずに時間をかけていた操作をPowerPointに任せ、その分の時間をプレゼンテーションの内容を吟味したり、推敲したりすることに使ってください。

本書では、PowerPointを使って効率的にスライドを作成する"時短ワザ"を解説しています。長年、筆者自身がPowerPointを使ってきた経験に加え、他の方が作ったスライドを添削したり、大学の授業でPowerPointの指導をしたりした経験から、多くの人が遠回りしている操作やぜひ知ってほしいワザを厳選しました。

PowerPoint初心者の方は、第2章の「WordやExcelと連携して、時短を加速させる」によく目を通してください。PowerPointでスライドを作成する手順に沿って、ExcelやWordとの連携ワザを解説しています。また、第6章の「オンライン授業の動画にも使える録画機能」の節では、現在、注目を集めているPowerPointを使った動画作成の方法についても解説しています。

本書がPowerPointを使う方々のお役に立ち、これまで以上にPowerPointのファンが増えることを願っております。

井上香緒里

目次

第1章 最初に押さえておくべき6つの考え方

第2章 WordやExcelと連携して、時短を加速させる

第3章 最適な書式設定で、資料を格段に見やすくする

第4章 図解と図形を利用して、関係性をシンプルに伝える

第5章 表やグラフを挿入して、説得力を倍増させる

第6章 イラストや写真を活用して、ひと目でわかる資料に！

第7章 色やデザインを工夫して、表現力をさらに高める

第8章 「スライドマスター」でスピーディーに一括修正！

第9章
相手を一瞬で惹きつけるプレゼンのコツ

第 1 章

最初に押さえておくべき 6つの考え方

1-01 わかりやすいプレゼン資料とは？

プレゼンテーションとは「情報を正しく伝えて相手を説得すること」で、そのためのツールのひとつがプレゼン資料です。自社の商品やサービスをわかりやすく伝えるプレゼン資料を作るにはどうすればよいでしょうか。

PowerPointでプレゼン資料を作る4つのコツ

1. 1スライドに1テーマ

スライドに情報が多すぎると、見づらくなって聞き手を混乱させてしまいます。1枚のスライドには、1つだけの要点を書くように心がけましょう。

2. 文章で説明しない

大量の文章を短時間で読み取り、理解するのは大変です。長々と文章で説明する代わりに箇条書きやチャート（図表・図解)、グラフを使って、瞬時に情報が伝わるように工夫しましょう。

3. 聞き手が理解できる言葉で伝える

聞き手にわかりやすく伝えるためには、聞き手の理解度に合わせた言葉や用語を使うことが大切です。専門用語や業界用語、略称を適切に使っているかをチェックしましょう。

4. 強調したい文字は大きく見せる

スライドの中でも特に印象に残したい文字や数字は、文字のサイズを拡大したり、色を変えたりして、目立つように工夫しましょう。

1-02 資料作成に時間をかけすぎては本末転倒！

PowerPointはプレゼンの必須ツールですが、アメリカや日本の企業の中には、社内会議でPowerPointを使用することを禁止している企業もあります。その理由はズバリ、「作成に時間がかかる」ためです。

プレゼン＝スライド作成ではない

プレゼンテーションとは「限られた時間の中で情報を正確に伝えて相手を説得する」ことです。決してデザイン性の高いスライドを見せることではありません。**PowerPointで作るスライドは、発表者の説明を補完するためのもので、短時間で読み取れるわかりやすいものでなければいけない**のです。

しかし、現状はスライドの見た目にこだわる余り膨大な時間を使い、その結果、何を伝えたいのかがわかりにくいプレゼン資料になっていることがあります。もしかしたら、プレゼンを行うこと＝スライドを作ることになっているのかもしれません。PowerPointの利用を禁止する背景には、こういった「時間の無駄」があると言えるのです。

以下のようなPowerPointの機能を上手に使って作成時間を短縮して、スライドの内容やリハーサルに時間をかけられるとよいでしょう。

● スライド作成をサポートする主な機能

機能の名称	説明
アウトライン表示モード	ワープロ感覚でプレゼン全体の構成を組み立てられる
テーマ / バリエーション	スライド全体のデザインパターンが用意されている
SmartArt	組織図やベン図などの図表を簡単に作成できる
グラフ・表・SmartArtのスタイル	グラフ・表・SmartArtなどの色やデザインのパターンが用意されている
スライドマスター	すべてのスライドに共通の書式をまとめて修正できる
リハーサル	タイマーで時間を計測しながら、プレゼンの練習ができる

1-03 いきなりスライドを作り始めてはいけない

プレゼン資料を効率的に作るためには、PowerPointでスライドを作り始める前に、プレゼンテーションで何をどんな順番で伝えたいのかといったアウトライン(骨格・構成）を固めておくことが大切です。

プレゼンの「肝」はアウトライン

PowerPointでプレゼン資料を作る際に、いきなりスライドに文字を入力し始めると、どうしても「文字を大きくしたい」とか「色を付けて目立たせたい」といった見た目が気になるものです。

そこで、Windowsに付属するメモ帳アプリやワープロソフトのWordなど、文字だけを扱うアプリを使ってプレゼンのアウトラインを作るとよいでしょう。PowerPointに用意されている**アウトライン表示モードなら、階層のあるキーワードを書き出したり、マウスのドラッグ操作で簡単に順番を入れ替えたりすることができます**。

アウトラインの段階でじっくり時間をかけて熟考すれば、あとは文字以外の要素（グラフや写真など）を適切な場所に追加し、最小限のアニメーションを設定すれば完成です。

● PowerPointのアウトライン表示

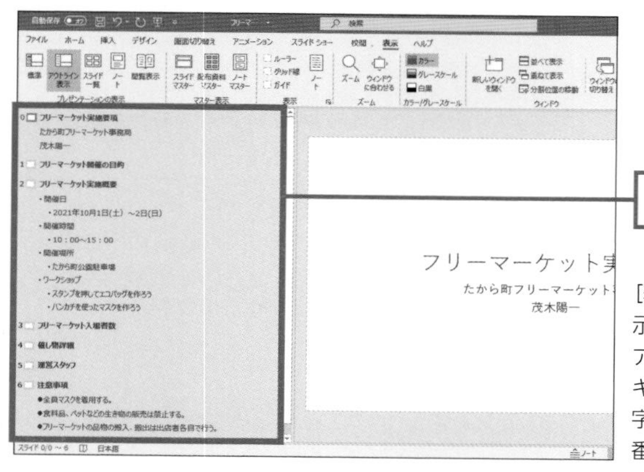

アウトラインの領域

［表示］タブの［アウトライン表示］をクリックすると、左側にアウトラインの領域が現れる。キーワードを書きだした後で文字を上下にドラッグすると、順番を入れ替えられる。

1-04 1枚のスライドに1つのテーマ！

プレゼン資料となるスライドは「読むもの」ではなく「見るもの」です。たくさんの情報が詰め込まれたスライドは瞬時に理解することができません。一目で内容がわかるスライド作りを心がけましょう。

一番重要なメッセージだけを入力する

スライドに余白があると、ついつい1枚のスライドにたくさんの情報を詰め込んでしまいがちです。

これを防ぐために、「**1枚のスライドには1つのテーマに絞る**」というルールを徹底しましょう。一番重要なことだけをスライドに入力します。その結果、スライドの空白が内容を引き立てる効果も生まれるのです。

● スライドに入れる情報を取捨選択する

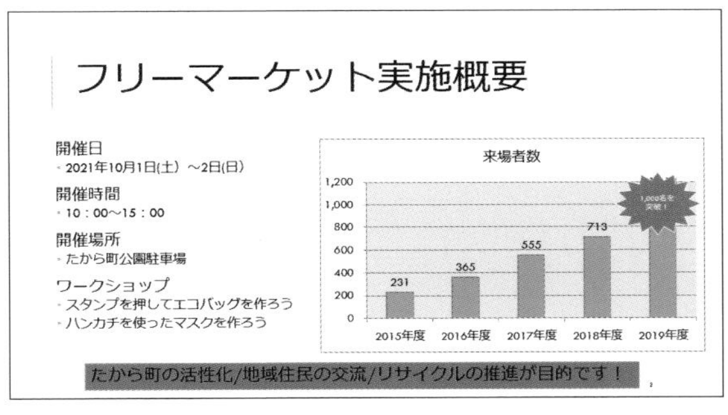

情報量の多いスライドは文字を読むのに時間がかかる。結果的に発表者の説明を聞き逃してしまう。

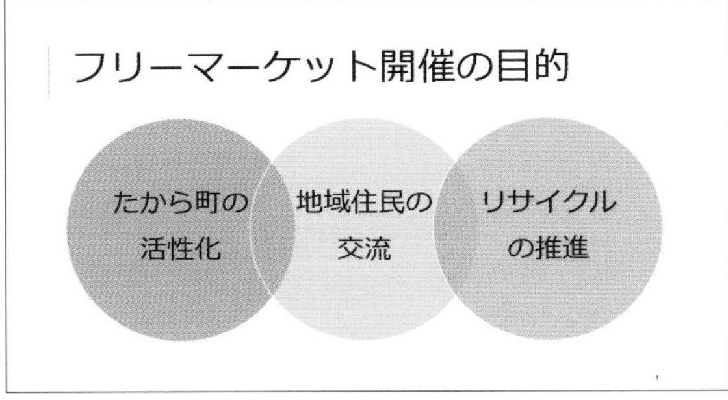

情報量が少ないスライドは見やすくて一瞬で理解できる。発表者の説明をじっくり聞くこともできる。

1-05 プレゼンのストーリーは結論から！

プレゼンでは、聞き手の集中力は最初の30秒だと言われています。そのため、最初に結論を述べるほうが効果的です。「SDS法」と「PREP法」を理解して、プレゼンのアウトライン作りに役立てましょう。

結論を重視するプレゼンなら「SDS法」

プレゼンでは、最初に結論を述べることで聞き手の興味が集まると言われています。プレゼンの主な基本構成は、「SDS法」と「PREP法」の2つです。どちらも結論から述べる手法ですが、**結論をより重視したければSDS法**、**ストーリーを重視したければPREP法**といった具合に、プレゼンの目的によってふさわしい型を使い分けましょう。

1.SDS法

SDSとは「Summary」「Details」「Summary」の略で、結論を早く伝えたいときに向いています。最初にプレゼンの要約（Summary）を伝えることで聞き手の興味を引き、次に詳細を説明（Details）して関心度を高め、最後にまとめ（Summary）をすることで、印象付けます。

S Summary
D Details
S Summary

2. PREP法

PREPとは「Point」「Reason」「Example」「Point」の略で、ストーリーを重視したいときに向いています。最初に結論から述べるという点はSDS法と同じですが、結論を導いた理由（Reason）や具体的な事例（Example）を出しながらより丁寧にじっくり説明をした後で、最後にまとめ（Point）を述べる構成です。

P Point
R Reason
E Example
P Point

1-06 スライドのサイズを事前に決めておく

PowerPointのスライドには「ワイド画面(16:9)」と「標準(4:3)」の2つのサイズがあります。最終的にプレゼンで使用する機器に合わせて、スライドを作る前にスライドのサイズを設定しましょう。

最終的に使う機器に合わせる

ワイド画面のパソコンが主流ですが、**PowerPointで作るスライドのサイズは最終的にどのディスプレイに接続してプレゼンを行うかで決まります**。たとえば、プロジェクターの大画面にスライドを投影するのであれば、標準サイズでスライドを作成しておく必要があります。

スライド作成後にサイズを変更することもできますが、一部のレイアウトが崩れる可能性もあります。できるだけ最初にスライドサイズを設定しておく習慣を付けましょう。

● 最初にスライドサイズを変更する

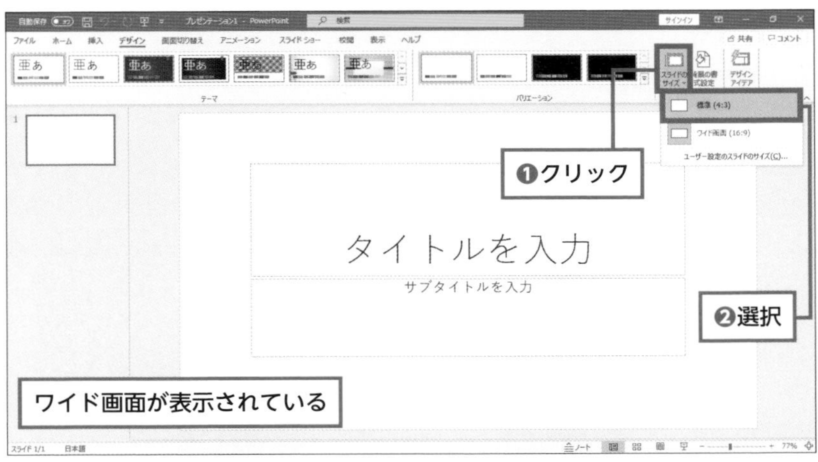

ワイド画面が表示されている状態で、[デザイン] タブの [スライドのサイズ] をクリックし (❶)、メニューから [標準 (4:3)] を選択する (❷)。

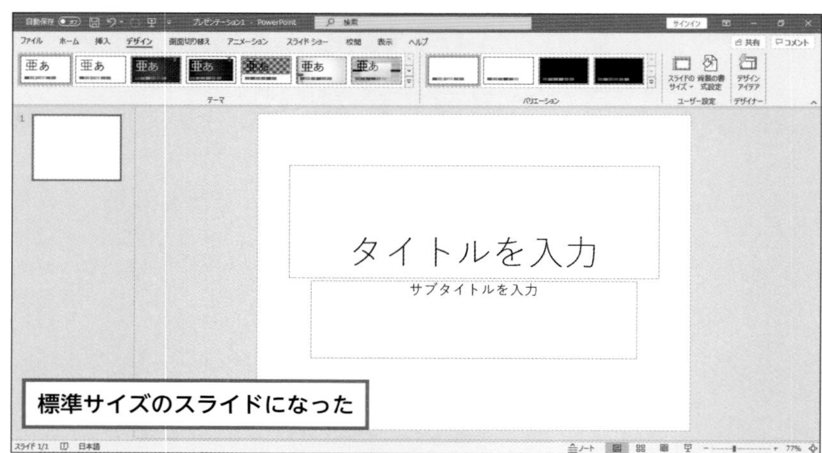

標準サイズのスライドに変更できた。

● スライド作成後にスライドサイズを変更する

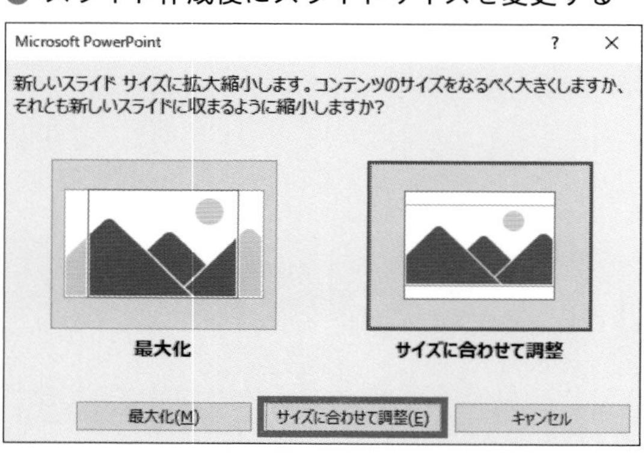

作成済みのスライドをワイド画面から標準に変更したときに表示される画面。スライド内のすべての要素が標準サイズに収まるようにしたい時は［サイズに合わせて調整］をクリックする。

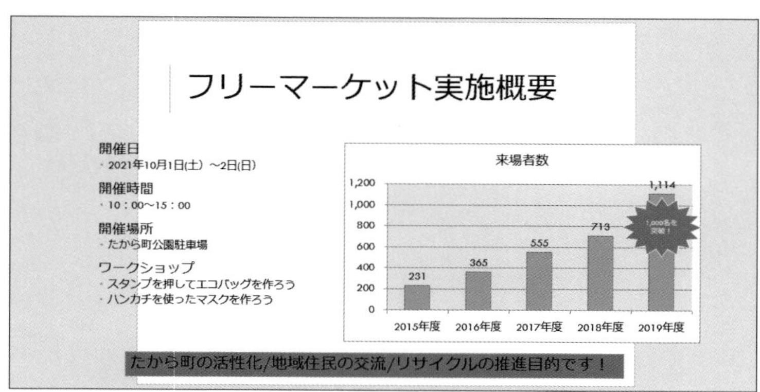

上図で［最大化］を選ぶと、スライドからあふれてしまうので注意する。

第1章 最初に押さえておくべき6つの考え方

第 2 章

WordやExcelと連携して、時短を加速させる

2-01 アウトラインをWordで作って、手直しの時間を短縮しよう

時短 15 分

プレゼン資料のもとになる提案書や企画書がWordで作成済みのこともあるでしょう。Wordに「見出しスタイル」を設定しておくと、丸ごとPowerPointのスライドに読み込むことができます。

前準備としてWordで見出しスタイルを設定しておく

Wordで作成済みのプレゼン資料の内容をPowerPointのスライドに入力し直すのは時間の無駄です。そのままPowerPointのスライドに読み込めば、文字の入力時間を省略できます。

Wordで作成した文書に**「見出し1」のスタイルを設定した文字がスライドのタイトル、「見出し2」のスタイルを設定した文字がスライドの箇条書き、「見出し3」のスタイルを設定した文字がスライドの第2レベルの箇条書き**としてPowerPointに読み込めます。読み込む前に適切なスタイルを設定しておきましょう。

● Wordで見出しスタイルを設定する

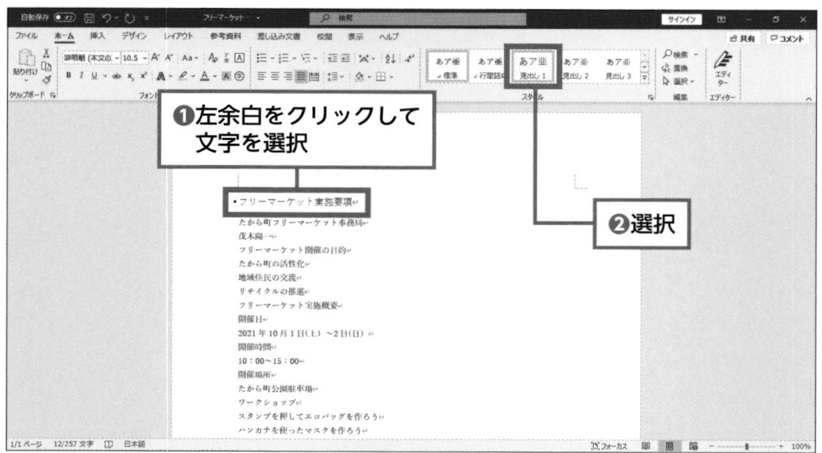

Wordを開き、スライドのタイトルにしたい文字の左余白をクリックして選択（❶）。[ホーム]タブの［スタイル］の一覧から［見出し1］を選択する（❷）。

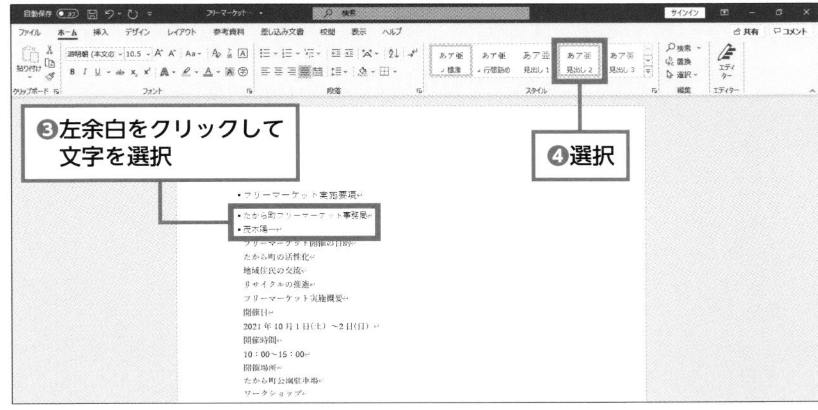

スライドの箇条書きにしたい文字の左余白をクリックして選択（❸）。［ホーム］タブの［スタイル］の一覧から［見出し2］を選択する（❹）。

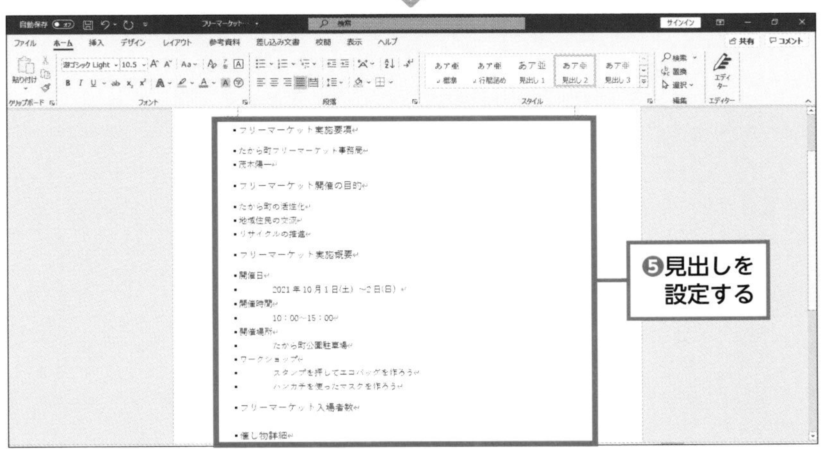

同様の操作で、［見出し1］［見出し2］［見出し3］のスタイルを設定する（❺）。見出しの設定が終了したら、保存して閉じておく。

memo

Wordで離れた行をまとめて選択するときは、最初の行の左余白をクリックし、Ctrlキーを押しながら順番に他の行の左余白をクリックします。その後で見出しスタイルを選択すると、効率よく見出しを設定できます。見出しスタイルを解除するには、［スタイル］の一覧の［標準］を選びます。なお、文字以外の要素（図や表など）をPowerPointに読み込むことはできません。

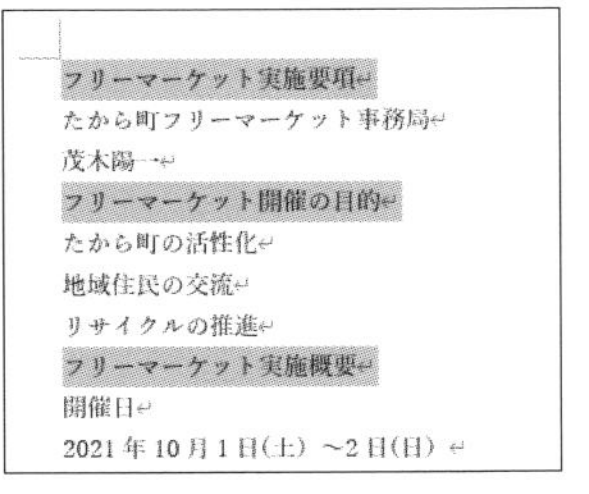

2-02 アウトラインを読み込んで、サクッとパワポに反映する

2-1の操作で文書に見出しスタイルを設定したら、PowerPointのスライドに読み込みます。いったんWordを閉じてから、PowerPointの［アウトラインからスライド］機能を実行します。

Word文書をスライドに読み込む

スタイルを設定した文書は、**［アウトラインからスライド］機能を実行する**だけで、あっという間にPowerPointのスライドに読み込むことができます。次の例では、新規プレゼンテーションとして読み込んでいますが、同じ操作で既存のスライドに読み込むことも可能です。Wordで指定した見出しスタイルに沿って、複数のスライドが自動生成されます。

● ［アウトラインからスライド］機能を実行する

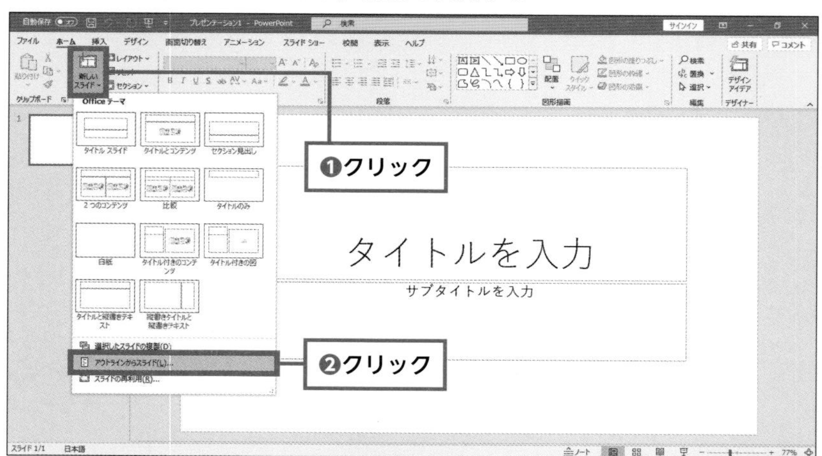

PowerPointの新規プレゼンテーションを開き、［ホーム］タブの［新しいスライド］の［▽］をクリック（❶）。メニューから［アウトラインからスライド］をクリックする（❷）。

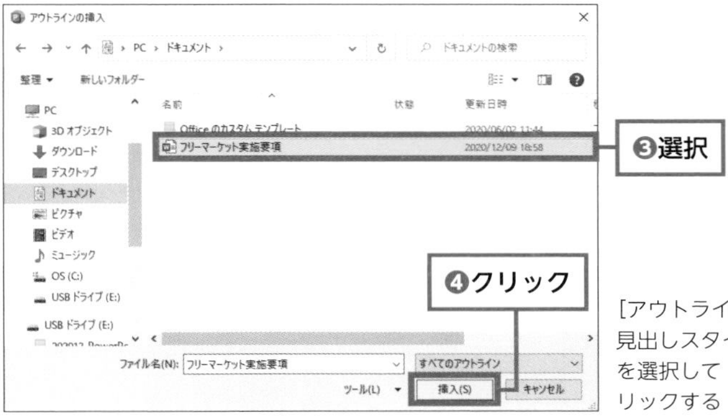

アウトラインの挿入
PC › ドキュメント ›
ドキュメントの検索
整理 ▾　新しいフォルダー
PC
3D オブジェクト
ダウンロード
デスクトップ
ドキュメント
ピクチャ
ビデオ
ミュージック
OS (C:)
USB ドライブ (E:)
USB ドライブ (E:)
名前　状態　更新日時
Office のカスタム テンプレート　2020/06/02 11:44
フリーマーケット実施要項　2020/12/09 18:58
ファイル名(N): フリーマーケット実施要項　すべてのアウトライン
ツール(L) ▾　挿入(S)　キャンセル

❸選択

❹クリック

［アウトラインの挿入］画面で、見出しスタイルを設定した文書を選択して（❸）、［挿入］をクリックする（❹）。

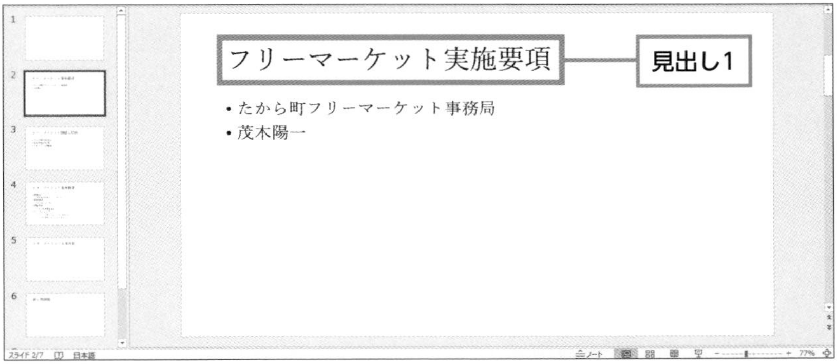

フリーマーケット実施要項
・たから町フリーマーケット事務局
・茂木陽一

見出し1

スライド 2/7　日本語

Wordで作成した文書がPowerPointのスライドに読み込まれる。「見出し1」を設定した文字がそれぞれのスライドのタイトルとして表示される。

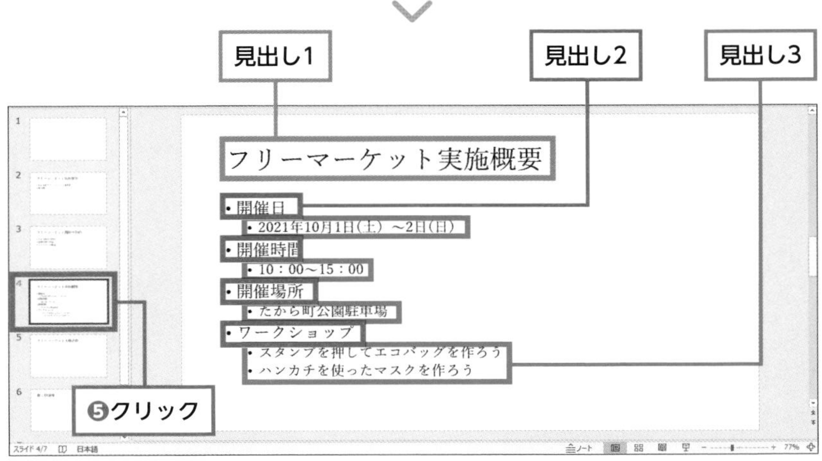

左側のスライド一覧で4枚目のスライドをクリック（❺）。「見出し2」と「見出し3」を設定した文字が階層のある箇条書きとして表示される。

2-03 スライドの枚数とレイアウトを思い通りに調整したい

文書をPowerPointに読み込んだ後は、不要なスライドを削除したり、表紙用のレイアウトに変更したりするなどして、スライドの枚数とレイアウトを調整します。

スライドの基本操作をマスターする

PowerPointは**中央に表示される「スライド」が操作の中心**です。スライドを追加したり、削除したり、並べ替えたりしながらプレゼン資料を作成するため、スライドの基本操作はしっかり習得しておく必要があります。

また、**スライド内に用意されている枠を「プレースホルダー」と呼び**、この枠の中に文字や表、写真などを追加します。プレースホルダーの数や配置方法によって複数のレイアウトが用意されており、後から自由に変更できます。

● スライドを削除する

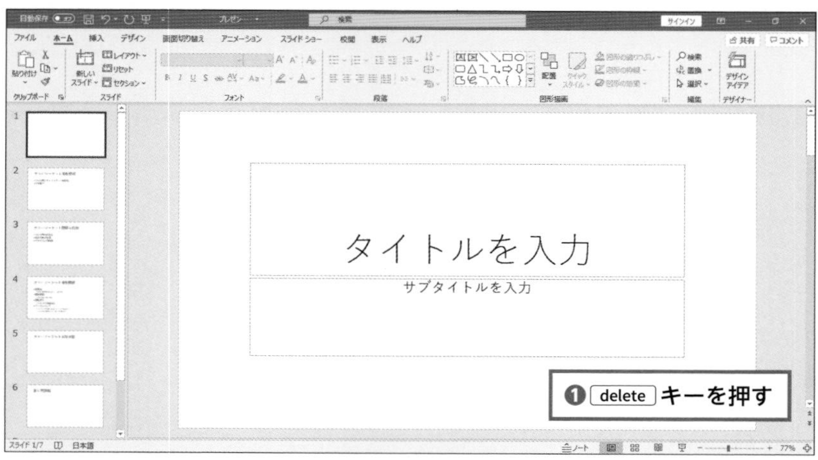

1枚目の空白のスライドを削除する。1枚目のスライドを表示して delete キーを押す（❶）。

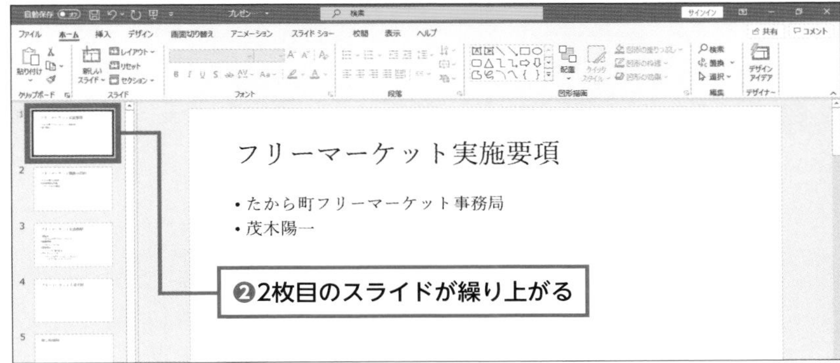

1枚目のスライドが削除されて、2枚目以降のスライドが繰り上がった（❷）。反対にスライドを追加するときは［ホーム］タブの［新しいスライド］をクリックする。

● レイアウトを変更する

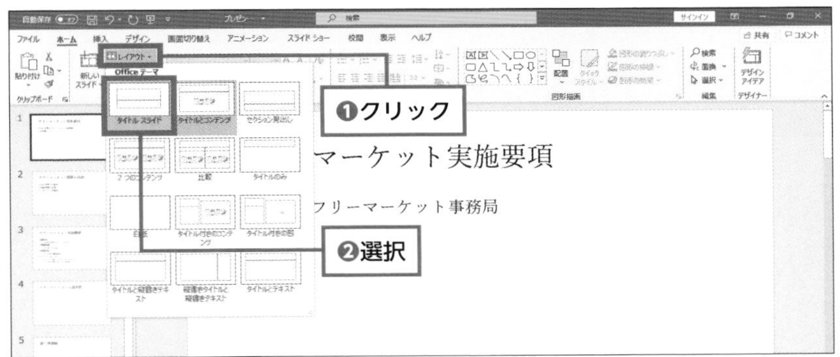

1枚目のスライドを表紙用のレイアウトに変更する。1枚目のスライドを表示して［ホーム］タブの［レイアウト］（❶）から［タイトルスライド］を選択する（❷）。

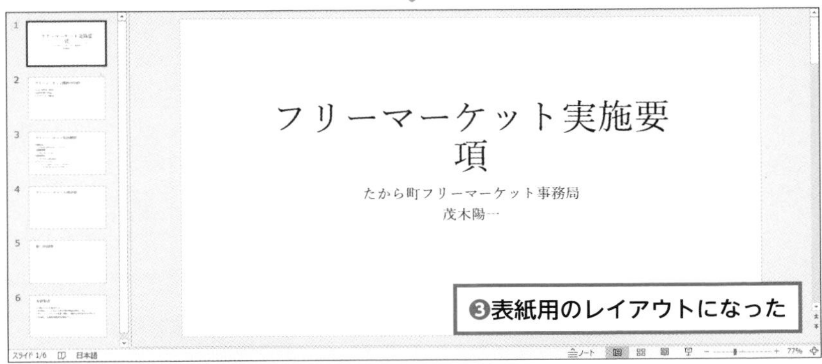

表紙用のレイアウトに変更できた（❸）。タイトルの泣き別れを解消するには、タイトルの文字サイズを小さくしたり、読みやすい位置で Enter キーを押して改行したりする。

2-04 箇条書きの行間は「1.5」が読みやすい

わかりやすいスライドは読みやすいスライドでもあります。箇条書きの上下の間隔が狭いと窮屈な印象を与えるだけではなく、可読性も悪くなります。行間を少し広げるだけでグンと読みやすくなります。

最初は「1.0」行に設定されている

行間とは、行と行の間隔のことです。PowerPointでは上の行の文字の上端から下の行の文字の上端の距離を指します。最初は行間が「1.0」に設定されていますが、あとから自由に変更できます。数字が大きいほど行間が広がりますが、あまり広すぎてもバランスが崩れます。**「1.5」の行間に変更してみて、不都合があれば微調整するとよい**でしょう。

● 全体の行間を変更する

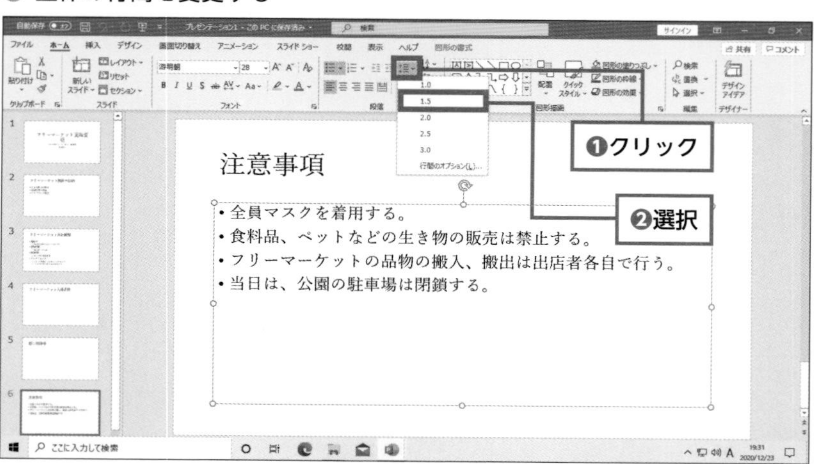

外枠をクリックして箇条書き全体を選択したら、[ホーム] タブの [行間] (❶) から [1.5] を選択する (❷)。数字にマウスポインターを合わせると、一時的に行間を変更した結果をスライド上で確認できる。

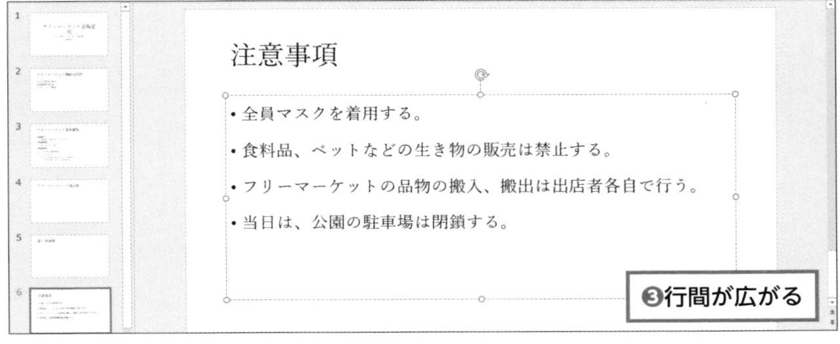

箇条書きの行間が広がった（❸）。

特定の位置の行間を変更する

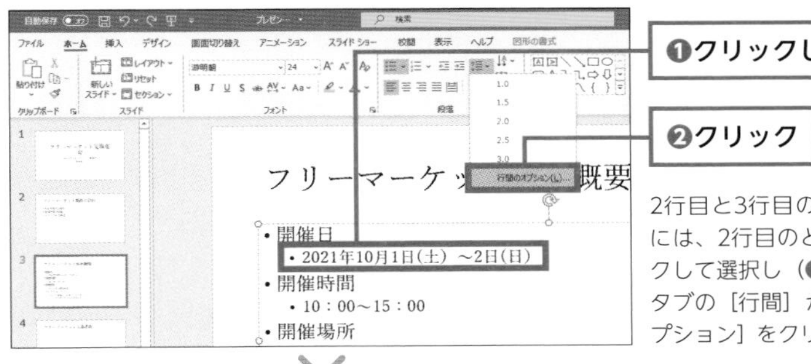

2行目と3行目の行間を広げるには、2行目のどこかをクリックして選択し（❶）、［ホーム］タブの［行間］から［行間のオプション］をクリックする（❷）。

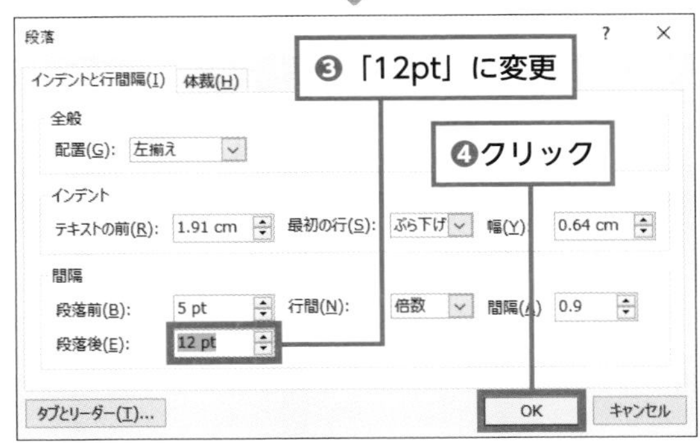

［段落］画面の［インデントと行間隔］タブで、［段落後］の数値を大きくする。ここでは「12pt」に変更して（❸）、［OK］をクリックする（❹）。「段落」とは Enter キーを押してから次の Enter キーまでの文字の塊のことだ。

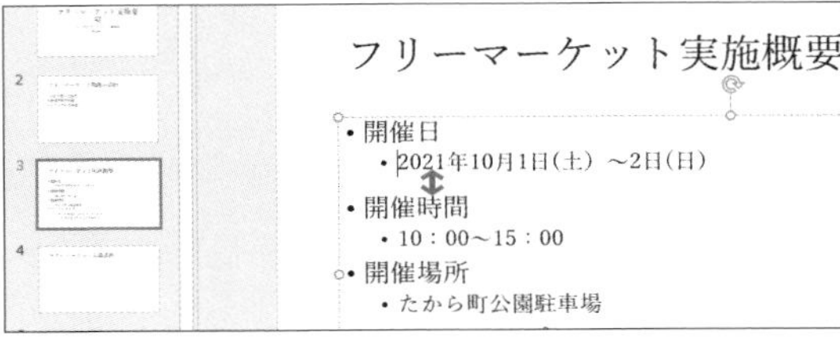

2行目の下の行間だけが広がった。4行目と6行目も同じ行間を適用するには F4 キーを押して直前の操作を繰り返すと簡単だ。

2-05 内容が並列なら「箇条書き」、手順なら「段落番号」

プレースホルダーの枠に箇条書きを入力したり、Wordで作成した文書を読み込んだりした箇条書きは、自動的に文字の先頭に「●」などの記号が付きます。内容に合わせて別の記号や連番に変更しましょう。

「行頭文字」には2種類ある

箇条書きの先頭に付く記号や文字のことを「行頭文字」と呼び、PowerPointには「箇条書き」と「段落番号」の2種類があります。**情報を列挙することが目的なら［箇条書き］機能**を使って●や◇の記号を設定します。**項目を数え上げたり、内容が手順だったりするときは［段落番号］機能**を使って連番を表示するとよいでしょう。

●「箇条書き」を設定する

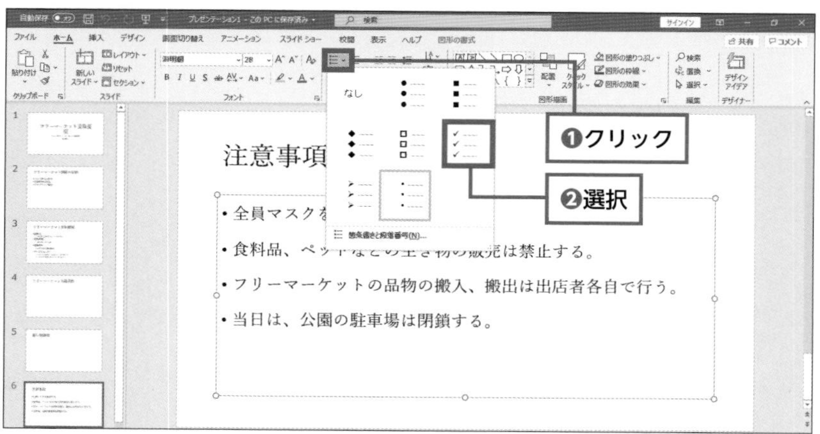

箇条書きの外枠をクリックして箇条書き全体を選択したら、［ホーム］タブの［箇条書き］(❶) から変更後の記号を選択する (❷)。

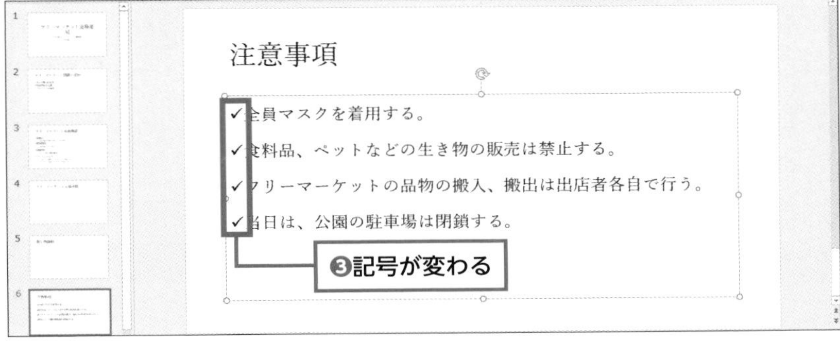

先頭の記号が変わった（❸）。前ページの画面メニューにある［箇条書きと段落番号］をクリックすると、記号の色やサイズを変更する画面が開く。

●「段落番号」を設定する

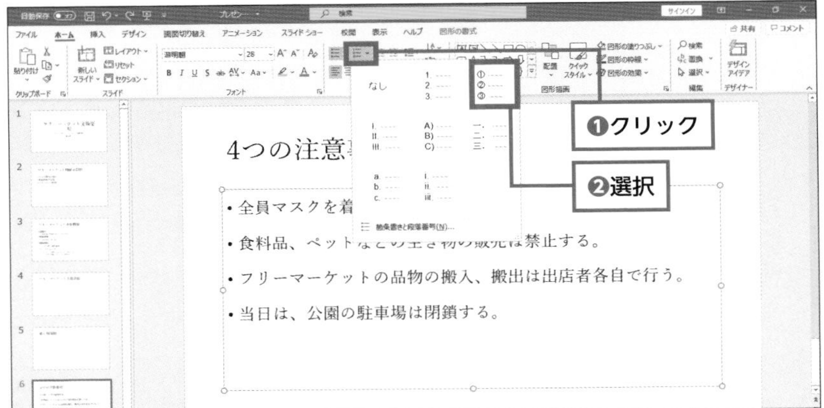

箇条書きの外枠をクリックして箇条書き全体を選択したら、［ホーム］タブの［段落番号］（❶）から変更後の数字を選択する（❷）。

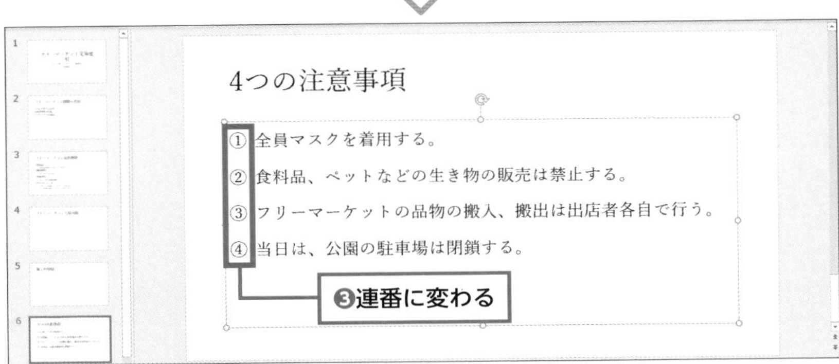

先頭の記号が連番に変わった（❸）。段落番号にすることで、タイトルの「4つ」の数字が強調される。

2-06 入力済みの箇条書きを図解に一発で変換！

文章で説明するよりも、フローチャートや組織図などの図解で示したほうが伝わりやすい場合があります。[SmartArtグラフィックに変換] 機能を使うと、スライドに入力した箇条書きを図解に変換できます。

図解に変換できるのはPowerPointだけ！

図解（チャート、図表とも言う）とは、文字入りの図形を組み合わせて配置することで、概念や手順、仕組みなどをわかりやすく伝えるものです。**SmartArtは図解を簡単に作成する機能**で、WordやExcelにも同じ機能があります。ただし、**入力済みの文字を図解に変換できるのはPowerPointだけ**です。いろいろな図解に変換して、伝えたいことが正しく伝わる種類を選びましょう。なお、SmartArtの操作は第4章で詳しく解説します。

● 箇条書きを「横方向ベン図」に変換する

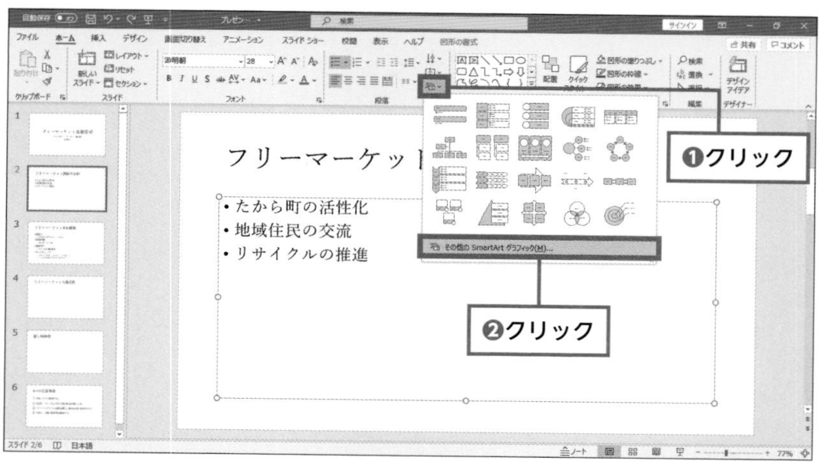

箇条書きの外枠をクリックして箇条書き全体を選択したら、[ホーム] タブの [SmartArtグラフィックに変換]（❶）から [その他のSmartArtグラフィック] をクリックする（❷）。

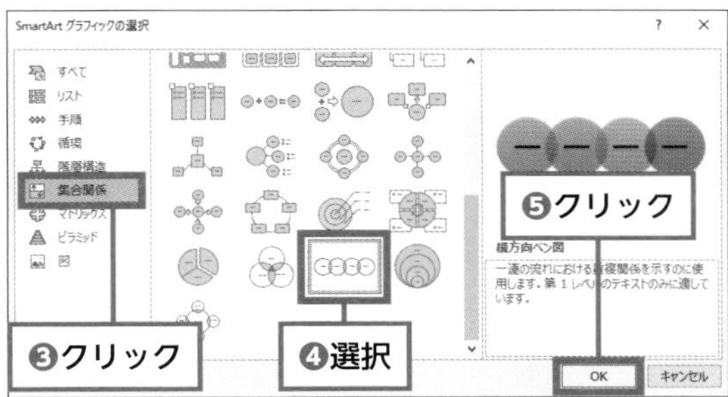

[SmartArtグラフィックの選択] 画面で、左側の [集合関係] をクリック (❸)、続けて右側の [横方向ベン図] を選択して (❹) [OK] をクリックする (❺)。右側に表示される図解の説明や使用例を参考にするとよい。

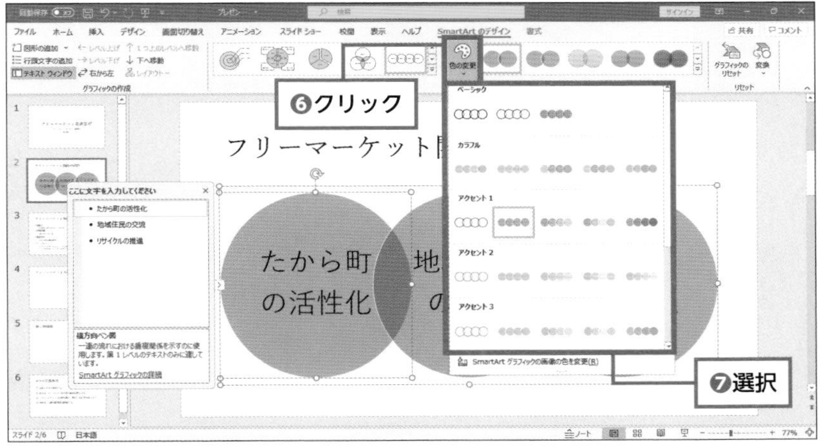

箇条書きが図解に変換された。[SmartArtのデザイン] タブの [色の変更] をクリック (❻) してから変更後の色を選択する (❼)。

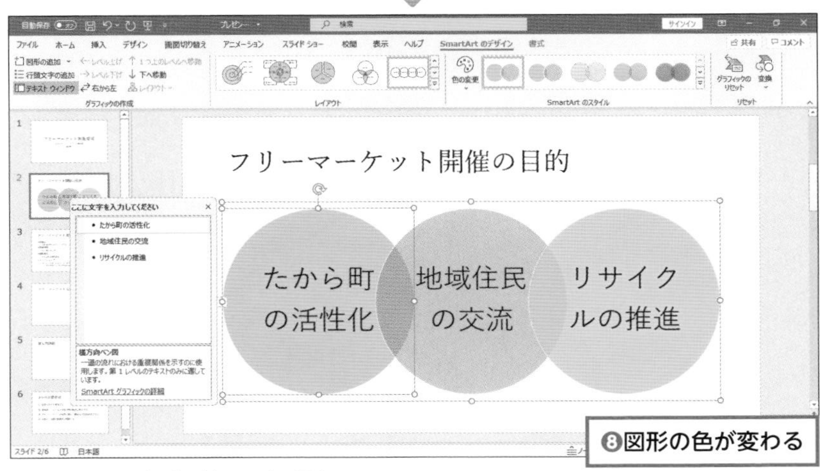

SmartArtの図形の色が変わった (❽)。

2-07 Excelの表の見た目を保持して貼り付ける

スライドに必要な表がExcelで作成済みの場合は、そのまま表をコピー&貼り付けして利用できます。同じ表を作成し直す手間が省け、転記ミスを防げます。他のアプリのデータを使う方法を覚えましょう。

Excelの表を［元の書式を保持］して貼り付ける

プレゼン資料を短時間で仕上げるには、作成済みのデータを積極的に利用するとよいでしょう。Excelで作った表をコピーしておけば、PowerPointのスライドに貼り付けて再利用できます。このとき、どのように貼り付けるかで表の見た目が変わります。**Excelで設定した表の色あいなどをそのまま保持したいときは、［元の書式を保持］の形式で貼り付けます**。

● ［元の書式を保持］の形式で貼り付ける

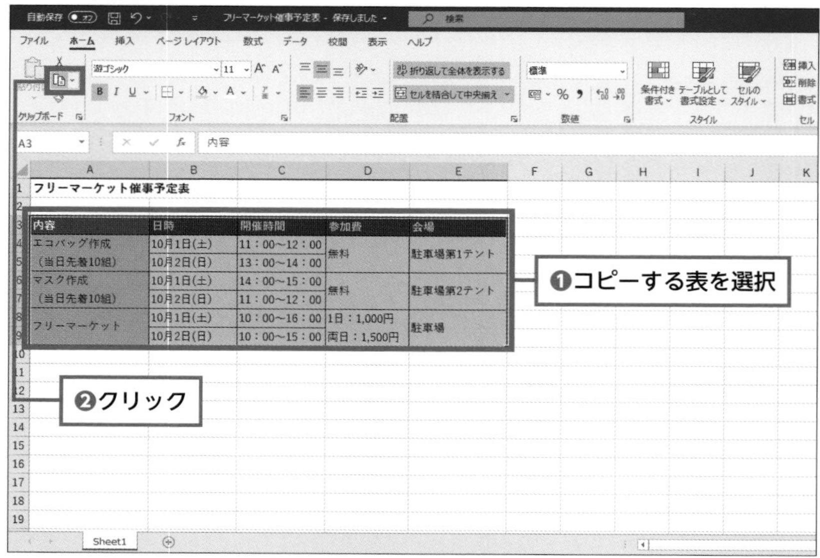

Excelのファイルを開き、コピー元の表をドラッグして選択（❶）。［ホーム］タブの［コピー］をクリックする（❷）。

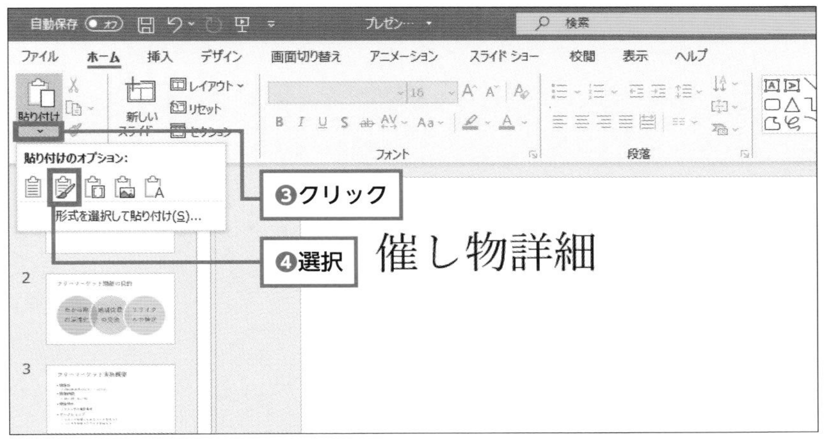

PowerPointのスライドに切り替えて、表を貼り付けたいスライドを表示する。［ホーム］タブの［貼り付け］の［▽］をクリックし（❸）、［元の書式を保持］を選択する（❹）。

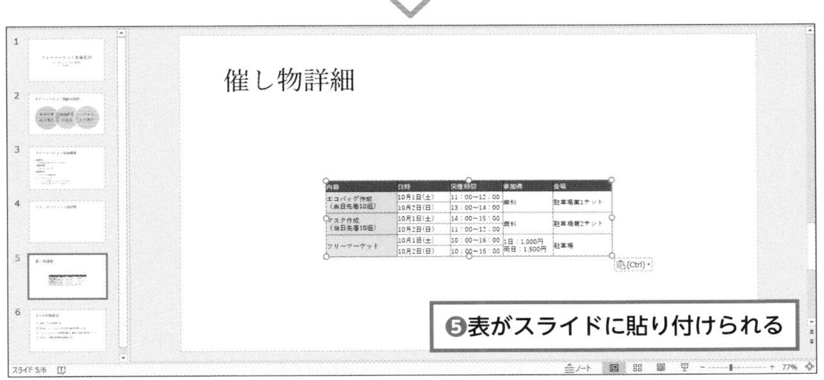

Excelの表の色あいのままスライドに貼り付けられた（❺）。

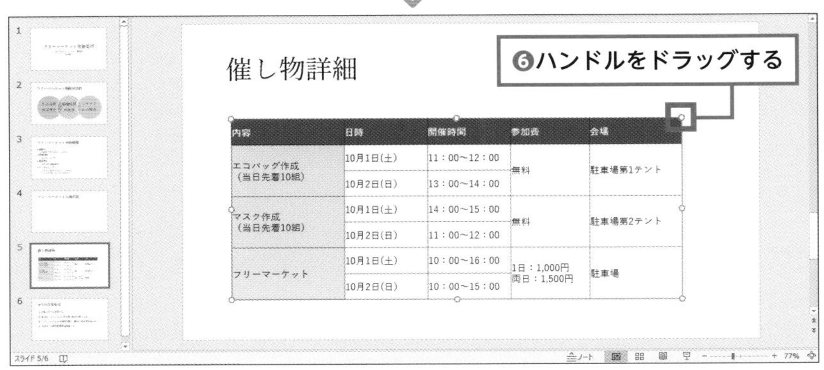

ハンドルをドラッグして表を拡大し（❻）、表内の文字のサイズを拡大してプレゼン用に整える。

2-08 Excelのグラフをパワポに合わせて貼り付ける

2-7と同じ操作で、ExcelのグラフをPowerPointに貼り付けることもできます。[元の書式を保持してブックを埋め込む] と [貼り付け先のテーマを使用しブックを埋め込む] の違いを理解しましょう。

[貼り付け先のテーマ] とはPowerPointのこと

Excelで作成済みのグラフをPowerPointのスライドに貼り付ける操作は、2-7で解説したExcelの表の貼り付けと同じです。元のグラフの色あいなどをそのまま保持したければ [元の書式を保持してブックを埋め込む]、**PowerPointのスライドに適用したテーマに合わせて色あいを自動変更したければ [貼り付け先のテーマを使用しブックを埋め込む] を選択**します。

● [貼り付け先のテーマを使用] 形式で貼り付ける

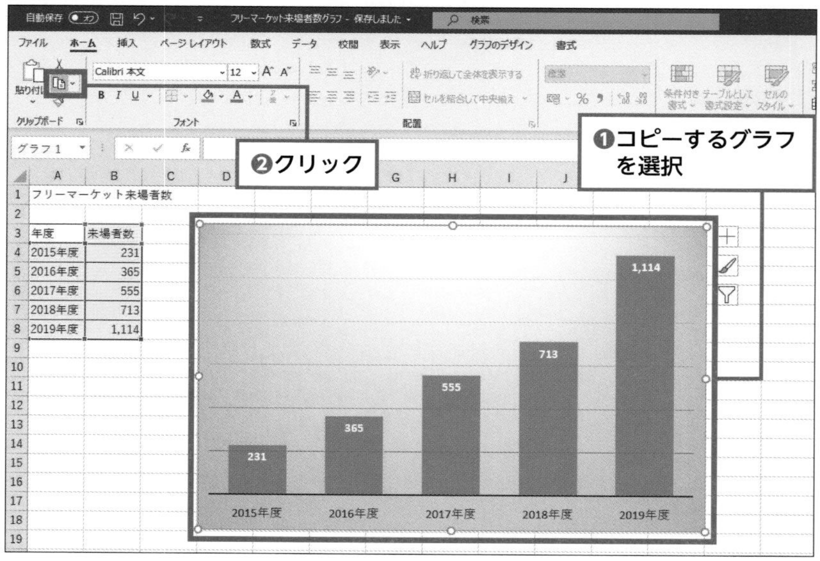

Excelのファイルを開き、コピー元のグラフをクリックして選択 (❶)。[ホーム] タブの [コピー] をクリックする (❷)。

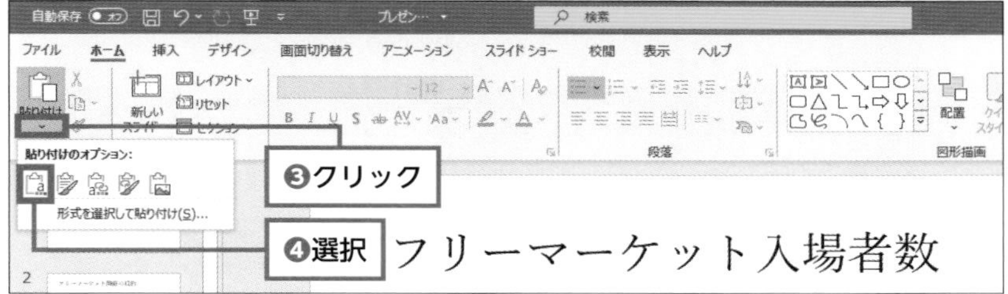

PowerPointのスライドに切り替えて、グラフを貼り付けたいスライドを表示する。[ホーム] タブの [貼り付け] の [▽] をクリックし (❸)、[貼り付け先のテーマを使用しブックを埋め込む] を選択する (❹)。

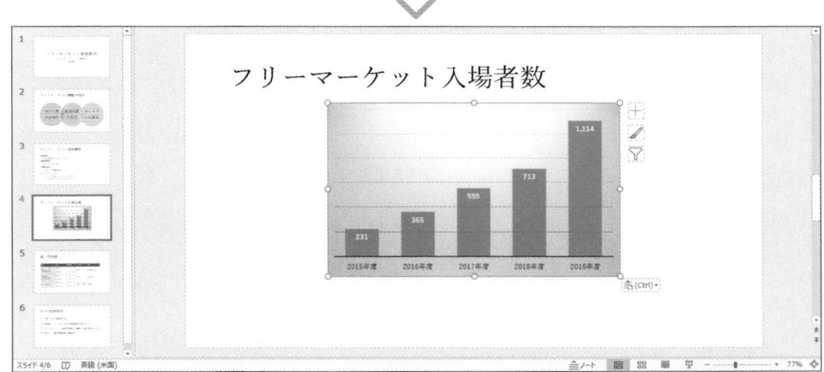

貼り付けられたグラフは、コピー元のグラフとのつながりが断たれている。2-9の操作で「テーマ」を設定すると、連動してグラフの色が変化する。プレゼン用にグラフを加工する操作は、第5章で詳しく解説する。

memo

Excelのグラフを貼り付ける際の主な形式は、以下の通りです。

形式	説明
貼り付け先のテーマを使用しブックを埋め込む	PowerPoint のスライドに適用されているテーマに合わせて Excel のグラフの色が変化する。Excel との関連性は失われる
元の書式を保持してブックを埋め込む	Excel のグラフの色を保持したまま PowerPoint のスライドに貼り付ける。Excel との関連性は失われる
貼り付け先のテーマを使用しデータをリンク	PowerPoint のスライドに適用されているテーマに合わせて Excel のグラフの色が変化する。Excel のグラフに加えた修正結果がスライドに反映される
元の書式を保持してブックをリンク	Excel のグラフの色を保持したまま PowerPoint のスライドに貼り付ける。Excel のグラフに加えた修正結果がスライドに反映される
図	グラフを画像として貼り付ける。グラフの修正は一切できなくなる

2-09 統一感のあるデザインを効率よく設定する

スライドに必要な要素が揃ったら、スライド全体の見栄えを整えます。[テーマ] 機能を使うと、用意されたデザインのパターンをクリックするだけで、すべてのスライドの模様や色を設定できます。

スライドデザインに時間をかけない

スライドのデザインをイチから作成することもできますが、時間がかかるうえにデザイン力やセンスが問われます。**[テーマ] 機能を使うと、用意されたデザインを選ぶだけでスライド全体に統一感のあるデザインを設定できます**。テーマとは、スライドの背景の模様や色、文字の書式がセットになったもので、テーマを使えば効率よくスライドの見栄えを整えられます。なお、テーマについては第7章で詳しく解説します。

● スライド全体に [テーマ] を適用する

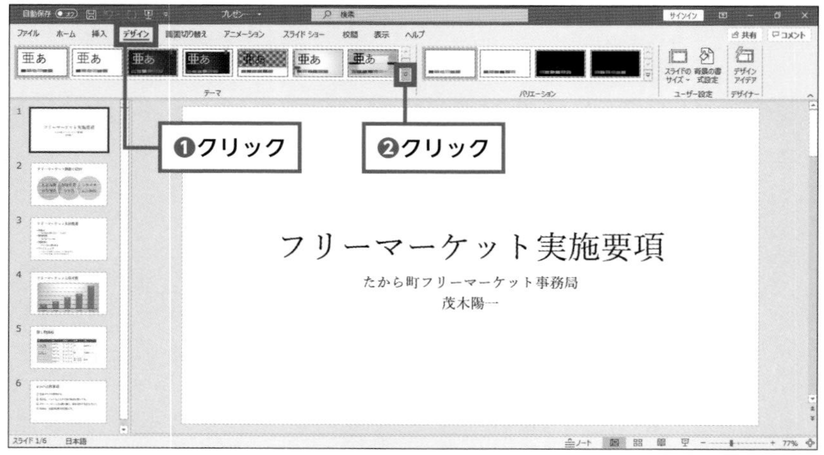

[デザイン] タブ (❶) の [テーマ] には一部のテーマが表示されている。すべてのテーマを表示するには [その他] をクリックする (❷)。

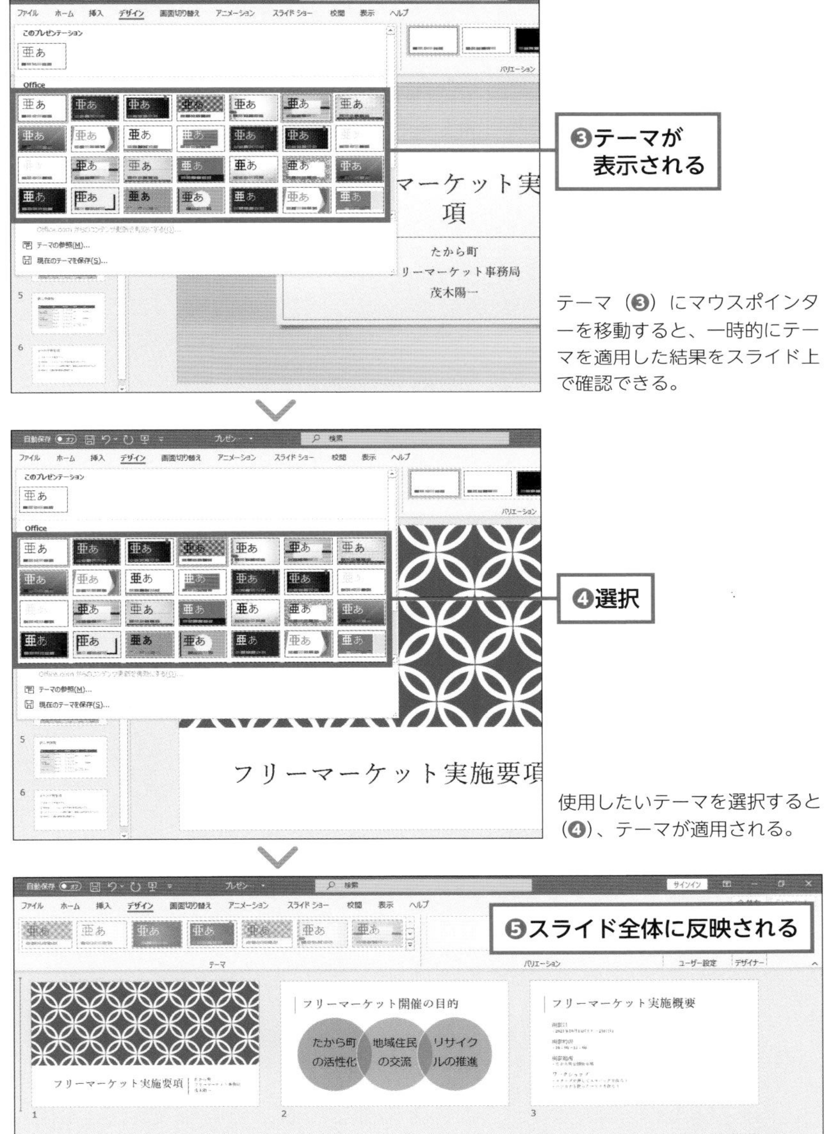

テーマ（❸）にマウスポインターを移動すると、一時的にテーマを適用した結果をスライド上で確認できる。

使用したいテーマを選択すると（❹）、テーマが適用される。

表紙と2枚目以降のスライドではデザインが異なるが、統一感が保たれていることがわかる（❺）。SmartArtやグラフの色はテーマに連動して変化する。

2-10 先頭のスライドからスライドショーを実行する

スライドショーを実行して完成したスライドを確認しましょう。画面に大きくスライドを1枚ずつ表示して、見づらい箇所がないか、全体の統一感が保てているかなどをチェックします。

スライドショーで仕上がりを確認する

スライドショーを実行すると、パソコンの画面いっぱいにスライドだけが大きく表示されます。スライド上をクリックしてスライドを切り替えながら、プレゼンを進行するわけですが、プレゼン本番だけではなく仕上がりを確認するときにも、スライドショーを積極的に使いたいものです。全体を通してみることで、**プレゼンの流れやスライドの見やすさ、色の統一感などをチェック**できます。特にアニメーションを設定しているときは、アニメーションが動くタイミングを忘れずに確認しましょう。

● 1枚目からスライドショーを実行する

［スライドショー］タブ（❶）の［最初から］をクリックする（❷）。F5 キーを押してもよい。すると、スライドが画面全体に大きく表示される。画面上をクリックして、スライドを切り替えながらプレゼンの進行や仕上がりの確認をする。

第3章

最適な書式設定で、資料を格段に見やすくする

3-01 フォントの基本は「游ゴシック」、おすすめは「メイリオ」

時短 5 分

プレゼン資料で使うフォントは、「どのパソコンにもインストールされているフォント」で「見やすくて読みやすいフォント」であることが求められます。その代表格が「游ゴシック」と「メイリオ」です。

プレゼン向きのフォントとは？

新しいプレゼンテーションを開くと、最初は「游ゴシック」のフォントが設定されています。游ゴシックには「游ゴシック」「游ゴシックLight」「游ゴシックMedium」があり、どれもすっきりした癖のないフォントで、いろいろなシーンに利用できます。**「メイリオ」は字面が大きいことから、遠くからでも認識しやすいのが特徴**です。「メイリオ」に似たフォントの「Meiryo UI」は、「メイリオ」よりも文字の横幅や行間が狭いフォントです。

● 游ゴシック

游ゴシック
プレゼン資料で見やすいフォント

游ゴシックLight
プレゼン資料で見やすいフォント

游ゴシックMedium
プレゼン資料で見やすいフォント

3つのフォントで文字の太さが異なる。「游ゴシックLight」は線が細いので、遠くから見る場合は注意が必要だ。

● メイリオ

游ゴシック
プレゼン資料で見やすいフォント

メイリオ
プレゼン資料で見やすいフォント

Meiryo UI
プレゼン資料で見やすいフォント

「游ゴシック」と「メイリオ」と「Meiryo UI」を比較すると違いがよくわかる。見やすさは「メイリオ」が一番だ。

3-02 メイリオと相性のいい欧文フォントは「Segoe UI」

スライド内に半角の英字、数字、記号があるときは、欧文フォントを設定してもよいでしょう。3-1で解説した日本語フォントと相性のいいフォントを使うと、複数のフォントが混在していても統一感を保てます。

「Segoe UI」や「Arial」がおすすめ

3-1で設定したのは、ひらがなや漢字に対応した日本語用の和文フォントです。一方、半角のアルファベットや数字、一部の記号に対応しているのは欧文フォントです。欧文フォントの**「Segoe UI」は、和文フォントの「メイリオ」との相性がよく**、フォントが混在していても違和感がありません。また、「Arial」も読みやすいフォントと言われています。

● 欧文フォント

メイリオ
ABCDEFGHIJKLMN0123456789

Segoe_UI
ABCDEFGHIJKLMN0123456789

Arial
ABCDEFGHIJKLMN0123456789

メイリオとSegoe UIはよく似ていることがわかる。数字の横幅が狭いのがSegoe UIだ。

● 欧文フォントの変更方法

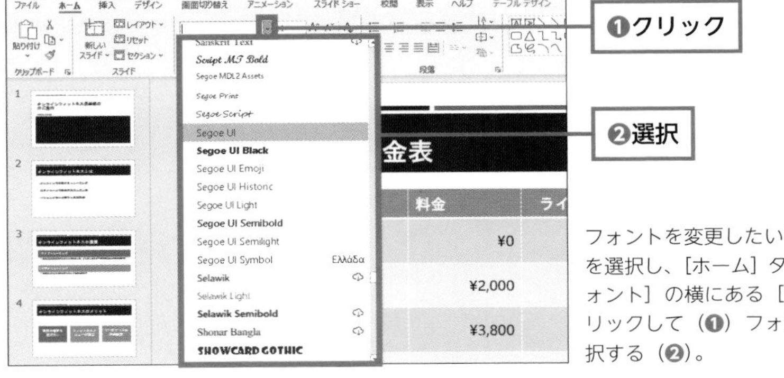

フォントを変更したい半角文字を選択し、[ホーム] タブの [フォント] の横にある [▽] をクリックして (❶) フォントを選択する (❷)。

3-03 オリジナルのフォントの組み合わせに一瞬で変更する

スライドのフォントを1枚ずつ変更するのは時間がかかります。［フォントのカスタマイズ］機能を使うと、オリジナルのフォントの組み合わせを登録できるため、それ以降は一覧からクリックするだけで変更できます。

「メイリオ」と「Segoe UI」の組み合わせを登録する

すべてのスライドのフォントを効率よく変更するには、［デザイン］タブの［バリエーション］に用意されている［フォント］機能を使います。ここには、「欧文フォント」と「タイトル用の和文フォント」、「箇条書き用の和文フォント」の3つがセットになったフォントのパターンが用意されており、クリックするだけで一括変更できます。

ただし、**一覧にないフォントの組み合わせは［フォントのカスタマイズ］機能を使って登録**します。いったん登録した組み合わせは、次回からは一覧に追加されます。

● ［フォントのカスタマイズ］に登録する

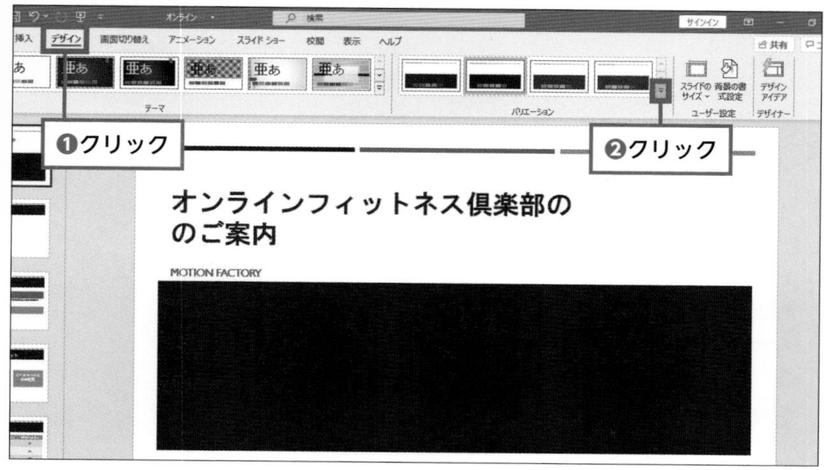

［デザイン］タブ（❶）の［バリエーション］の［▽］をクリックする（❷）。

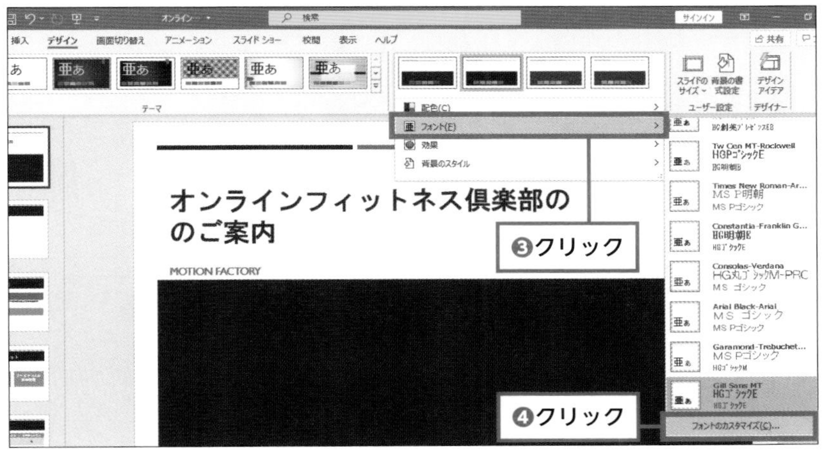

[フォント]（❸）から［フォントのカスタマイズ］をクリックする（❹）。

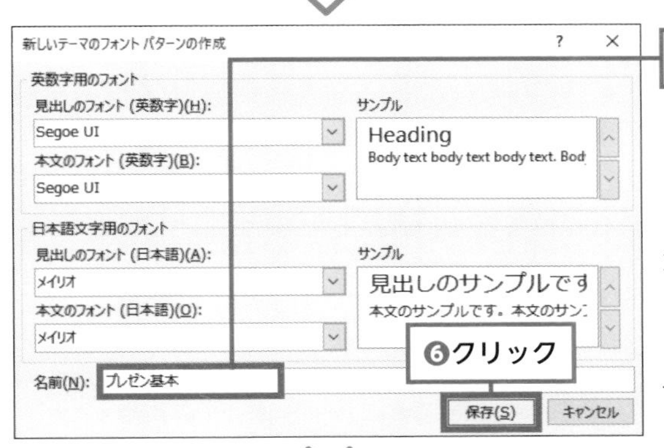

［新しいテーマのフォントパターンの作成］画面で、欧文フォントに「Segoe_UI」、和文フォントに「メイリオ」を設定する。［名前］欄に任意の名前を入力して（❺）［保存］をクリックする（❻）。

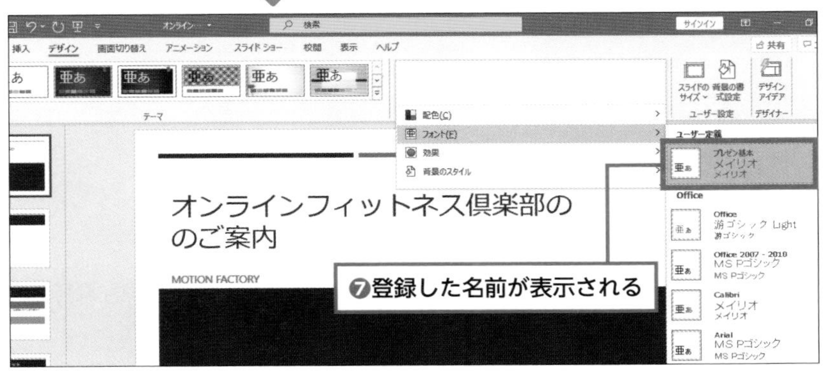

もう一度フォントの一覧を表示すると、上部の［ユーザー定義］の項目に登録したフォントの組み合わせの名前が表示されていることがわかる（❼）。クリックすると、すべてのスライドのフォントが変化する。

3-04

箇条書きのフォントサイズは20pt以上が見やすい

スライドの文字サイズは「テーマ」ごとに異なります。テーマを適用した結果、明らかに文字サイズが小さい場合は、あとから拡大しましょう。プレゼン会場にもよりますが、最小でも20pt以上は必要です。

広い会場と会議室ではフォントサイズを変える

広い会場でプレゼンを行うときは、遠くからでもスライドの文字が見えるように箇条書きを20pt以上の大きめのフォントサイズに設定するといいでしょう。一方、数人しかいない会社の会議室でのプレゼンでは、ある程度近距離でスライドを見るため16pt以上あれば十分です。**プレゼンを行うシーンによって文字サイズを使い分けましょう**。

箇条書きを20ptにしたときは、スライドのタイトルの文字の大きさを40ptくらいにするとメリハリが付きます。

● タイトルが40pt／箇条書きが16ptのスライド

文字が小さく読みづらいため弱々しい印象になる。

● タイトルが40pt／箇条書きが20ptのスライド

オンラインフィットネスとは

- オンラインで受講するトレーニング
- ステイホームで運動不足の人に人気
- パソコンがあれば誰でも参加可能

20ptは遠くからでも見える

これがプレゼン用の箇条書きの最小のフォントサイズだ。

● タイトルが40pt／箇条書きが24ptのスライド

オンラインフィットネスとは

- オンラインで受講するトレーニング
- ステイホームで運動不足の人に人気
- パソコンがあれば誰でも参加可能

24ptは行数の少ないときに使う

箇条書きの行数が少ないときは24ptでもよい。

memo

文字サイズをどれくらいにすればよいのかわからないときは、[ホーム] タブの [フォントサイズの拡大] や [フォントサイズの縮小] を使うと便利です。それぞれのボタンをクリックするたびに一回りずつ文字サイズを拡大縮小できるので、目視しながら調整できます。

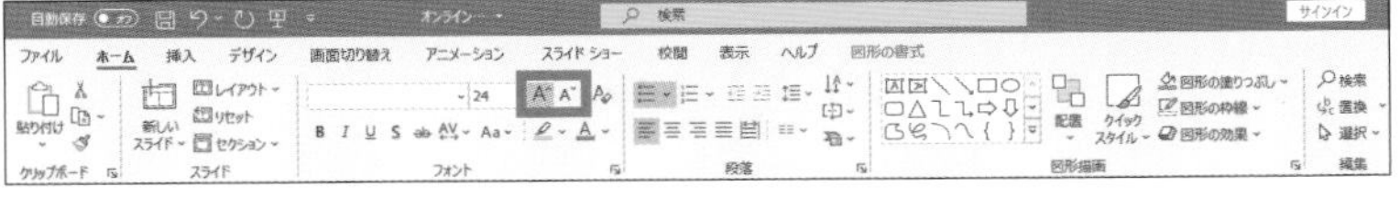

3-05 箇条書きは短く簡潔に！

プレゼン用のスライドには、短時間で読み取れる分量の情報を入力します。それには、長々と文章を入力するのではなく、要点をまとめた短い箇条書きを列記するとよいでしょう。

語尾を揃えた短い箇条書きが読みやすい

スライドに箇条書きを入力するときのポイントは「長さ」と「語尾」です。何行にもわたる文章を入力するのは論外ですが、せっかく箇条書きを入力しても複数行になってしまっては意味がありません。**できるだけ1行で収まるように短くしましょう**。

また、箇条書きの語尾が「ですます」調だったり体言止めだったり、句点があったりなかったりすると、バラバラな印象を与えます。一般的には体言止めは主張の強さが出るので効果的と言われますが、**どんな語尾であれ、すべてのスライドで揃えておきましょう**。

● 文章と箇条書きの違い

オンラインフィットネスとは

オンラインフィットネスとは、パソコンやタブレット端末を使ってオンラインで受講するトレーニングのことです。在宅勤務やステイホームの影響で、運動不足を感じている人が増えています。オンラインフィットネスは自宅でパソコンさえあれば誰でも参加できるので、全国どこからでも多くの受講生を集客できます。

スライドに文章を入力した例。聞き手は文章を読んで理解することに時間がかかる。

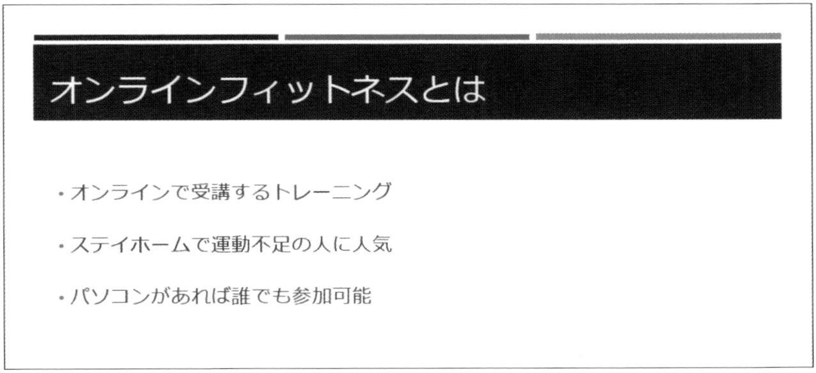

オンラインフィットネスとは

・オンラインで受講するトレーニング
・ステイホームで運動不足の人に人気
・パソコンがあれば誰でも参加可能

上図の文章を箇条書きにまとめた例。短い文章なのですぐに理解できる。

● 語尾の違い

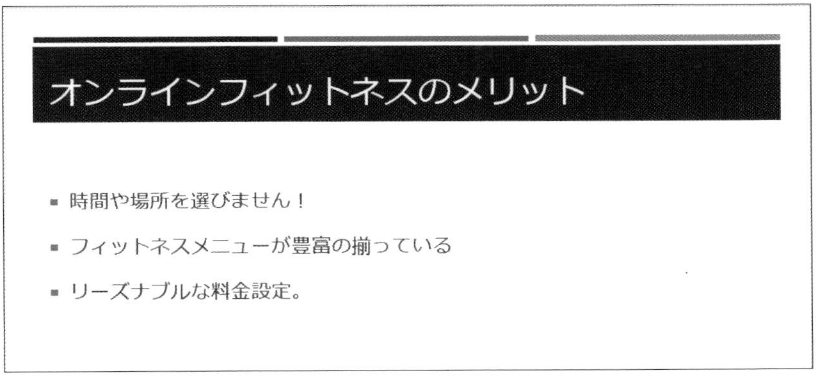

オンラインフィットネスのメリット

- 時間や場所を選びません！
- フィットネスメニューが豊富の揃っている
- リーズナブルな料金設定。

箇条書きの語尾がバラバラな例。スライド作成に丁寧さを感じられない。

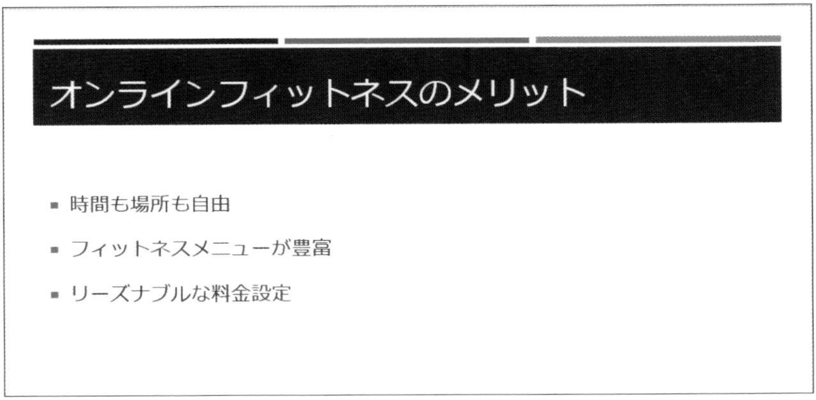

オンラインフィットネスのメリット

- 時間も場所も自由
- フィットネスメニューが豊富
- リーズナブルな料金設定

箇条書きを体言止めで揃えた例。言い切り型にすることで強いメッセージを発信できる。

3-06 箇条書きの改行は Shift + Enter キー

時短 5 分

3-5で解説したように、箇条書きはなるべく短いほうが読みやすいです。しかし、どうしても2行にまたがってしまう場合もあるでしょう。このようなときは、区切りのいい位置で改行する工夫が必要です。

読みやすい位置で改行する

箇条書きを入力して Enter キーを押すと、自動的に次の行に「行頭文字」が表示され、1つの箇条書きが分断してしまいます。**2行にわたる箇条書きを入力するときは、区切りのいい位置で Shift + Enter キーを押して改行**しましょう。すると、次の行に「行頭文字」が表示されず、カーソルだけを改行することができます。

● Shift + Enter キーで改行する

オンラインフィットネスの種類
1.ライブトレーニング
▪ 決められた時間にオンラインに集合して、インストラクターの指導に沿って体を動かす
2.ビデオトレーニング
▪ 動画コンテンツを見ながらひとりで体を動かす

「指導に沿って」の文字が泣き別れしていると、箇条書きを読みづらい。

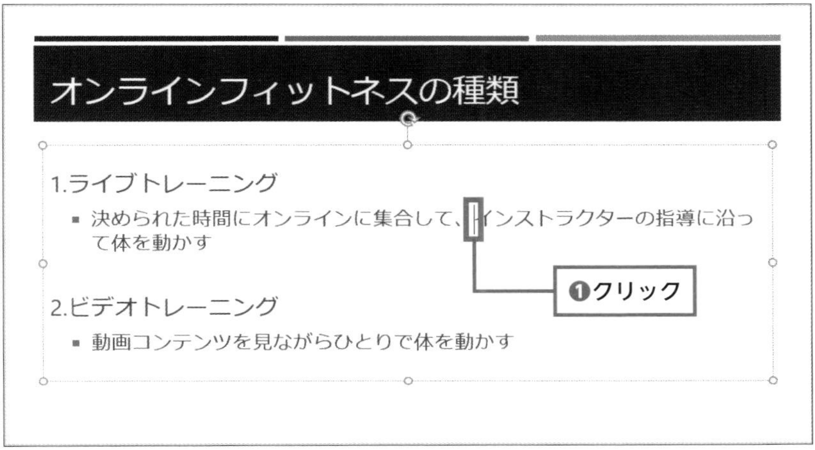

オンラインフィットネスの種類

1.ライブトレーニング

- 決められた時間にオンラインに集合して、インストラクターの指導に沿って体を動かす

❶クリック

2.ビデオトレーニング

- 動画コンテンツを見ながらひとりで体を動かす

「インストラクター」の「イ」の前をクリックする（❶）。

1.ライブトレーニング

- 決められた時間にオンラインに集合して、
- インストラクターの指導に沿って体を動かす

❷ Enter キーを押すと、行頭文字が表示され、改行される

2.ビデオトレーニング

- 動画コンテンツを見ながらひとりで体を動かす

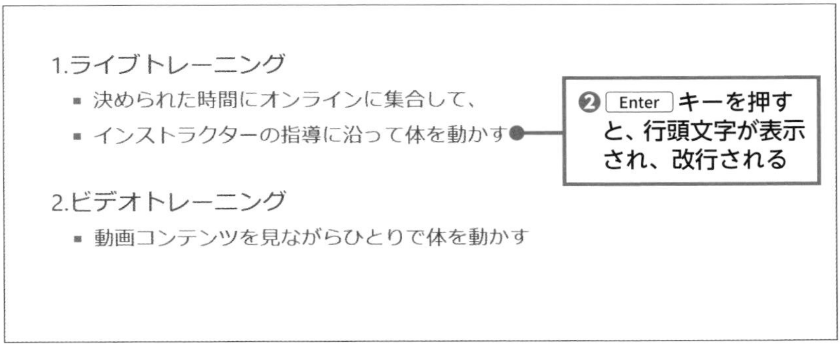

Enter キーを押すと次の行に行頭文字が表示され、箇条書きが2つに分かれてしまう（❷）。

1.ライブトレーニング

- 決められた時間にオンラインに集合して、
  インストラクターの指導に沿って体を動かす

❸ Shift ＋ Enter キーを押すと、行頭文字なしで改行できる

2.ビデオトレーニング

- 動画コンテンツを見ながらひとりで体を動かす

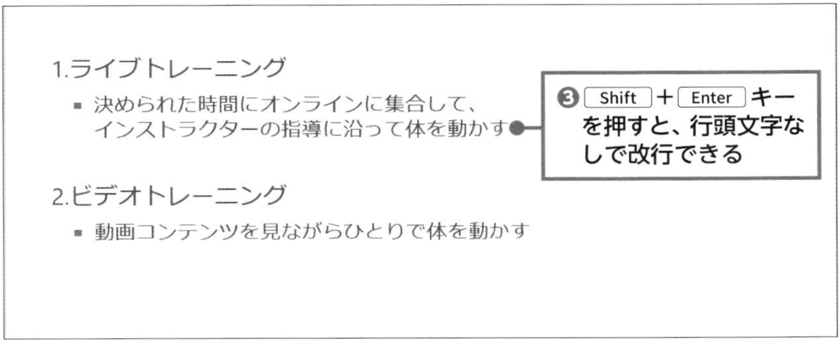

「インストラクター」の「イ」の前をクリックし、Shift ＋ Enter キーを押すと、行頭文字を付けずに改行できる（❸）。

3-07 箇条書きの階層を深めて、複雑な見た目にしない

PowerPointでは、箇条書きに最大9レベルまでの階層を設定できます。ただし、階層が深すぎると複雑になって理解するのが難しくなります。箇条書きは2～3レベルにとどめて使いましょう。

Tab キーで階層を下げる

箇条書きの詳細を説明したいときは、箇条書きに階層を付けるのが効果的です。Tab キーを押して1レベル階層を下げると、文字の先頭位置が右にずれて文字サイズが小さくなります。文字の位置が変わることで、上の階層の説明だということが見ただけで伝わります。**Tab キーを押すごとに文字の先頭位置が右にずれ、最大9レベルまで階層を深めることができます**。反対に Shift + Tab キーを押すと階層が1レベルずつ上がります。

● レベルの上げ下げ

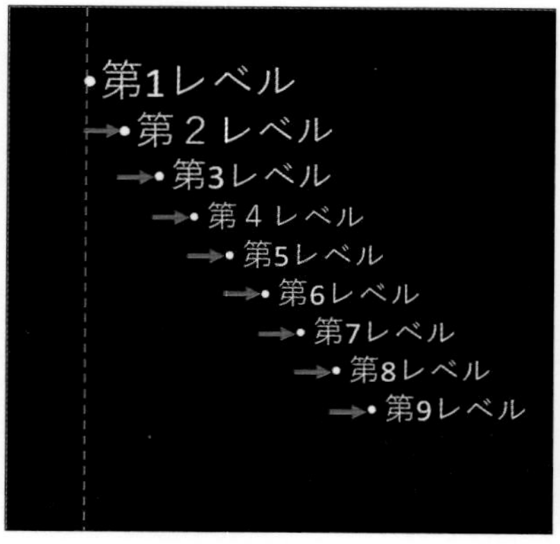

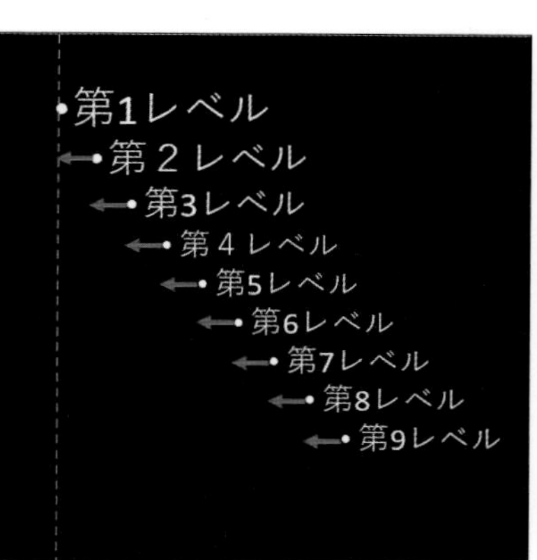

レベルを下げるには行の先頭で Tab キーを押す。反対にレベルを上げるには Shift + Tab キーを押す。これが基本操作だ。

箇条書きのレベルを下げる

■ ライブトレーニング

行末で Enter キーを押すと、すぐ上の行と同じレベル（ここでは第1レベル）でカーソルが位置づく。行の先頭で Tab キーを押す。

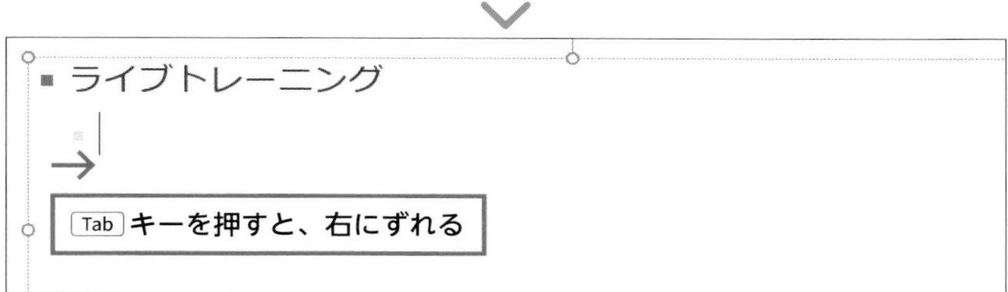
■ ライブトレーニング
Tab キーを押すと、右にずれる

カーソルが右にずれて第2レベルの階層になった。

箇条書きのレベルを上げる

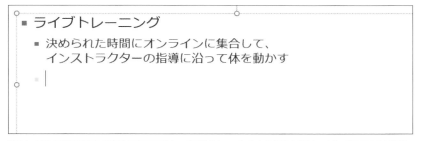

■ ライブトレーニング
■ 決められた時間にオンラインに集合して、インストラクターの指導に沿って体を動かす

第2レベルの箇条書きの行末で Enter キーを押すと、すぐ上の行と同じレベル（ここでは第2レベル）でカーソルが位置づく。行の先頭で Shift ＋ Tab キーを押す。

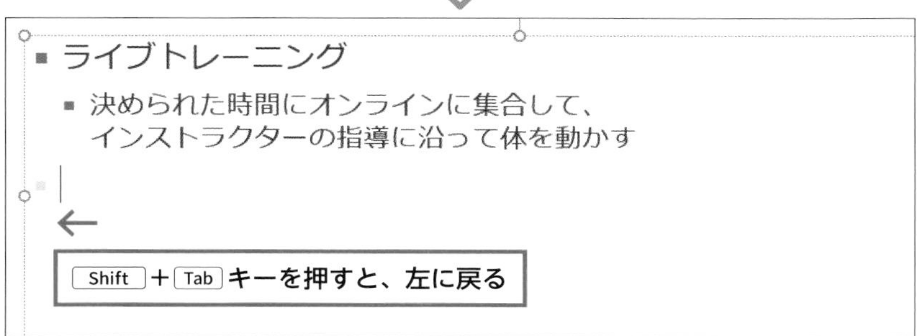
■ ライブトレーニング
■ 決められた時間にオンラインに集合して、
インストラクターの指導に沿って体を動かす
Shift ＋ Tab キーを押すと、左に戻る

カーソルが左に戻って第1レベルの階層になる。

3-08 箇条書きの入力にテキストボックスを使わない

箇条書きは、スライドに用意されているプレースホルダーの枠の中に入力するのが基本です。図形の「テキストボックス」を使って図形の中に文字を入力すると、アウトラインに表示されないので注意しましょう。

プレゼンの骨格となる文字はプレースホルダーに入力

プレースホルダーの枠に入力した文字は、[表示] タブの [アウトライン表示] をクリックしたときに、プレゼンのアウトラインとして表示されます。ただし、図形の中に入力した文字はアウトラインには表示されません。

アウトライン表示モードでプレゼンの構成を練ったり、[スライドマスター] 機能を使って書式を一括変更したりするときに、図形の中の文字は修正や変更の対象外になります。**図形の中の文字は、出典や備考などの補足説明のときだけに限定して使いましょう**。

● テキストボックスで備考を入力する

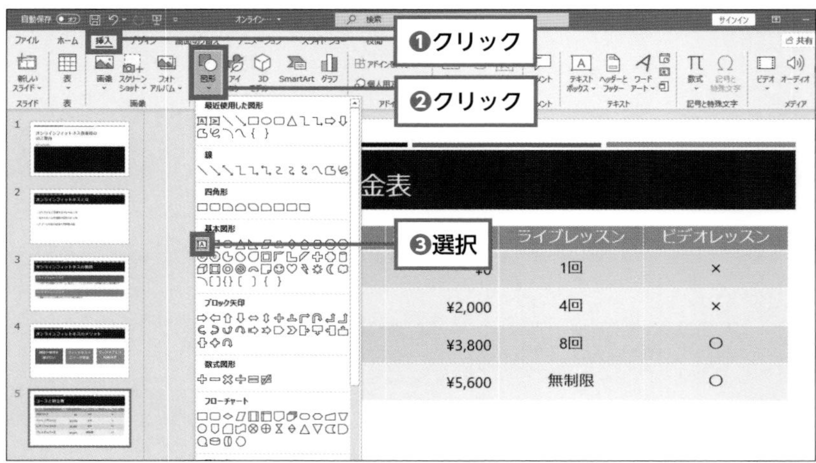

[挿入] タブ (❶) の [図形] (❷) から [テキストボックス] を選択する (❸)。テキストボックスは文字入力用の図形のこと。

第3章 最適な書式設定で、資料を格段に見やすくする

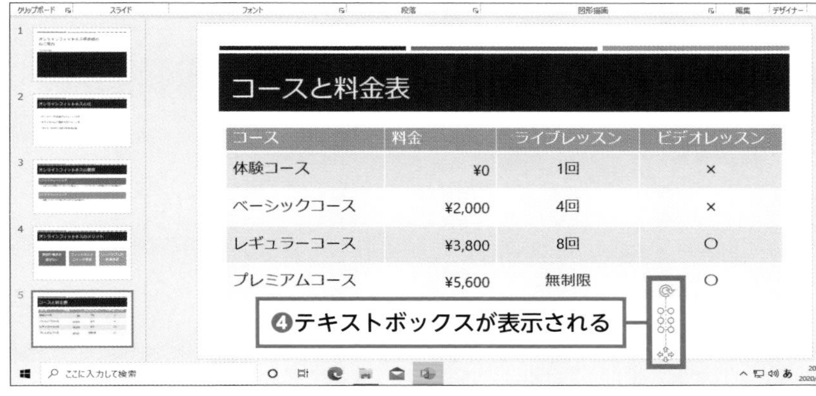

表の右下をクリックすると、テキストボックスが表示される（❹）。

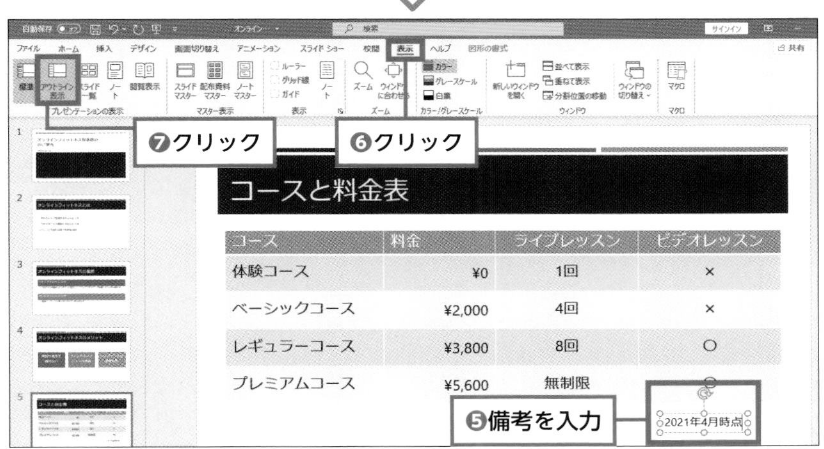

テキストボックスに備考を入力して（❺）、［表示］タブ（❻）の［アウトライン表示］をクリックする（❼）。

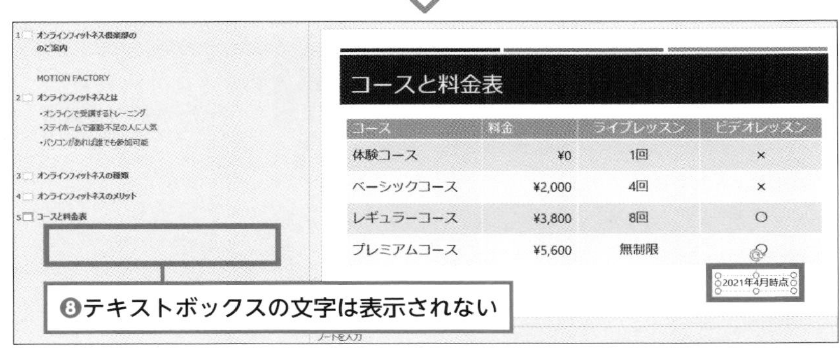

アウトラインモードには、テキストボックスの文字が表示されないことが確認できる（❽）。

3-09 インデントマーカーでレイアウトを整える

時短 15 分

プレースホルダーに入力した箇条書きは、最初はレベルごとに文字の先頭位置が決まっていますが、あとから変更できます。3種類のインデントマーカーの違いを理解して、文字のレイアウトを整えましょう。

インデントマーカーは3種類

箇条書きの文字の先頭位置をあとから変更するには、プレースホルダーの枠そのものを移動するのではなく［インデントマーカー］を使います。インデントマーカーには「1行目のインデント」と「ぶら下げインデント」と「左インデント」の3種類があります。**箇条書きの先頭の行頭文字の位置だけを変更したいときは「1行目のインデント」**、**箇条書きの文字の先頭位置を変更したいときは「ぶら下げインデント」**、**行頭文字と箇条書きの文字の位置をまとめて変更したいときは「左インデント」**を使います。

インデントマーカーは、スライドに「ルーラー」を表示して使います。

● ［ルーラー］を表示する

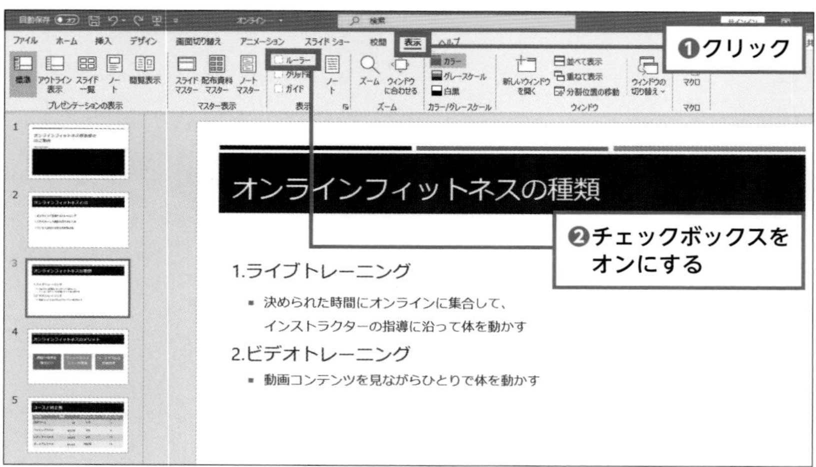
❶クリック
❷チェックボックスをオンにする
オンラインフィットネスの種類
1.ライブトレーニング
決められた時間にオンラインに集合して、インストラクターの指導に沿って体を動かす
2.ビデオトレーニング
動画コンテンツを見ながらひとりで体を動かす

［表示］タブ（❶）の［ルーラー］のチェックボックスをオンにする（❷）。

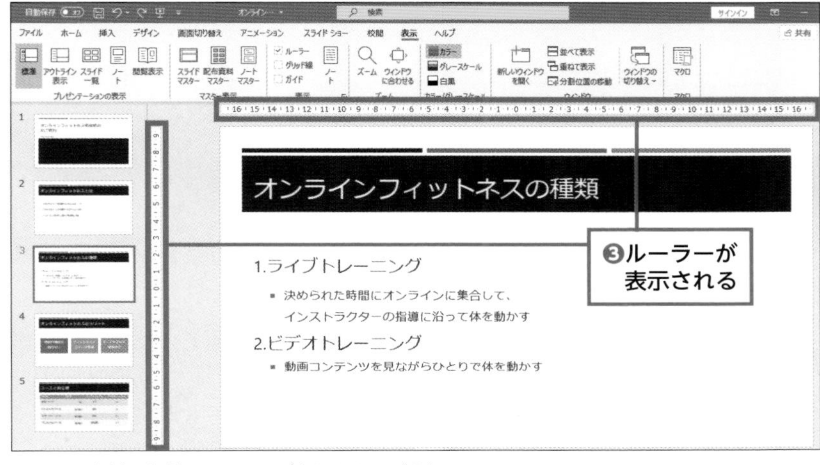

オンラインフィットネスの種類
❸ルーラーが
表示される
1.ライブトレーニング
決められた時間にオンラインに集合して、
インストラクターの指導に沿って体を動かす
2.ビデオトレーニング
動画コンテンツを見ながらひとりで体を動かす

スライド上側と左側にルーラーが表示される（❸）。

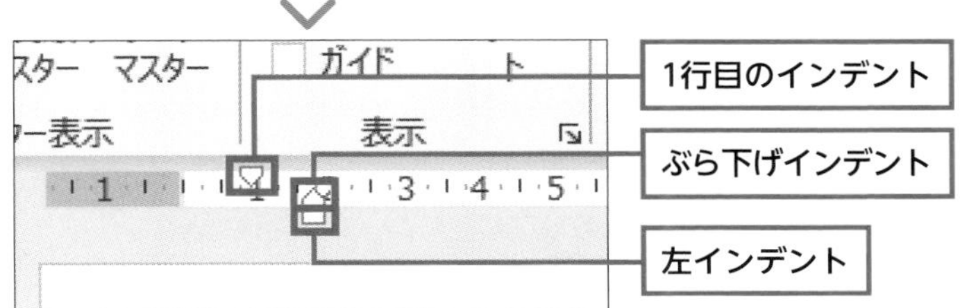

1行目のインデント
ぶら下げインデント
左インデント

「1行目のインデント」と「ぶら下げインデント」と「左インデント」が表示された。

● 左インデントを変更する

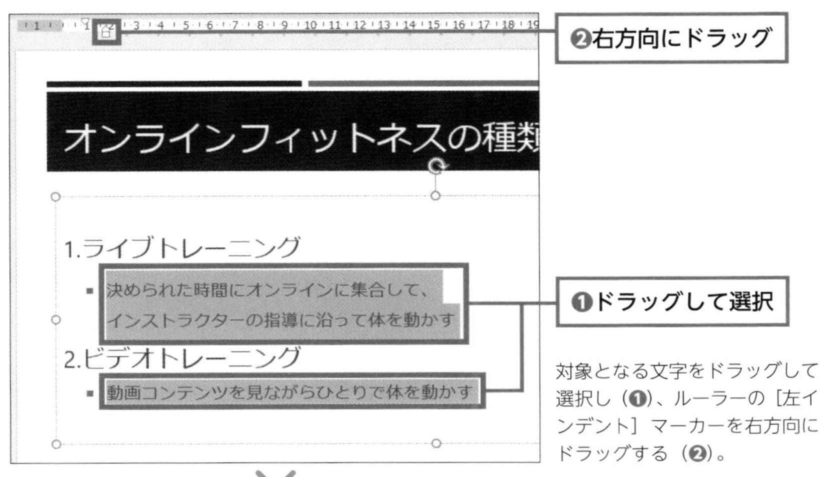

❷右方向にドラッグ
オンラインフィットネスの種類
1.ライブトレーニング
決められた時間にオンラインに集合して、
インストラクターの指導に沿って体を動かす
❶ドラッグして選択
2.ビデオトレーニング
動画コンテンツを見ながらひとりで体を動かす

対象となる文字をドラッグして選択し（❶）、ルーラーの［左インデント］マーカーを右方向にドラッグする（❷）。

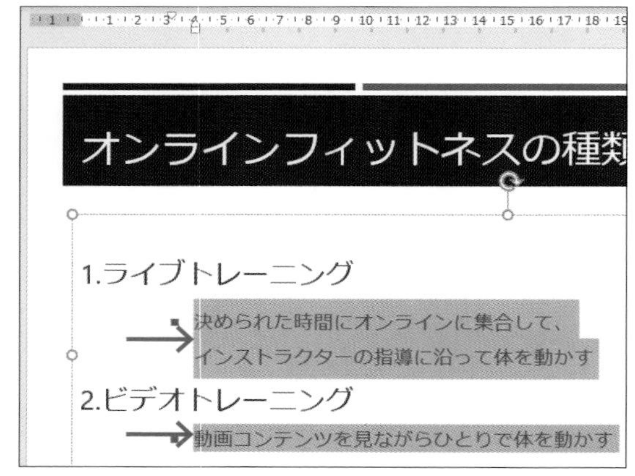
オンラインフィットネスの種
1.ライブトレーニング
決められた時間にオンラインに集合して、
インストラクターの指導に沿って体を動かす
2.ビデオトレーニング
動画コンテンツを見ながらひとりで体を動かす

ドラッグした文字と箇条書きの行頭文字がまとめて右方向に移動した。

● 1行目のインデントを変更する

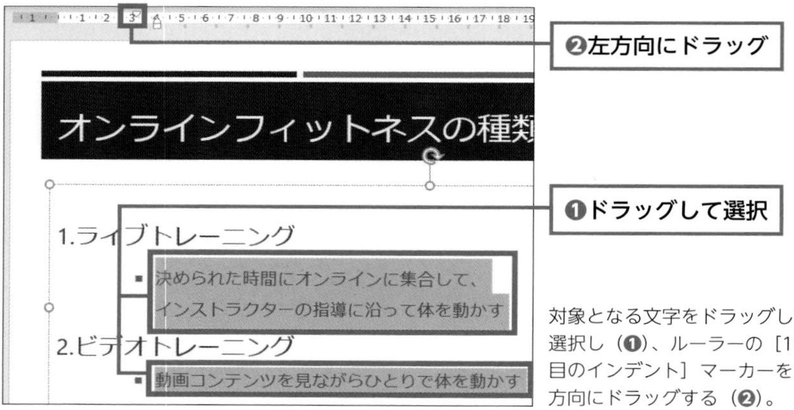

❷左方向にドラッグ

❶ドラッグして選択

対象となる文字をドラッグして選択し（❶）、ルーラーの［1行目のインデント］マーカーを左方向にドラッグする（❷）。

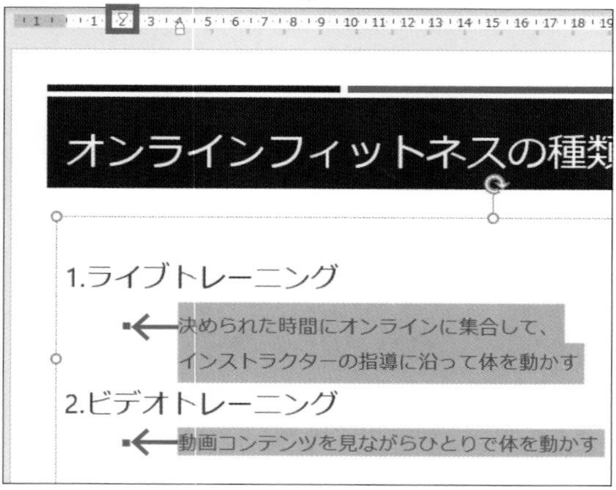

箇条書きの行頭文字だけが左方向に移動した。

第4章

図解と図形を利用して、関係性をシンプルに伝える

4-01 プレゼン資料で図解が重用されるのはなぜ？

プレゼンテーションで相手の興味や理解を促すには、図解などのビジュアル表現を使うのが効果的です。[Smart Art] 機能を使うと、簡単な操作で見栄えのする図解を作成できます。

図解はわかりやすく伝えるツール

図解とは文字の入った図形を配置することで関係性や手順、階層などをわかりやすく示すもので、図表やチャートと呼ばれることもあります。たとえば、商品のリサイクルを説明するときに、文字だけで説明すると情報の過不足が起こりがちです。その点、図解を使うと、キーワードの入った図形を矢印でつなぐだけでリサイクルの過程を端的に示せます。**短時間で図解を作成したいときには [Smart Art] 機能を使いましょう**。

● リサイクルの図解

食品のリサイクル

1. 販売店からの食品廃棄物を回収する
2. 工場で飼料・堆肥にする
3. 農家や牧畜の肥料として使われる
4. 農産物を出荷する
5. 販売店で売られる

食品のリサイクルを箇条書きで説明した例。食品が循環していることがわかりづらい。

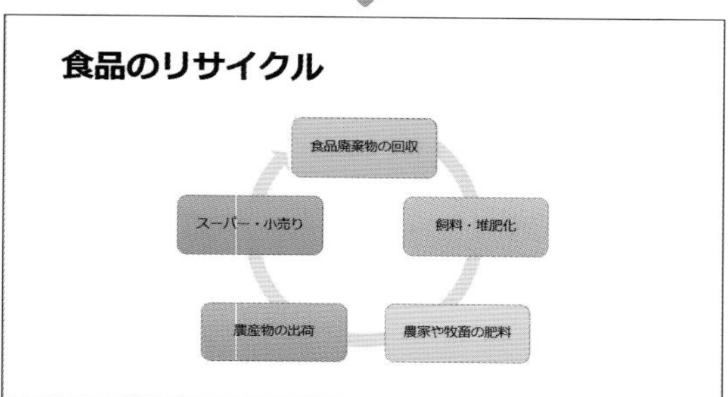

食品のリサイクルを図解で説明した例。リサイクルで食品が循環する過程が一目瞭然だ。

● Smart Artで図解を作成する

[挿入] タブ (❶) の [Smart Artグラフィックの挿入] をクリックする (❷)。スライド中央の [Smart Artグラフィックの挿入] のアイコンをクリックしてもよい。

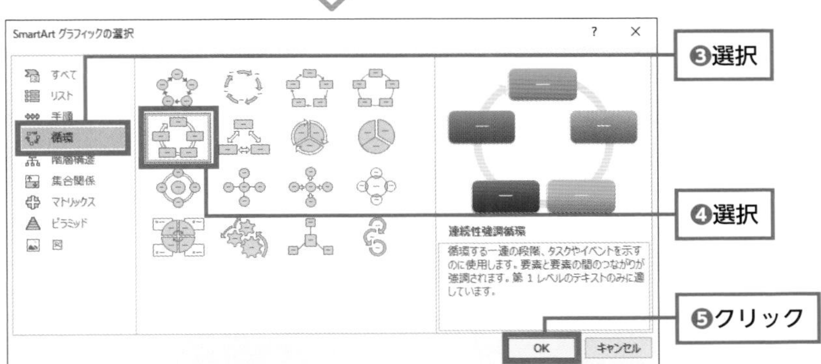

まず左側の分類の [循環] を選択 (❸)。次に右側の図解の種類を選択 (❹) して [OK] をクリックする (❺)。クリックしたときに表示される図解の説明を参考にして選ぼう。

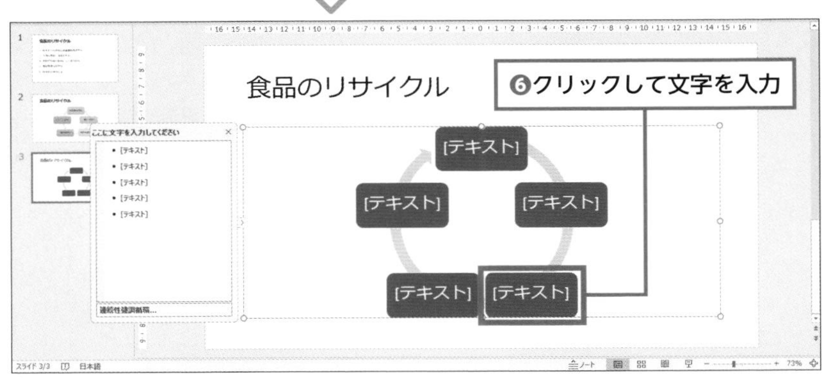

選択した図解のベースが表示される。図形をクリックして図形の中に文字を入力すればOKだ (❻)。図形内の文字サイズは自動調整される。図形の色やスタイルを変更する場合は、4-4を参照して操作する。

4-02 イメージと違ったら何度でも図解を変更する

Smart Artで図解を作成するときは、どの図解を選ぶかがポイントです。せっかく図解を作成しても意図が伝わらなければ意味がありません。Smart Artで図解の種類を変更してみましょう。

あとから図解の種類を選び直せる

手順を示すならフローチャート、集合関係を示すならベン図、プロジェクトのメンバー構成を示すなら組織図といった具合に、目的にあった図解の種類を選ばないと意図が伝わりません。最初に選んだSmart Artの種類が違っていたと感じたら、あとから種類だけを変更できます。その際、**入力済みの文字はそのまま引き継がれる**ので安心です。納得できるまで何度でもやり直しましょう。

● SmartArtの種類を変更する

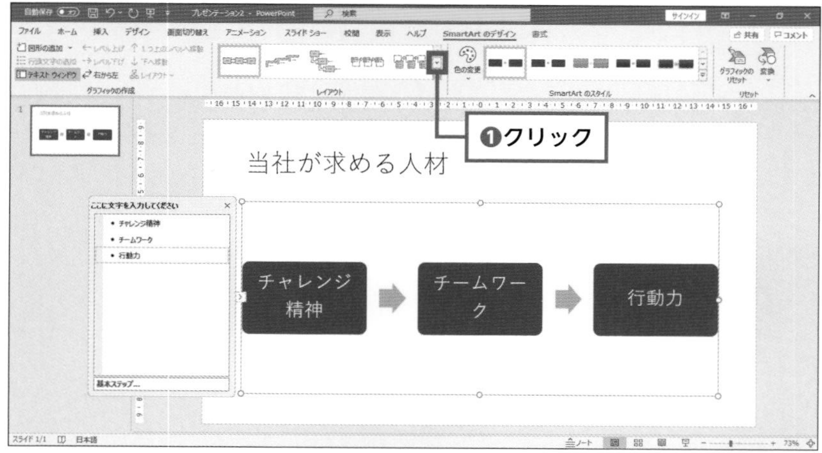

「当社が求める人材」を図解で示した例。フローチャートは手順を示す図解なので、今回の目的に合わない。Smart Artの外枠をクリックし、[SmartArtのデザイン] タブの [レイアウト] グループ右下の [▽] をクリックする (❶)。

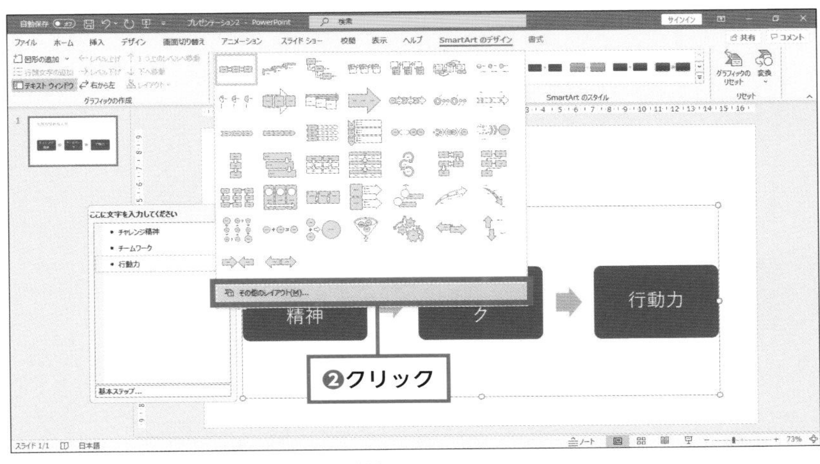

[その他のレイアウト] をクリックする (❷)。

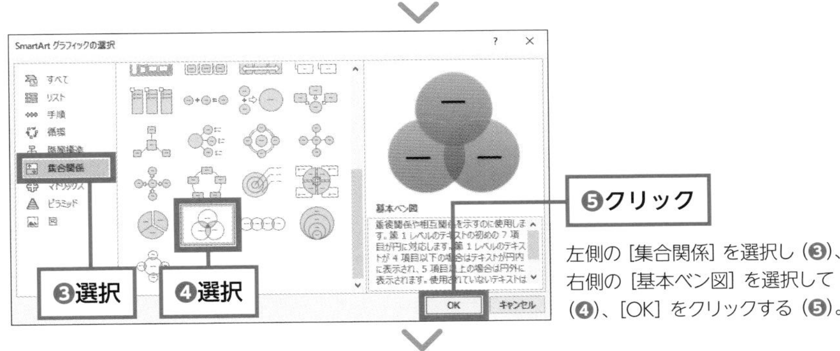

左側の [集合関係] を選択し (❸)、右側の [基本ベン図] を選択して (❹)、[OK] をクリックする (❺)。

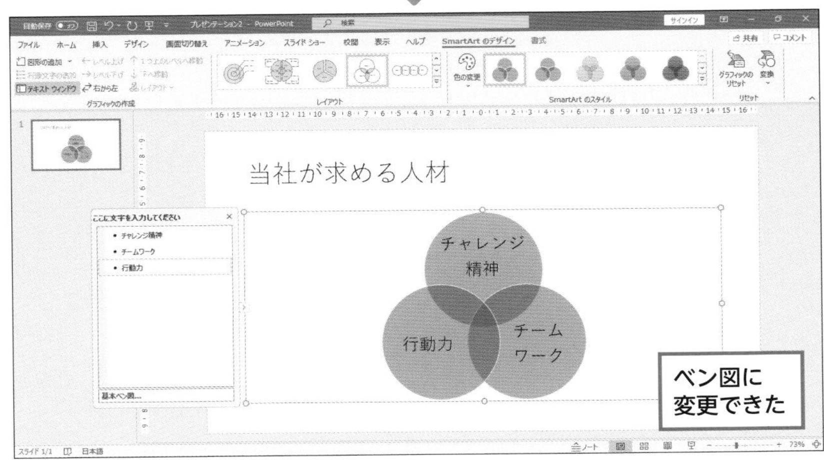

基本ベン図に変更できた。これなら、3つの要素を兼ね備えた人材を求めていることが伝わる。

4-03 円の大きさを変更して重要度を区別する

Smart Artで作成したベン図は、最初は円の大きさがすべて同じです。あとから円の大きさを個別に変更すると、複数の項目の中での重要度の違いを伝えることができます。

図解を構成する図形のサイズを変更する

集合関係を示すベン図をはじめ、Smart Artで作成した図解を構成する図形は、同じサイズで表示されます。図形のサイズが揃っていると、複数の項目の重要度が均等であることが伝わり、図形のサイズを調整すると、重要度の違いが伝わります。図解を構成している図形はそれぞれ独立した図形なので、**サイズや色などを個別に変更できます**。

● 円のサイズを変更する

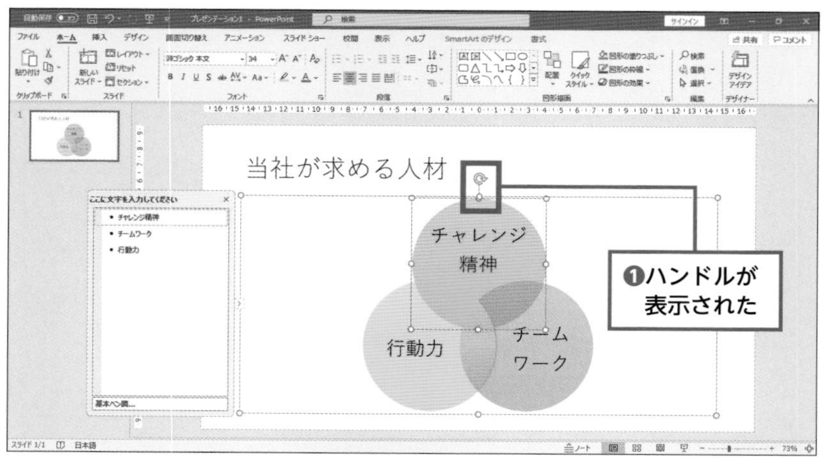

3つの項目のなかで「チャレンジ精神」を強調したい。「チャレンジ精神」の図形をクリックし、周囲にハンドル（調整ハンドルや回転ハンドル）が表示されたことを確認する（❶）。

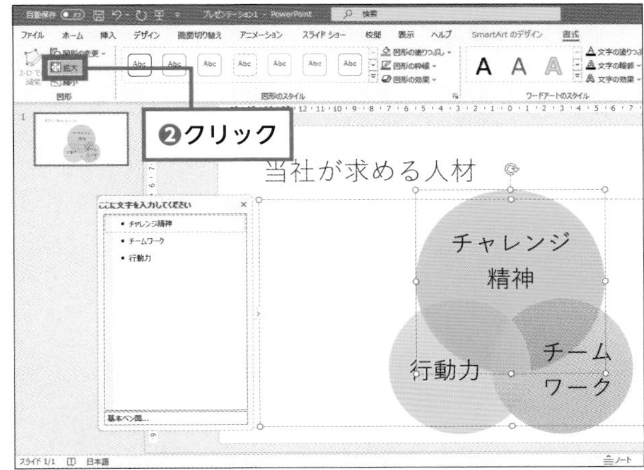

［書式］タブの［拡大］をクリックするたびに「チャレンジ精神」の図形が拡大する（❷）。反対に［縮小］をクリックすると一回りずつ縮小できる。

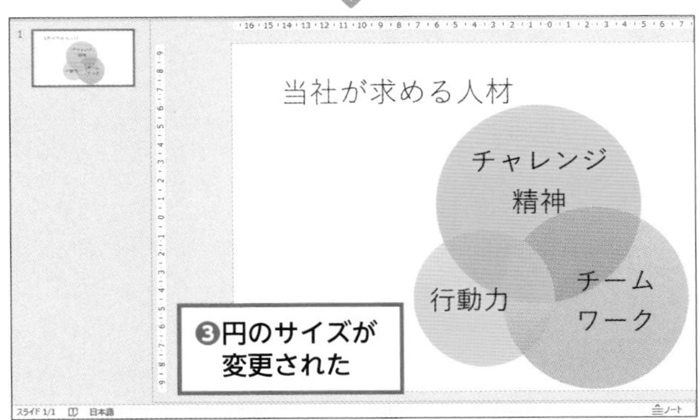

同様の操作で、他の2つの図形のサイズを調整する（❸）。円のサイズで重要度の違いを示すことができた。

図解を構成する図形の形を変更するには、元になる図形をクリックしてから［書式］タブの［図形の変更］をクリックします（❶）。表示される図形の一覧から変更後の形を選択する（❷）と、図形の形が変わります。

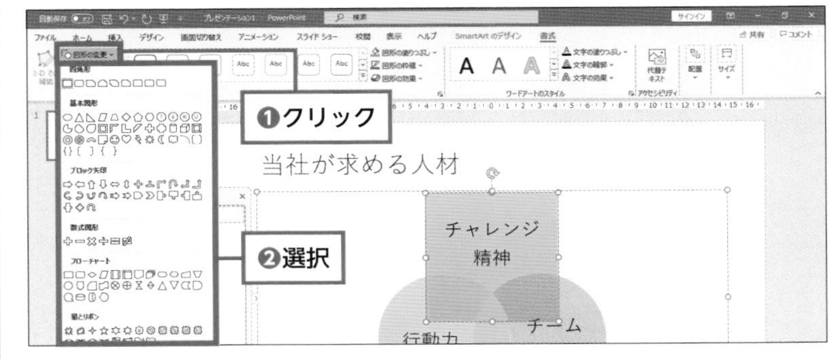

4-04 組織図の色は階層ごとに塗り分ける

Smart Artで作成した図解は、用意されている色のパターンをクリックするだけで全体の色を変更できます。組織図に色を付けるときには、階層ごとに異なる色を付けるといいでしょう。

図解の特性に合った色を付ける

Smart Artは、すべての図形の色が最初は同じです。あとからひとつずつ個別に色を変更することもできますが、**[色の変更]機能を使うと、あらかじめ用意された色のパターンを選ぶだけで瞬時に全体の色が変わります**。組織図には、階層ごとに異なる色を付けると、階層がより明確になります。なお、スライドに適用しているテーマによって、表示される色のパターンは異なります。

● 組織図の色を変更する

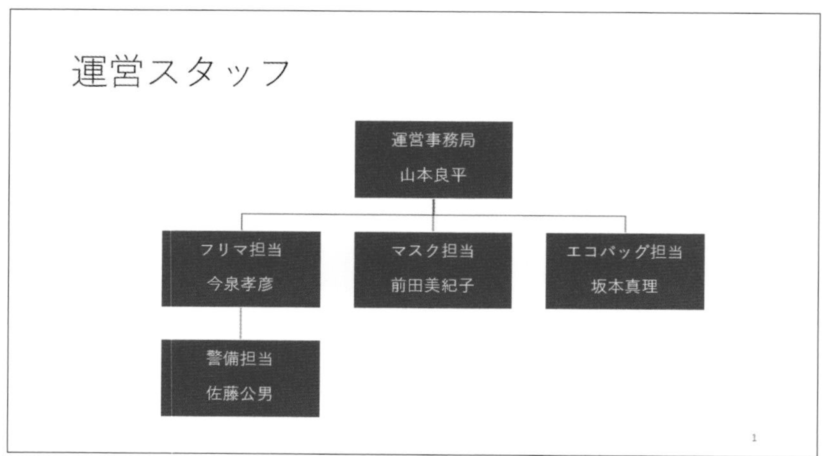

5つの図形の色が同じ組織図。統一感はあるが全体がひとつの面のようになる。

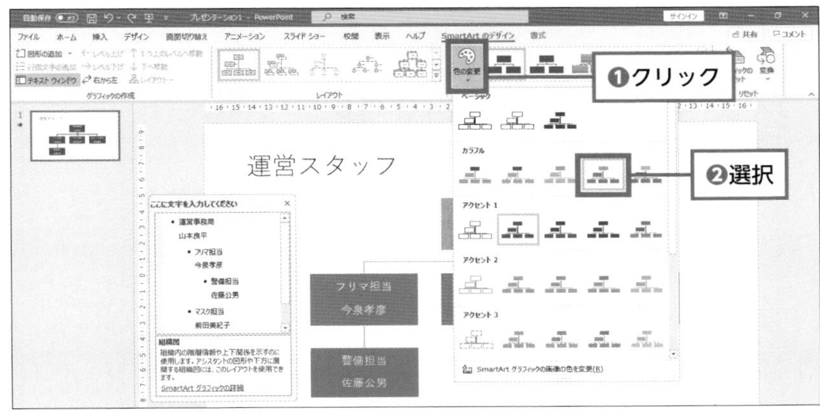

Smart Artの外枠をクリックし、[Smart Artのデザイン] タブの [色の変更] をクリック (❶)。[カラフル] グループの色を選択する (❷)。

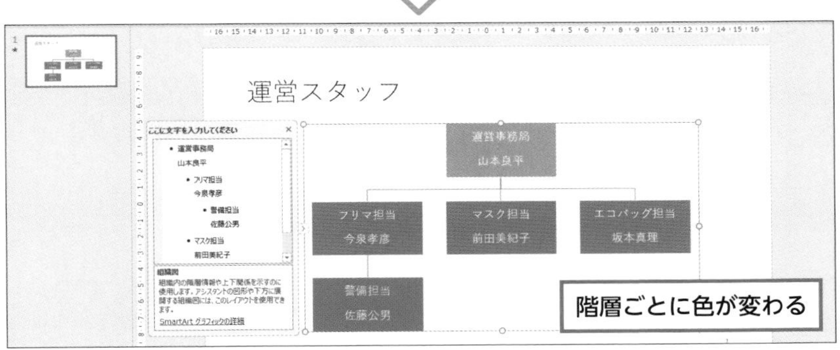

組織図全体の色が変わった。階層ごとに色が違うと区別しやすくなる。

memo

[Smart Artのデザイン] タブの [Smart Artのスタイル] を使うと、図形を立体的にしたり、グラデーションにしたりできます。右の例では「凹凸」のスタイルを適用しています。

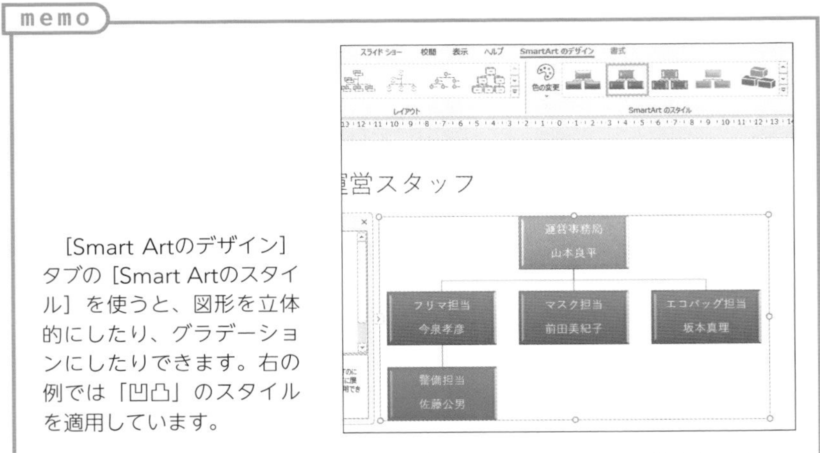

4-05 組織図の階層は「どこに」「何を」追加するかが鍵！

Smart Artで作成した図解は、あとから自由に図形の数を調整できます。組織図に図形を追加するときは、どこにどんな図形を追加するかによって全体の構成が変わってくるので注意しましょう。

図形の削除と追加の方法

Smart Artで組織図を作成すると、最初は5つの図形が表示されるので、不要な図形を削除したり、追加したりして調整します。組織図の図形の追加には「後に図形を追加」「前に図形を追加」「上に図形を追加」「下に図形を追加」「アシスタントの追加」の5種類があります。**図形を追加するときには、追加したいすぐ上の図形（上司に相当する図形）を選択しましょう**。

● 図形を削除する

組織図の作成直後は5つの図形が表示される。不要な図形をクリックして（❶）、Delete キーを押すと図形を削除できる（❷）。

● 図形を追加する

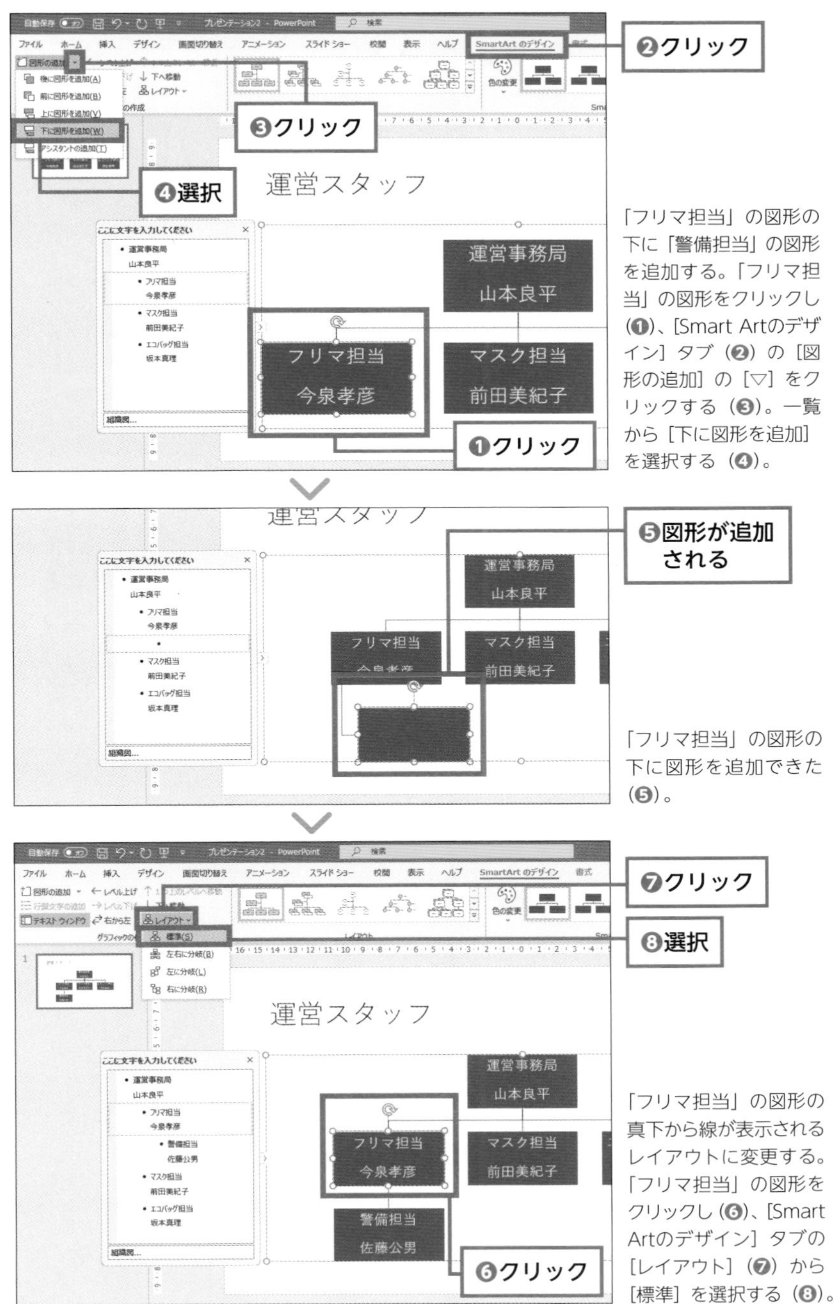

「フリマ担当」の図形の下に「警備担当」の図形を追加する。「フリマ担当」の図形をクリックし(❶)、[Smart Artのデザイン] タブ(❷)の[図形の追加]の[▽]をクリックする(❸)。一覧から[下に図形を追加]を選択する(❹)。

「フリマ担当」の図形の下に図形を追加できた(❺)。

「フリマ担当」の図形の真下から線が表示されるレイアウトに変更する。「フリマ担当」の図形をクリックし(❻)、[Smart Artのデザイン] タブの[レイアウト](❼)から[標準]を選択する(❽)。

4-06 同じ種類の図形を連続して描く

複数の図形を組み合わせて地図やシステム構成図などを作成するときには、効率よく図形を描くテクニックを身に付けましょう。描画モードをロックすると、同じ種類の図形を連続して描画できます。

第4章 図解と図形を利用して、関係性をシンプルに伝える

描画モードをロックする

スライドに図形を描くときは、最初に図形の種類を選択し、次にスライド上をドラッグします。四角形を10個描くときは、四角形を選ぶ操作からドラッグまでの同じ操作を10回繰り返すことになり、非効率的です。**[描画モードのロック] 機能を使うと、最初に1回図形の種類を選ぶだけで、ロックを解除するまでは同じ種類の図形を何度でも連続して描画できます**。

● 四角形を連続して描画する

[挿入] タブ (❶) の [図形] (❷) から [正方形/長方形] を右クリックし、[描画モードのロック] を選択する (❸)。

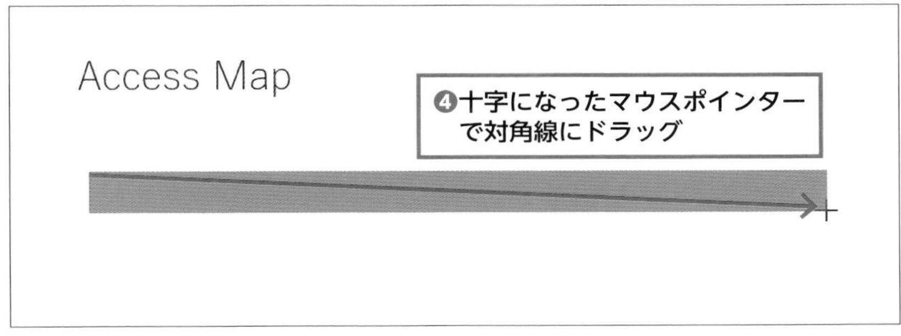

マウスポインターが十字に変わったら、スライド上を対角線にドラッグして四角形を描く（❹）。

続けて、スライド上をドラッグすると四角形が描画できる（❺）。描画モードをロックしているので図形の種類を選び直す必要がない。

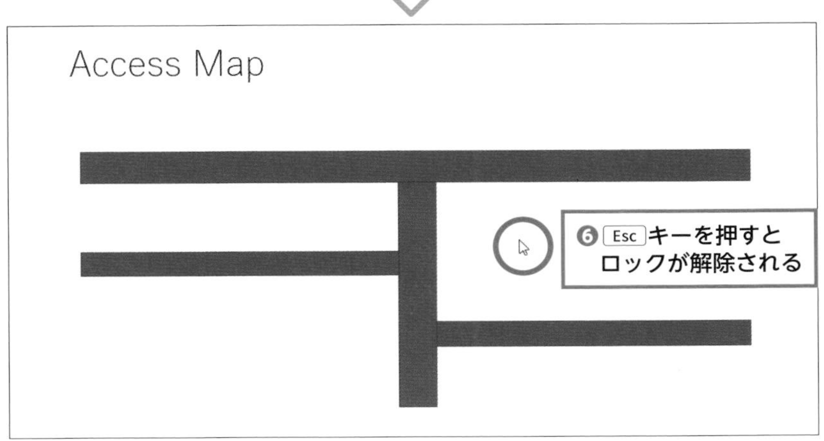

Escキーを押すと描画モードのロックが解除され、通常のマウスポインターの形状に戻る（❻）。

4-07 正方形は Shift キーを押しながらドラッグして描く

スライドに図形を描くときは、図形の種類を選択してからスライド上をドラッグします。このとき、Shift キーを押しながらドラッグすると正方形や正三角形、正円、直線を正確に描画できます。

図形を正確に描くテクニック

四辺の長さが同じ正方形や三辺の長さが同じ正三角形、真ん丸の正円をドラッグ操作で正確に描くのは難しいものです。**Shift キーを押しながら図形を描くと、スライド上をドラッグしたときに正方形や正三角形や正円を正確に描くことができます**。また、線を描くときに Shift キーを押しながらドラッグすると、垂直線や水平線をまっすぐきれいに描けます。

● 正方形を描く

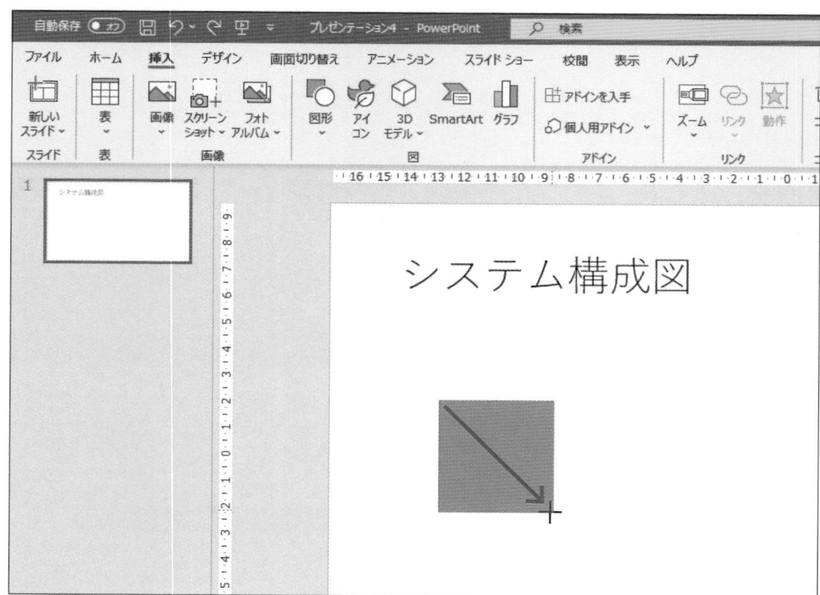

[挿入] タブの [図形] から [正方形/長方形] をクリックし、Shift キーを押しながらスライド上をドラッグすると正方形が描ける。マウスの手を放してから Shift キーの手を放すのがコツだ。

正円を描く

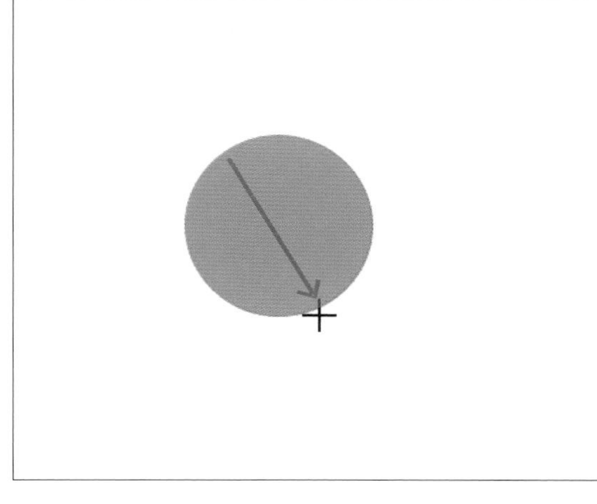

[挿入] タブの [図形] から [楕円] をクリックし、Shift キーを押しながらスライド上をドラッグすると正円が描ける。

水平線/垂直線を描く

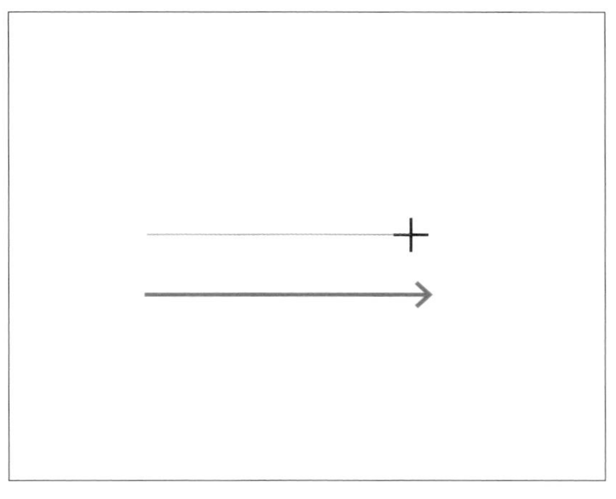

[挿入] タブの [図形] から [線] をクリックし、Shift キーを押しながらスライド上をドラッグすると水平線が描ける。

memo

描画した図形のサイズをあとから変更するときには、図形をクリックしたときに表示される四隅のハンドルを Shift キーを押しながらドラッグします。すると、元の図形の縦横比を保持したまま図形のサイズを変更できます。

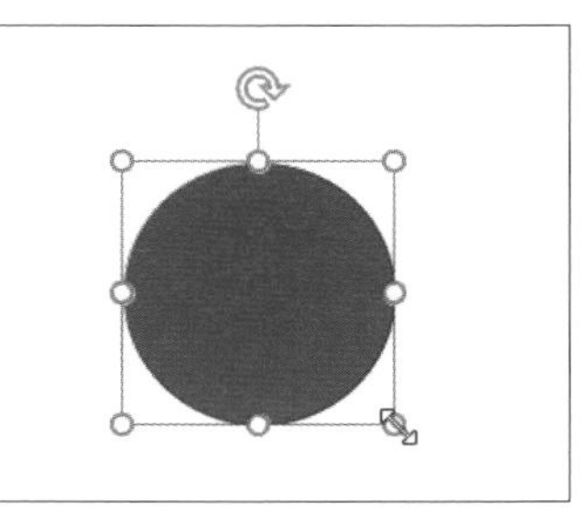

4-08

図形を真横にコピーするなら Ctrl + Shift キーでドラッグする

時短 5 分

同じサイズの図形を描くときは、元になる図形をコピーすると早いでしょう。Ctrl キー＋ Shift キーを押しながら図形をドラッグすると、図形のコピーと位置合わせが同時にできて一石二鳥です。

コピーと位置合わせを同時に行う

［コピー］と［貼り付け］を組み合わせて図形をコピーすることもできますが、キー操作でコピーしたほうがスピーディです。Ctrl キーを押しながら図形をドラッグすると、好きな場所に図形をコピーできます。このとき、**Ctrl キーに加えて Shift キーも同時に押しながら図形をドラッグすると、水平方向や垂直方向にコピーできます**。図形の端を揃えてコピーできるので、あとから配置を整える操作が不要になります。

● 正方形を真横にコピーする

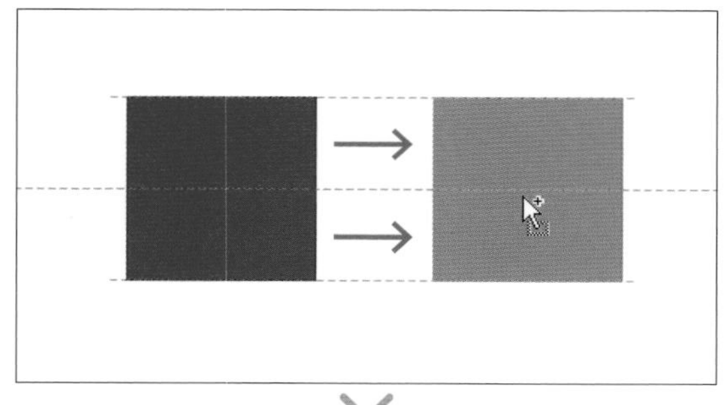

正方形をクリックし、Ctrl＋Shift キーを押しながら図形を右方向にドラッグする。

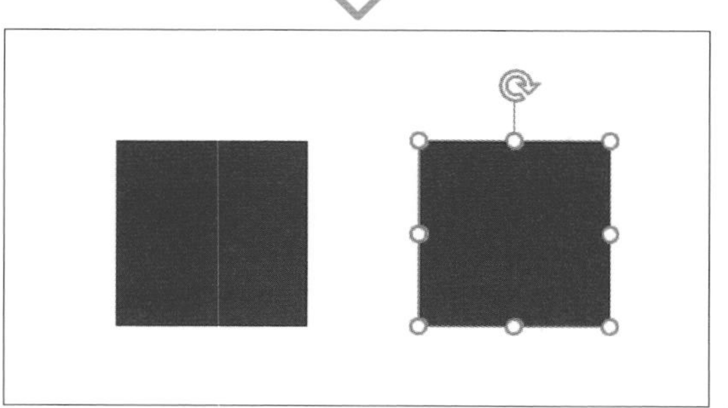

正方形が真横にコピーできた。

● 正方形を真下にコピーする

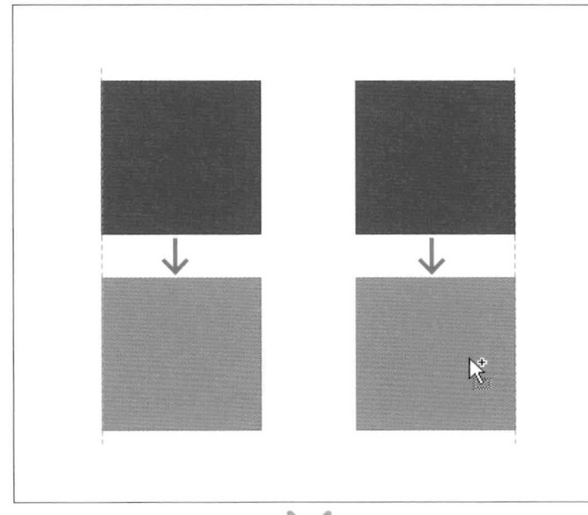

Shift キーを押しながら2つの正方形を順番にクリックして選択。いずれかの図形の中にマウスポインターを移動して Ctrl + Shift キーを押しながら図形を下方向にドラッグする。

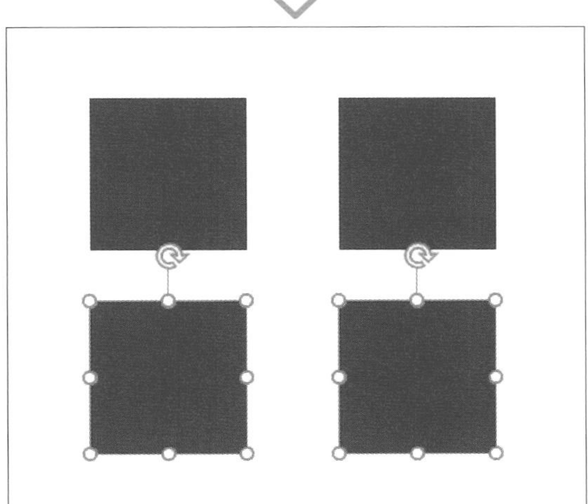

2つの正方形をまとめて真下にコピーできた。

memo

図形をドラッグしているときに表示される赤い点線は「スマートガイド」と呼ばれる線です。これはコピー先や移動先、図形同士の間隔の目安を示すためのガイド線です。

4-09

図形を結合してオリジナルの図形を作る

「使いたい図形がどこにもない！」というときは、複数の図形を結合してオリジナルの図形を作ることもできます。複雑な図形を作るのは大変ですが、シンプルな図形なら挑戦してみるといいでしょう。

結合方法には5種類ある

図形のメニューには四角形や円、矢印などの種類が用意されていますが、［図形の結合］機能を使ってオリジナルの図形を作成することもできます。**［図形の結合］には、［接合］［型抜き/合成］［切り出し］［重なり抽出］［単純型抜き］の5種類があり**、どのように結合するかで完成する図形が異なります。それぞれのメニューにマウスポインターを合わせると、結合した結果を一時的にスライドで確認できます。

● 2つの図形を結合する

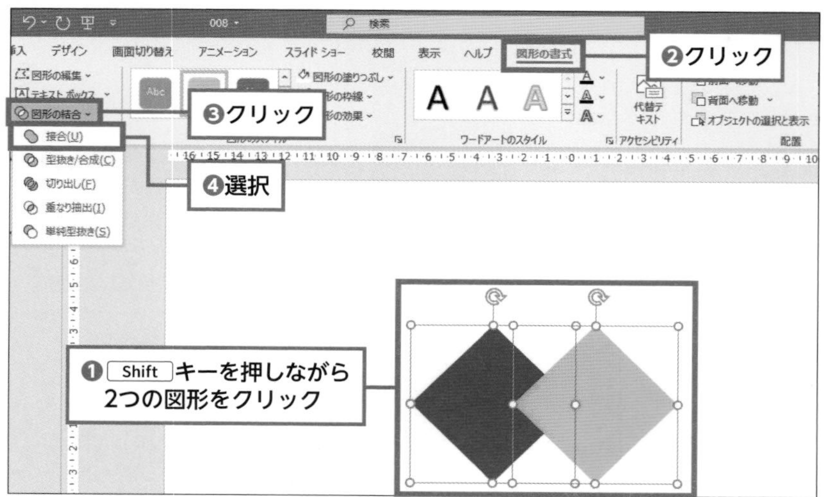

Shift キーを押しながら2つの図形を順番にクリックして選択し（❶）、［図形の書式］タブ（❷）の［図形の結合］（❸）から［接合］を選択する（❹）。最終的に図形の色として残したい図形を先に選択するのがポイントだ。

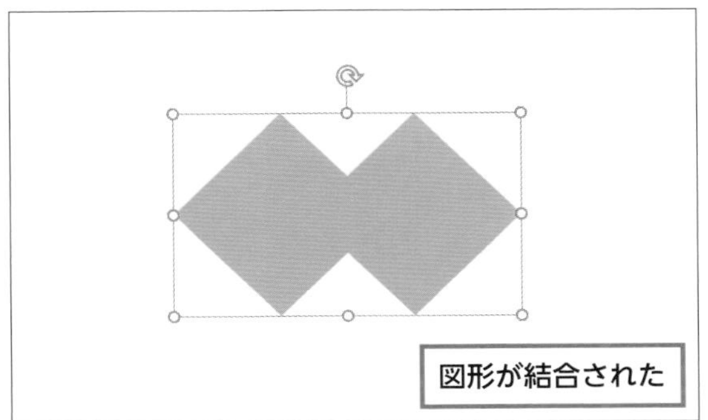

2つの図形が結合されて1つの図形になった。

memo

結合方法の違いを見てみましょう。

結合方法	説明	結果
接合	複数の図形を 1 つにまとめる	
型抜き / 合成	クッキーの生地を型抜き機でくりぬくように、図形を別の図形で型抜きする	
切り出し	重なっている図形から重なり部分もひとつの図形として分解する	
重なり抽出	複数の図形が重なった部分だけを取り出す	
単純型抜き	重なっている一方の図形をそのまま取り除く	

4-10 図形にテキストボックスを重ねるのはご法度！

図形の中に文字を入力する方法はいろいろありますが、一番簡単なのは図形を選択した状態で文字を入力する方法です。そうすれば、図形と文字が一体化されるので、移動やサイズ変更も楽に行えます。

図形を選択してからキーボードを打つ

図形の中に文字を表示するときに、図形にテキストボックスを重ねているスライドを見かけることがあります。間違いではありませんが、あとから図形を移動するときに図形とテキストボックスを別々に移動する羽目になり、2度手間になります。**図形を選択した状態でキーボードを打つと、図形の中央に文字が表示されます**。これなら図形内の文字の配置も同時に行える上、図形と一緒に文字が移動します。

● 図形の中に文字を入力する

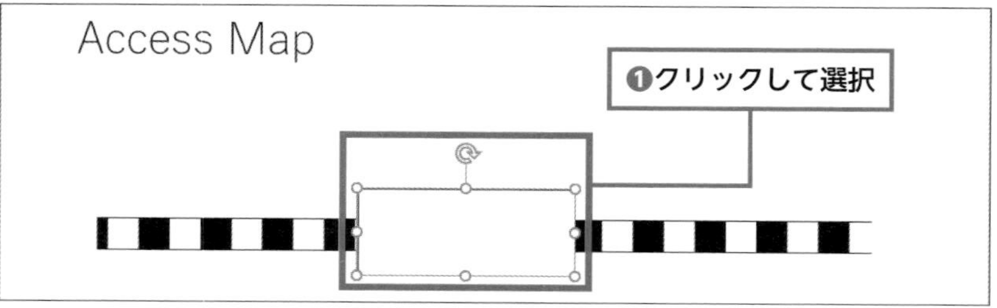

長方形の図形の中に駅名を表示したい。まず、図形をクリックして選択する（❶）。

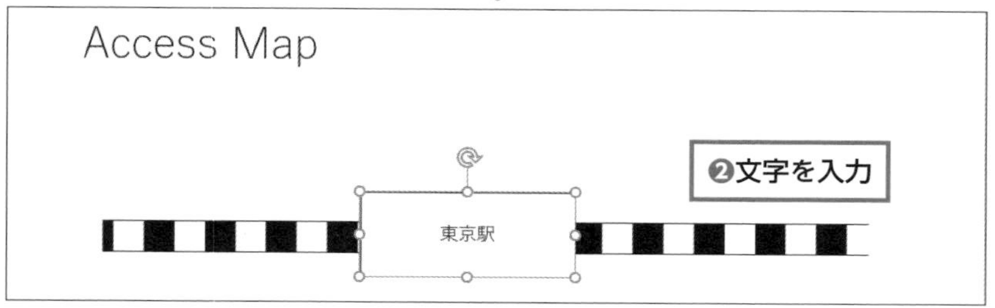

図形内にカーソルが表示されないが、そのまま駅名を入力すると図形の中央に表示される（❷）。

図形が選択された状態で［ホーム］タブ（❸）の［フォントサイズ］（❹）から文字のサイズを選択する（❺）。同様に、［文字の配置］から縦方向の配置、［左揃え］や［右揃え］で横方向の配置を変更できる。

memo

図形の中にカーソルを表示したい場合は、図形を右クリックして、表示されるメニューにある［テキストの編集］を選択します。

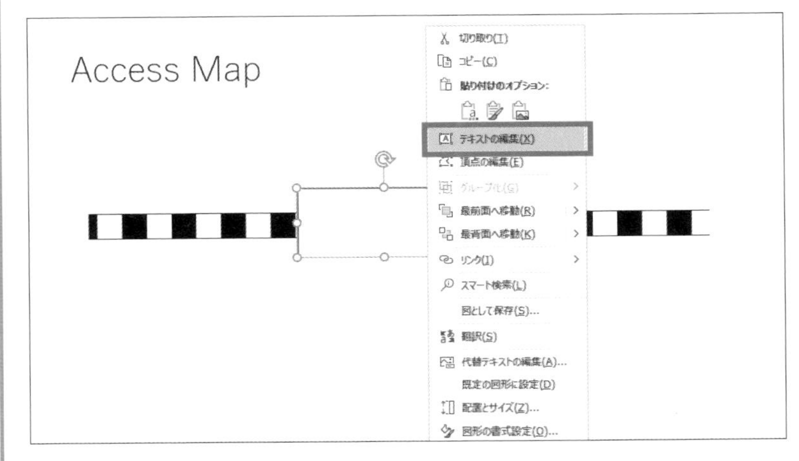

4
10 図形にテキストボックスを重ねるのはご法度！

4-11 図形の枠線、影、3Dは不要！

PowerPointの初期設定のまま図形を描くと自動的に枠線が付きますが、この枠線は伝えたい情報の邪魔になる場合があります。図形の枠線や影、3Dなどの飾りを取り除くと図形がすっきり見えます。

無駄な飾りは取る

図形は枠線と塗りつぶしの色を個別に設定できます。初期設定では必ず枠線が付きますが、この枠線が曲者です。**図形の数が多いと枠線のほうがが目立ってしまい、伝えたい情報の邪魔をする**場合があるからです。枠線を絶対に使ってはいけないわけではありませんが、枠線を消したほうがすっきりきれいに見えます。

同様に、図形に影や3Dなどの効果を付けると、図形の中の文字よりも飾りのほうが強調されます。図形はシンプルにすっきり見せましょう。

● 図形の枠線を消す

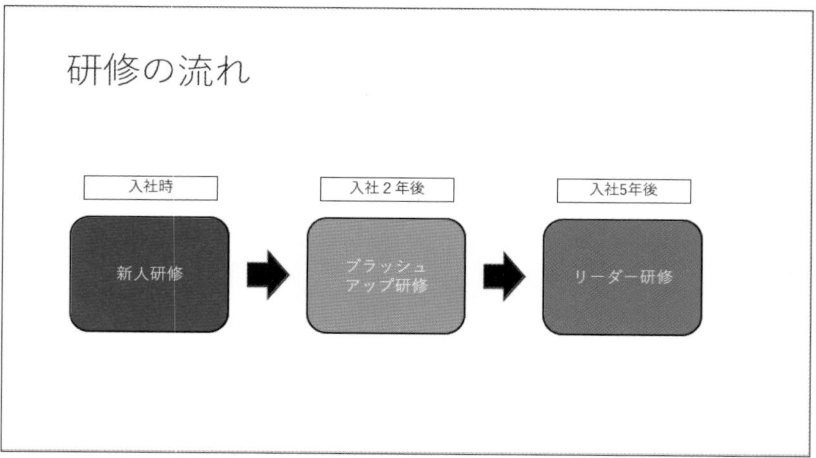

図形の黒い枠線が目立ってしまい、情報を邪魔している。

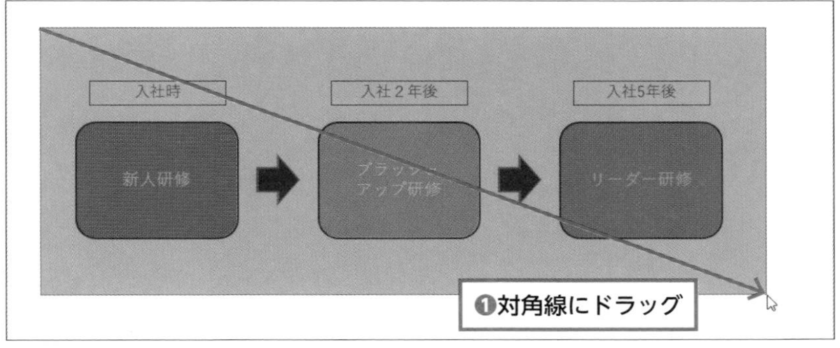

図形の枠線をまとめて消す。すべての図形を囲むように左上から右下に対角線にドラッグすると、四角形で囲まれた図形をすべて選択できる（❶）。

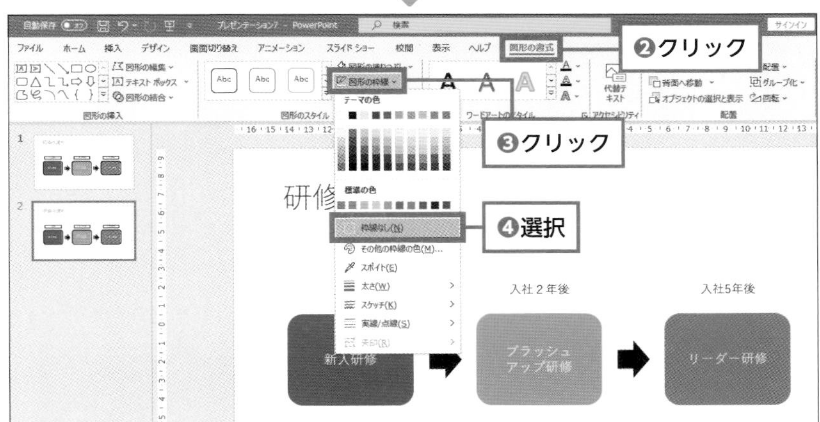

［図形の書式］タブ（❷）の［図形の枠線］（❸）から［枠線なし］を選択する（❹）。

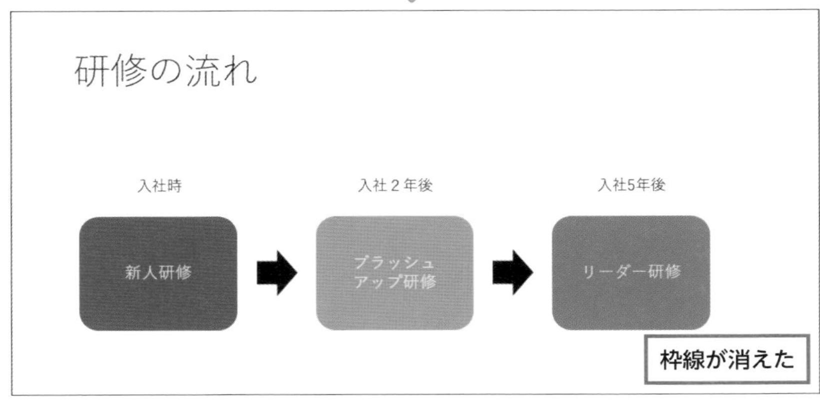

図形の枠線が消えると、文字が読みやすくなってすっきりする。

4-12

図形と文字の書式をまとめてコピーする

時短
5
分

特定の図形に設定した書式（図形の色や効果、文字のフォントやサイズなど）は丸ごと他の図形にコピーできます。ひとつずつ書式を設定し直すよりも効率的に作業できるので、時間の節約になります。

［書式のコピー/貼り付け］で書式をコピーする

図形の色や枠線の有無などの図形そのものの書式と、図形の中に入力した文字のフォントやサイズ、行間などの文字の書式を他の図形にひとつずつ設定し直すのは面倒です。**［ホーム］タブの［書式のコピー/貼り付け］機能を使うと、図形内のすべての書式をまとめてコピーできます。** Ctrl＋Shift＋Cキーで書式をコピーし、Ctrl＋Shift＋Vキーで書式を貼り付けるショートカットキーも覚えておくと便利です。

● 図形の書式をコピーする

オンラインフィットネスの種類
1.ライブトレーニング
• 決められた時間にオンラインに集合して、インストラクターの指導に沿って体を動かす
2.ビデオトレーニング
• 動画コンテンツを見ながらひとりで体を動かす

左側の図形の書式（図形の色・行間・1行目の文字を太字）を右側の図形にコピーする。

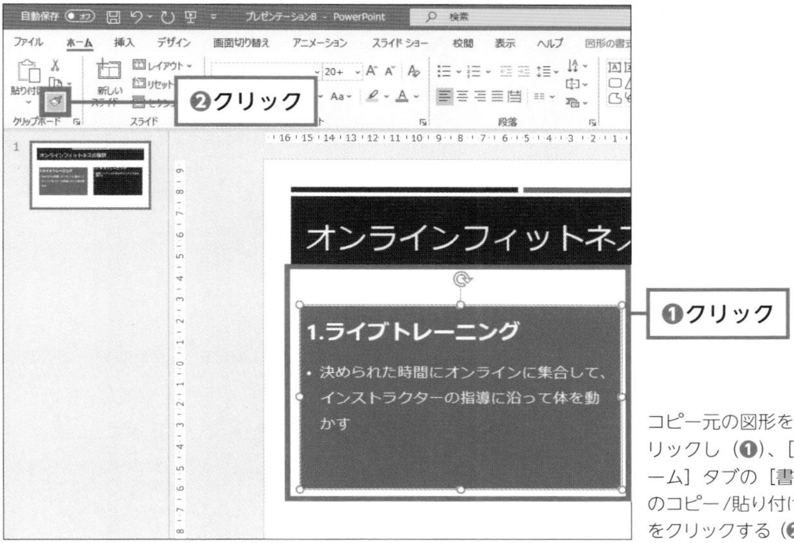

❷クリック

❶クリック

コピー元の図形をクリックし（❶）、［ホーム］タブの［書式のコピー/貼り付け］をクリックする（❷）。

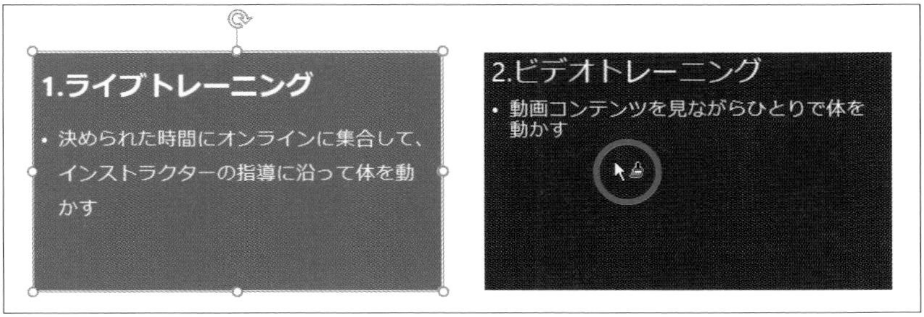

マウスポインターに刷毛が付いたことを確認し、コピー先の図形をクリックする。

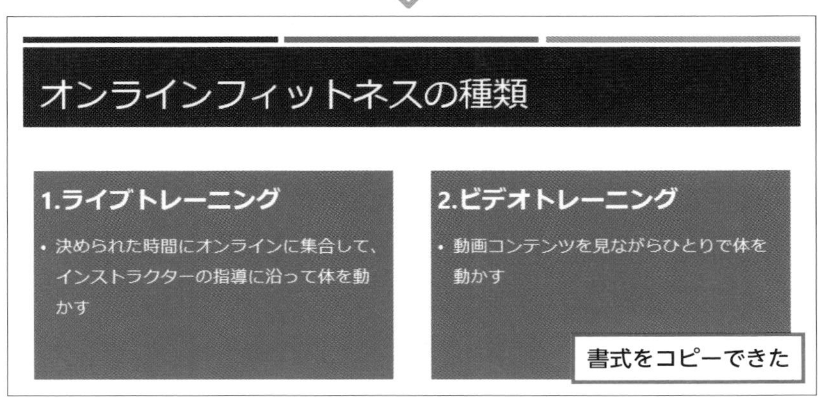
オンラインフィットネスの種類
1.ライブトレーニング
• 決められた時間にオンラインに集合して、インストラクターの指導に沿って体を動かす
2.ビデオトレーニング
• 動画コンテンツを見ながらひとりで体を動かす
書式をコピーできた

左側の図形に設定済みの複数の書式をまとめて右側の図形にコピーできた。

4-13 縦横と端を揃えて図形をすっきりと配置する

複数の図形を配置するときは、図形の上端、下端、左端、右端などの端を揃えておくと整然とした印象になります。[配置] 機能を使うと、図形の端と図形同士の間隔を揃えることができます。

図形の配置と間隔を揃える

スライドに複数の図形を描画したときに図形の上端や左端が少しずれていると、ずれていることに意味があるように見えてしまったり、雑な印象を与えてしまったりします。図形同士の間隔が広かったり、狭かったりしても同様です。図形を並べるときは、図形の端と間隔をきっちり揃えるだけで劇的に見やすくなります。**[配置] 機能には図形の端を揃えるメニューと等間隔に整列するメニューが用意されています**。

● 図形の下端を揃える

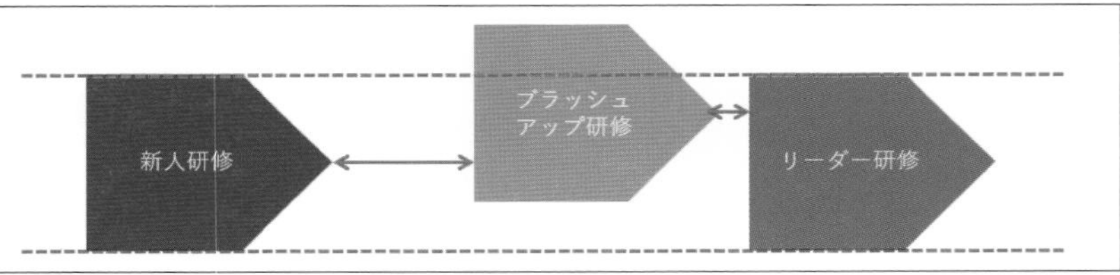

「ブラッシュアップ研修」の図形だけ高さが異なる。また、「ブラッシュアップ研修」と「リーダー研修」の間隔が狭いので期間が短い印象を与える。

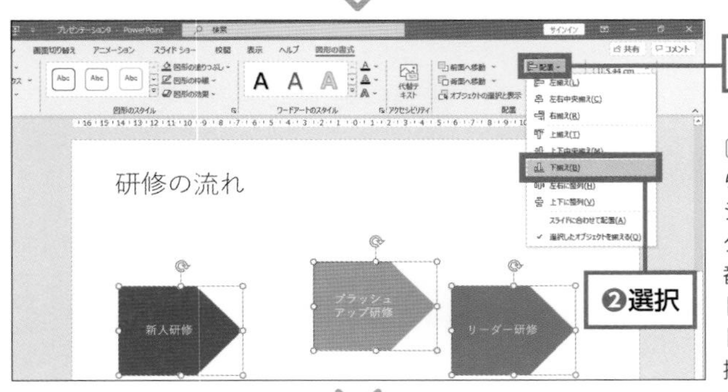

Shift キーを押しながら「新人研修」「ブラッシュアップ研修」「リーダー研修」の図形を順番にクリックして選択。[図形の書式] タブの [配置] (❶) から [下揃え] を選択する (❷)。

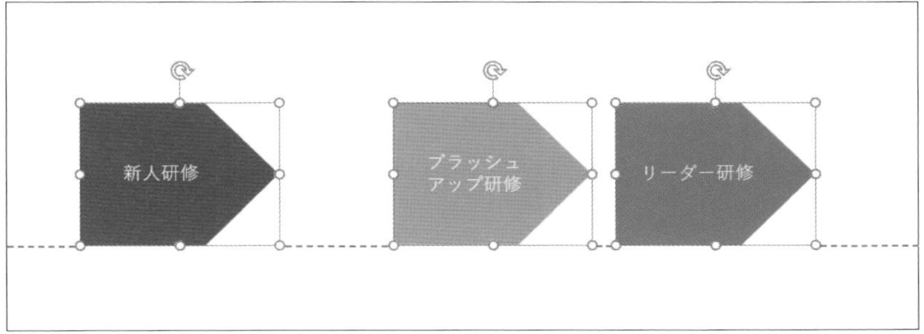

3つの図形の下端が揃った。

図形の間隔を揃える

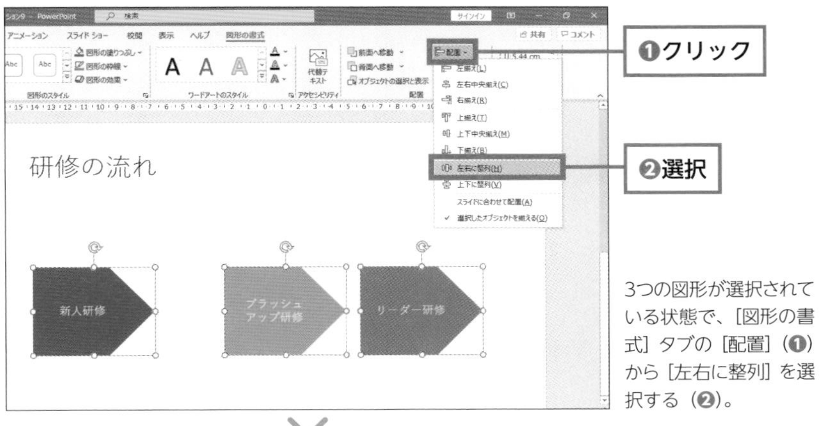

3つの図形が選択されている状態で、［図形の書式］タブの［配置］（❶）から［左右に整列］を選択する（❷）。

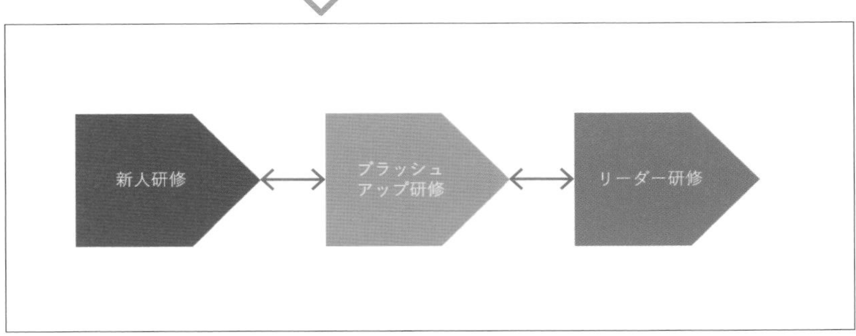

3つの図形の間隔が均等に揃った。縦方向に並んだ図形の間隔を揃えるときは［上下に整列］を選ぶ。

4-14 いつも使う図形の書式を登録する

いつも描く図形の色や枠線の書式が決まっているときは、オリジナルのルールを初期設定として登録してしまいましょう。すると、次回からは図形を描いたときに、登録した書式で表示されます。

図形を既定の書式に設定する

会社のプレゼン資料で使う図形はいつも緑色で枠線なしに決まっているといった具合に、図形の書式がルール化されている場合は、その書式を登録すると便利です。**［既定の図形に設定する］機能を使うと、どの図形を描画しても登録した通りの色や枠線の状態で表示されます**。そのため、図形を描画するたびに書式を変更する手間と時間を節約できます。ただし、設定した書式は作業中のファイルでしか使えません。新しいプレゼンテーションファイルでも使えるようにするにはテンプレートとして保存します。

● 図形の書式を登録する

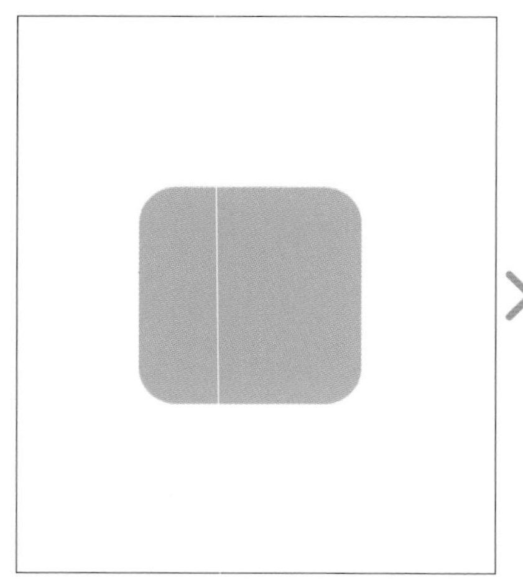

図形の塗りつぶしの色が薄緑で枠線なしの書式を登録する。

書式を設定した図形を右クリックし、［既定の図形に設定］を選択する。これだけで登録完了だ。

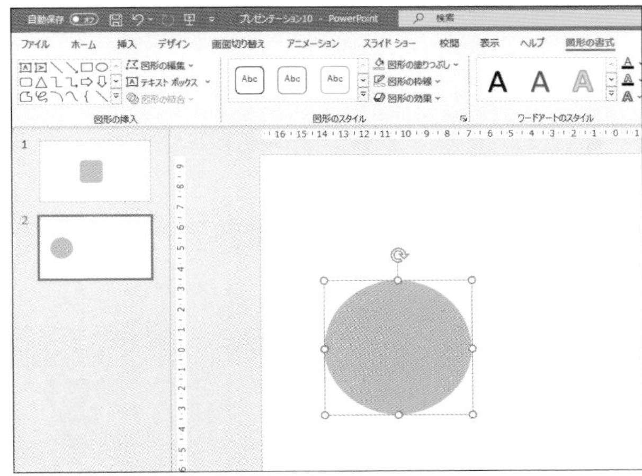

[挿入] タブの [図形] から [楕円] をクリックし、スライド上に円を描画すると、最初から設定した書式で表示される。

● テンプレートに登録する

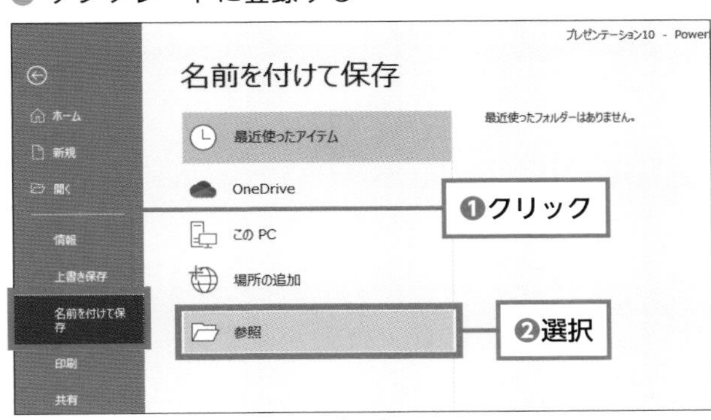

図形の書式を登録したスライドを開いた状態で、[ファイル] タブの [名前を付けて保存] (❶) から [参照] を選択する (❷)。

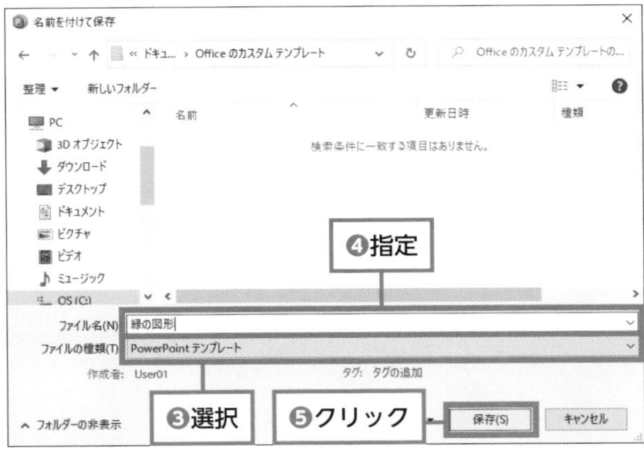

[ファイルの種類] の一覧から [PowerPointテンプレート] を選択 (❸)。ファイル名を指定 (❹) して [保存] をクリックする (❺)。保存先は変更しないこと。

● テンプレートを開く

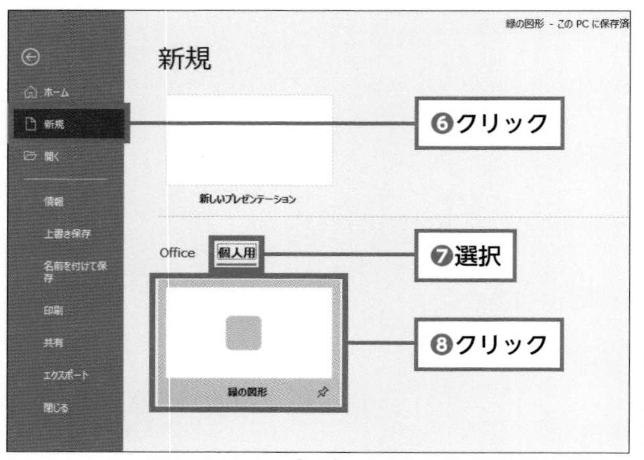

［ファイル］タブの［新規］をクリックして（❻）、［個人用］を選択（❼）。登録したテンプレートをクリックする（❽）。

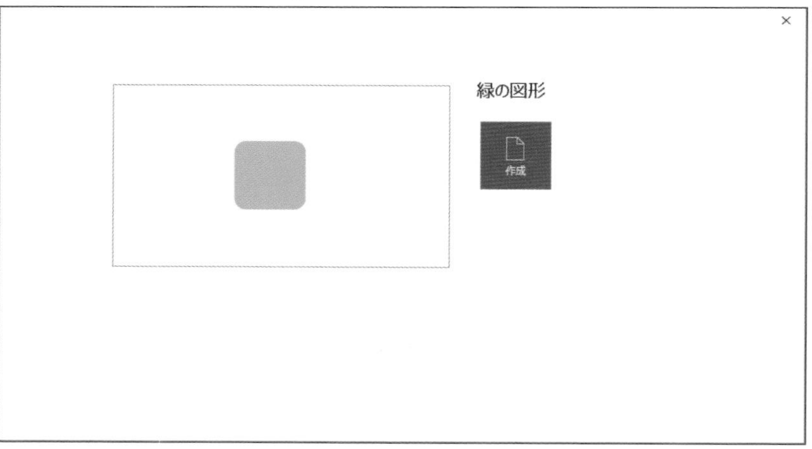

［作成］をクリックすると、テンプレートが開く。この操作でスライドを作り始めると、図形を描画したときに登録した書式が適用される。

第5章

表やグラフを挿入して、説得力を倍増させる

5-01 プレゼン資料で表やグラフを使う目的は？

プレゼン資料は情報を整理したり、視覚化したりして提示することで、わかりやすさがアップします。文字の情報を整理するときには「表」、数値を視覚化するときには「グラフ」を使いましょう。

文字の整理は表、数値の視覚化はグラフ

表は、情報を縦横の罫線で格子状に区切ったセルに入力したものです。表を利用することで、大量の文字の情報を整理して一覧形式で表すことができます。一方、グラフは、数値を視覚化するときに使います。棒グラフの棒の高さ、折れ線グラフの線の角度、円グラフの面積などを見るだけで、数値の全体的な傾向を把握できます。**具体的な情報を整理して見せたいときは表、数値の全体的な傾向を見せたいときはグラフ**といった具合に、用途によって表とグラフを使い分けましょう。表やグラフは、Excelで作成済みのものを利用することもできますが（第2章参照）、PowerPointでイチから作成することも可能です。

memo

PowerPointの表には計算機能がありません。合計や平均などを計算したいときは、［挿入］タブの［表］から［Excelワークシート］を選択すると、スライドの中に一時的にExcelのワークシートが表示され、Excelの機能が利用できます。

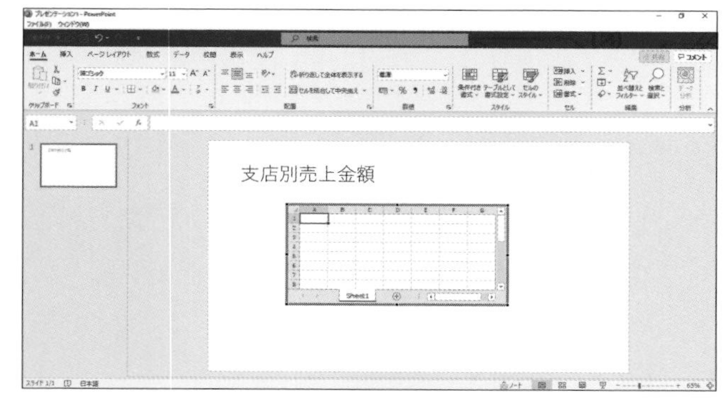

文字情報を表に求める

コースと料金表

体験コース
料金：¥0
ライブレッスン：1回
ビデオレッスン：なし

ベーシックコース
料金：¥2,000
ライブレッスン：４回
ビデオレッスン：なし

レギュラーコース
料金：¥3,800
ライブレッスン：８回
ビデオレッスン：あり

プレミアムコース
料金：¥5,600
ライブレッスン：無制限
ビデオレッスン：あり

フィットネスクラブのコースを比較したスライド。文字だけではコースを比較しづらい。

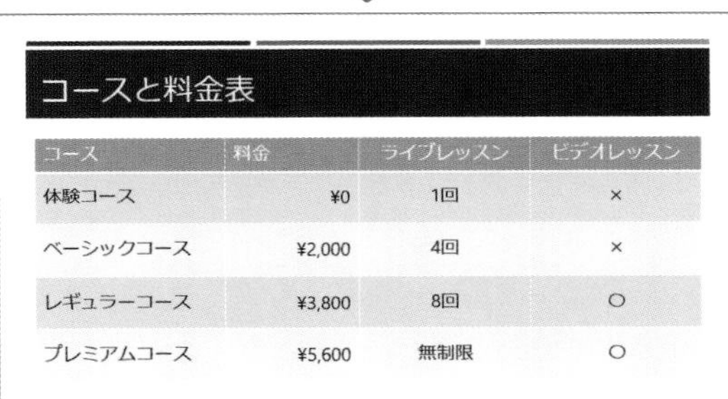

コースと料金表

コース	料金	ライブレッスン	ビデオレッスン
体験コース	¥0	1回	×
ベーシックコース	¥2,000	4回	×
レギュラーコース	¥3,800	8回	○
プレミアムコース	¥5,600	無制限	○

フィットネスクラブのコースを表にまとめたスライド。情報が整理されたことでコースごとの違いを比較しやすい。

数値をグラフ化する

フリーマーケット入場者数

開催年度	入場者数
２０１５年度	231人
２０１６年度	365人
２０１７年度	555人
２０１８年度	713人
２０１９年度	1,114人

入場者数を表にまとめたスライド。情報は整理できているが、入場者が増えたのか減ったのかを判断するにはじっくり数値を見る必要がある。

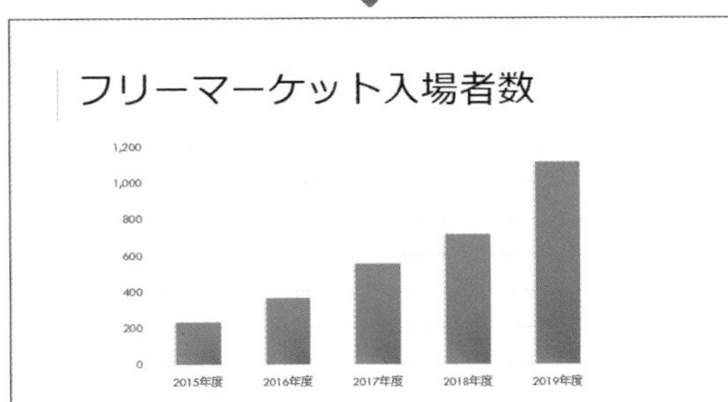

入場者数を集合縦棒グラフで示したスライド。棒の高さを見るだけで入場者が増えていると瞬時にわかる。

5-02 表の見出しは他の行の半分の高さに！

PowerPointで表を作成すると、最初はすべての行の高さが同じです。表の見出しの行を他の行の半分に変更すると、見出しとそれ以外の区別が明確になります。また、表が引き締まって見える効果もあります。

行の下の境界線をドラッグする

PowerPointでは、スライドに適用しているテーマに合わせて自動的に表に色が付きます。1行目の見出し行に他の行と違う色が付いている場合は、それだけでも見出しとそれ以外を区別できますが、行の高さを変える方法もあります。**見出しの行の下の境界線を上方向にドラッグし、他の行の半分くらいになるように狭める**といいでしょう。表をクリックしたときに表示される［レイアウト］タブの［高さ］に直接、数値を入力してもかまいません。

● 表を挿入する

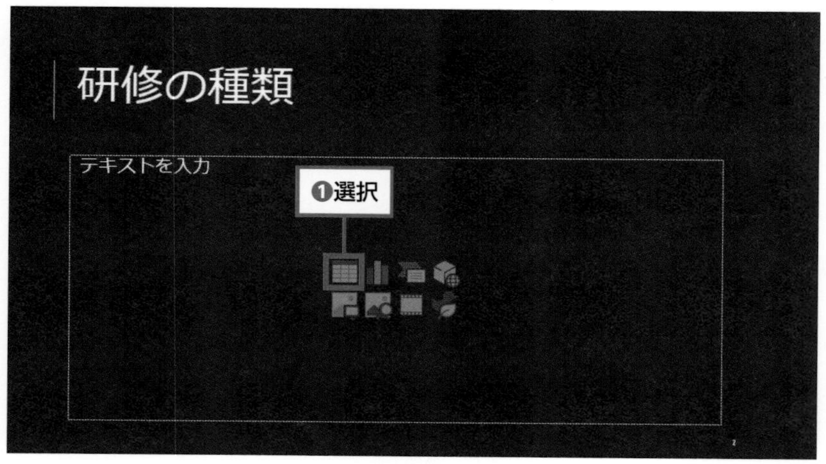

スライド中央の［表の挿入］を選択する（❶）。［挿入］タブの［表］をクリックしてもよい。

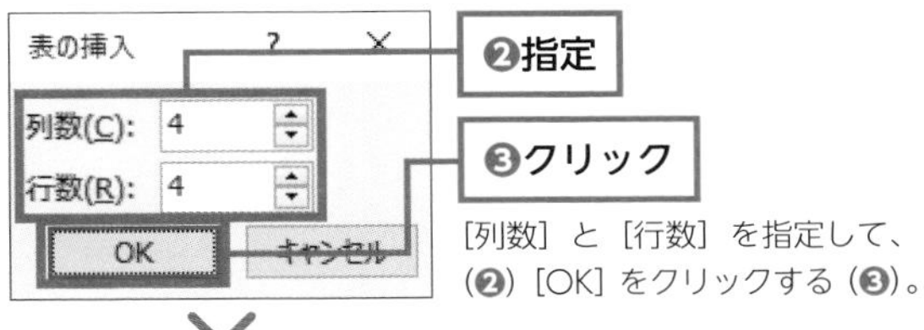

［列数］と［行数］を指定して、（❷）［OK］をクリックする（❸）。

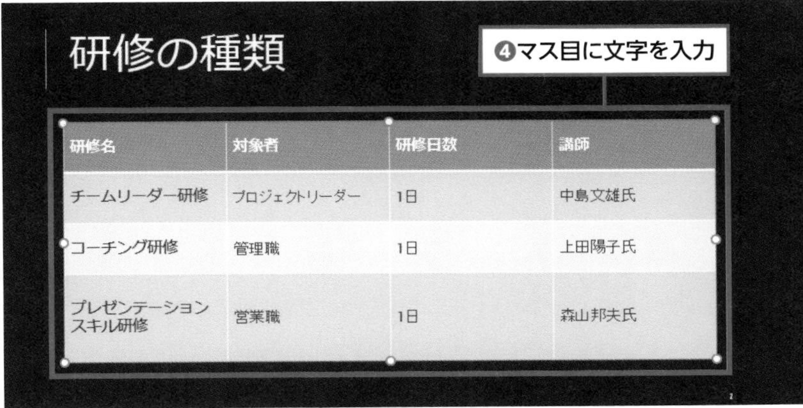

指定したサイズの表が挿入されたら、セルと呼ばれるマス目をクリックして文字を入力する（❹）。Tab キーを押すと右隣のセルにカーソルが移動する。

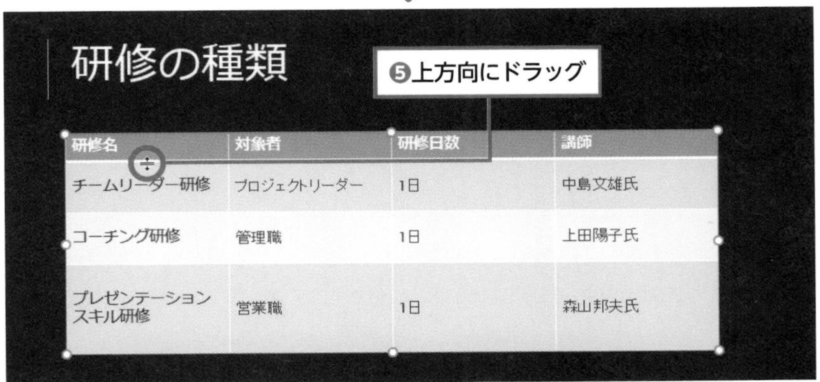

見出し行の下の境界線にマウスポインターを移動して、そのまま上方向にドラッグすると行の高さが狭まる（❺）。

memo

［レイアウト］タブにある［削除］［上に行を挿入］［下に行を挿入］［左に列を挿入］［右に列を挿入］を使うと、表にあとから行や列を追加したり、不要な行や列を削除したりできます。

5-03 行の高さに余裕を持たせて、文字は上下中央に！

表の行の高さが狭いと、上下の文字が接近して読みづらくなります。プレゼン資料として見せる表は、行の高さに余裕を持たせるといいでしょう。このとき、セルの文字の縦方向の配置にも配慮しましょう。

表全体を拡大して行の高さを広げる

プレゼンテーションで見せる表はExcelで作る緻密な表と違い、見やすくて読みやすくなければいけません。PowerPointで表を挿入した直後は行の高さが狭いため、文字の上下が詰まって窮屈な印象を与えます。あとから行の高さを広げて文字の上下に空白を持たせるといいでしょう。**表全体の高さを変更するときは、表の底辺に表示される中央のハンドルを下方向にドラッグ**します。高さが広がると文字がセルの上側にくっついて表示されるので、上下中央に表示されるように配置を整えます。

● 行の高さとセル内の文字の配置を整える

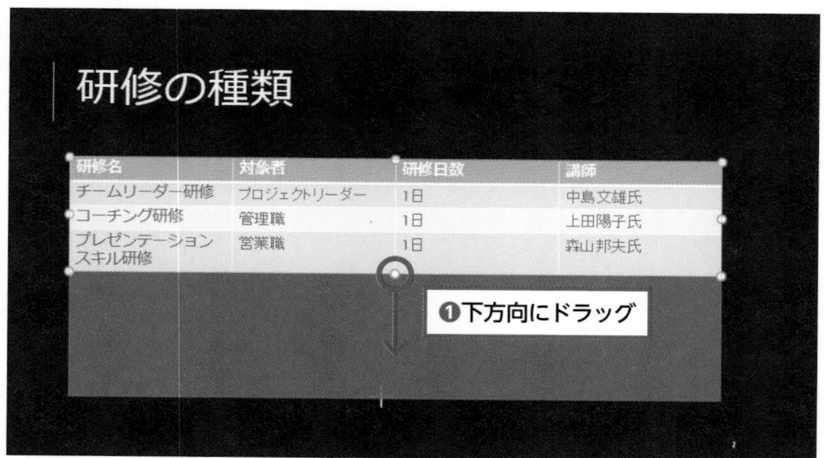

スライドに表を作成した直後は表の高さが狭い。表の底辺中央のハンドルにマウスポインターを移動し、そのまま下方向にドラッグする（❶）。

研修の種類

❷高さが広がる

研修名	対象者	研修日数	講師
チームリーダー研修	プロジェクトリーダー	1日	中島文雄氏
コーチング研修	管理職	1日	上田陽子氏
プレゼンテーション スキル研修	営業職	1日	森山邦夫氏

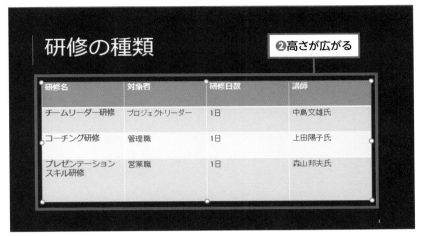

表全体の高さを広がった（❷）。ただし、文字は行の上側に寄っている。

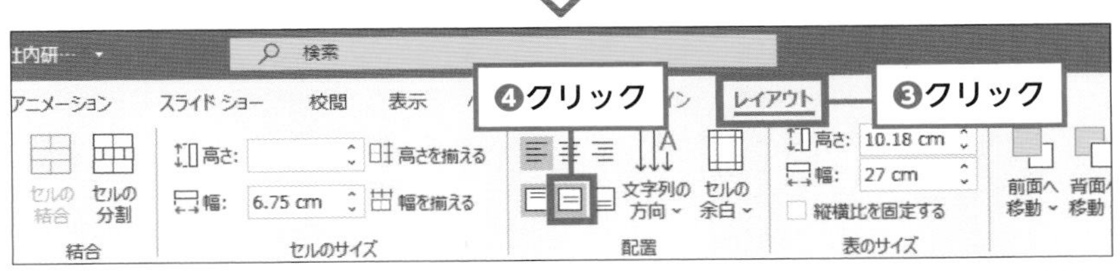

表全体を選択した状態で、［レイアウト］タブ（❸）の［上下中央揃え］をクリックする（❹）。

研修名	対象者	研修日数	講師
チームリーダー研修	プロジェクトリーダー	1日	中島文雄氏
コーチング研修	管理職	1日	上田陽子氏
プレゼンテーション スキル研修	営業職	1日	森山邦夫氏

❺行の上下中央に文字が表示される

それぞれの行の上下中央に文字が表示される（❺）。この後、5-2の操作で見出し行を半分の高さに調整すればOKだ。

memo

行の高さを個別に調整するときは、行の下の境界線をドラッグします。複数の行の高さを揃えたいときは、最初に複数の行を選択してから［レイアウト］タブの［高さを揃える］をクリックします。

5-04 列幅は手作業で調整しない！

スライドに表を挿入した直後は、列幅がすべて同じです。セル内の文字の長さに合わせてあとから列幅を変更しましょう。列の右側の境界線をダブルクリックすると、列幅が自動調整されます。

列の境界線をダブルクリックする

セル内の文字が長くて途中で改行されてしまったり、セルの内の文字が少ないのに列幅が広すぎたりすると、表の見栄えが良くありません。あとから列幅を変更するには、列の境界線にマウスポインター移動して左右にドラッグする操作が一般的です。もっと**素早く列幅を調整するには、列の境界線をダブルクリック**します。すると、セル内の文字数に合わせて自動的に列幅が変更されます。

● 列幅を自動調整する

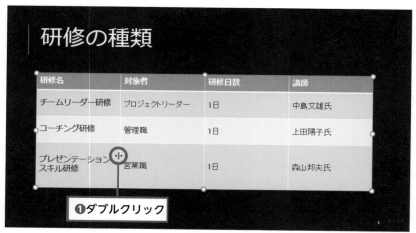

研修の種類

研修名	対象者	研修日数	講師
チームリーダー研修	プロジェクトリーダー	1日	中島文雄氏
コーチング研修	管理職	1日	上田陽子氏
プレゼンテーション スキル研修	営業職	1日	森山邦夫氏

❶ダブルクリック

1列目の「プレゼンテーションスキル研修」が2行に分かれているので、1行に収まる列幅に調整する。1列目と2列目の縦の境界線にマウスポインターを移動。マウスポインターの形状が変わったらダブルクリックする（❶）。

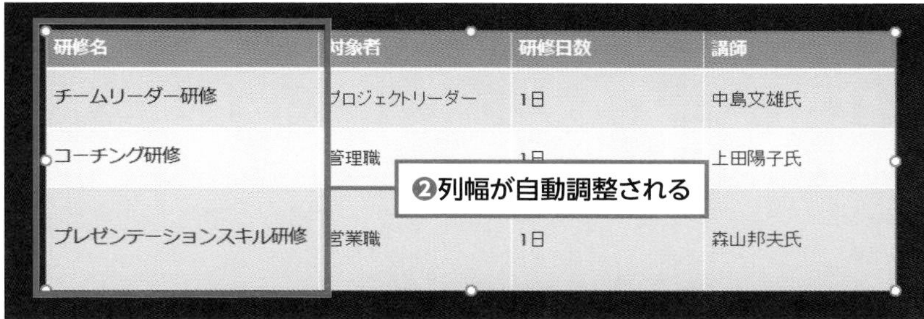

1列目の列幅が自動調整され（❷）、「プレゼンテーションスキル研修」の文字が1行に収まった。

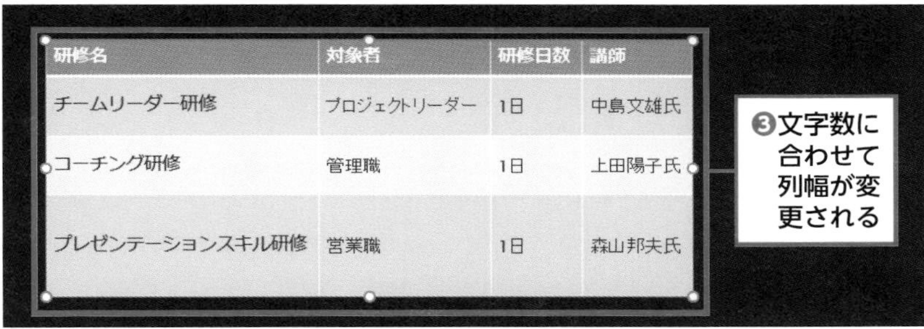

同様の操作で、他の列の境界線をダブルクリックして列幅を自動調整する（❸）。

memo

列幅を調整した結果、表全体のサイズが変わったときは、［レイアウト］タブ（❶）の［配置］（❷）から［左右に整列］を選択すると（❸）、スライドの左右中央に表を配置できます。

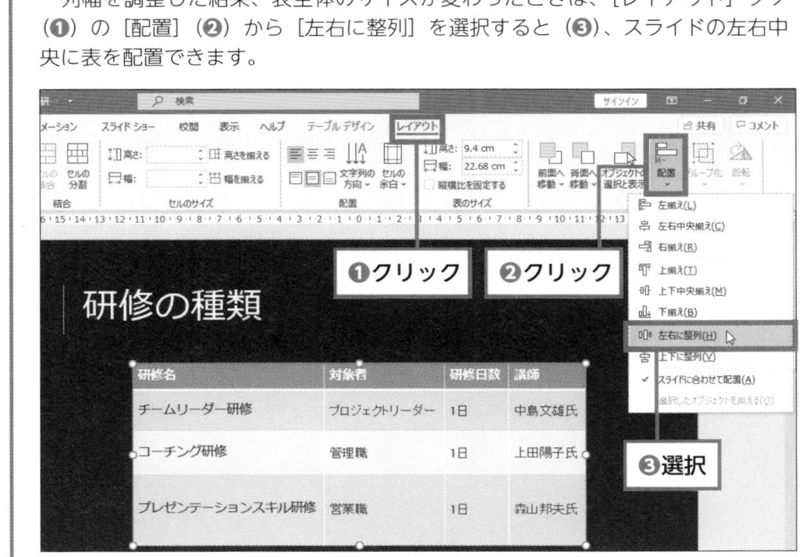

5-05 表にはシンプルなデザインを付ける

PowerPointで作成した表にはスライドのテーマに合った色が付きますが、あとから変更できます。[表のスタイル] に用意されているパターンをクリックするだけで、表全体の色やデザインを変更できます。

行を意識したデザインを選ぶ

ExcelやWordと違い、PowerPointで作成した表には最初から色が付きます。あとから表のデザインを変更するときは、手動でひとつずつセルや枠線の色を変更するのではなく、**[表のスタイル] に用意されているデザインを選ぶ**といいでしょう。スライドのテーマに合った色合いが表示されるので、他のスライドとの統一感が保たれます。

このとき、横罫線のデザインや色だけで、行を区別するデザインを選ぶと、すっきり見えます。

● 表にスタイルを適用する

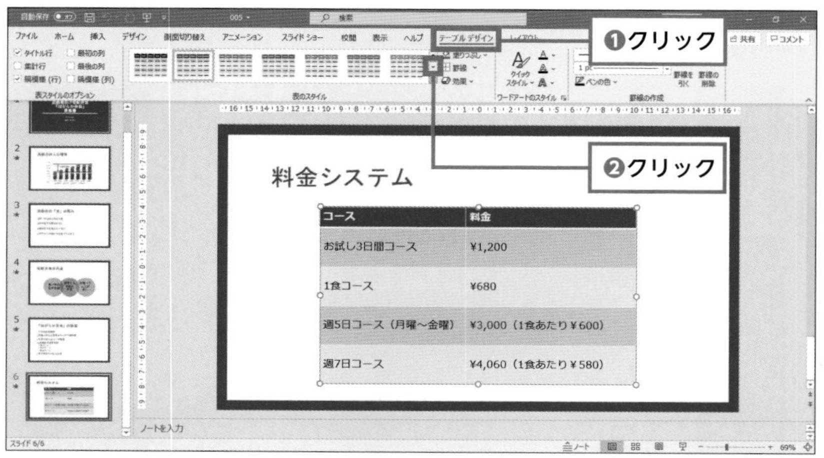

表をクリックしたときに表示される、[テーブルデザイン] タブ（❶）の [表のスタイル] の [▽] をクリックする（❷）。

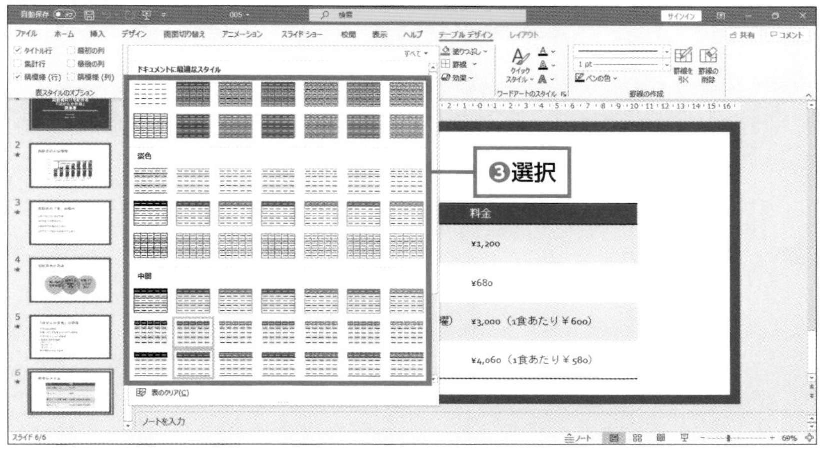

一覧から変更後のスタイルを選択する（❸）。

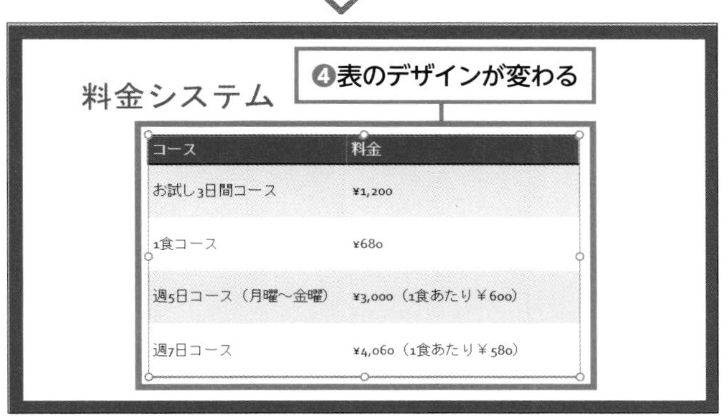

表全体のデザインが変わった（❹）。ここでは横罫線がないスタイルを選んだ。互い違いに行の色が異なるため、横罫線がなくても行を区別できる。

memo

［テーブルデザイン］タブの［表スタイルのオプション］グループには、設定したスタイルを部分的にカスタマイズする機能が用意されています。たとえば、［集計行］をオンにすると、表の最終行が強調されます。

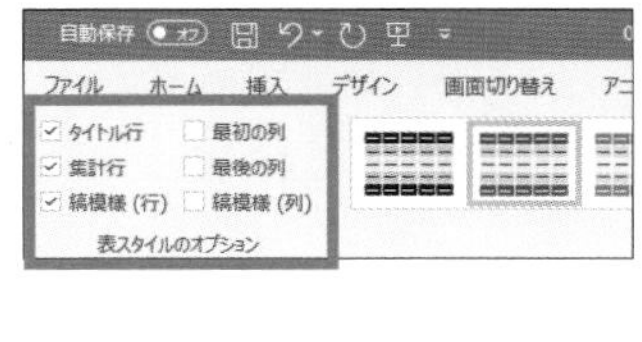

コース	料金
お試し3日間コース	¥1,200
1食コース	¥680
週5日コース（月曜～金曜）	¥3,000（1食あたり￥600）
週7日コース	**¥4,060（1食あたり￥580）**

5-06 スケジュールは表と矢印を組み合わせて作る

プレゼン資料でスケジュールを示すときは、表をベースにした簡単な工程表を作るといいでしょう。おおまかなスケジュールであれば、表と矢印の図形を組み合わせるだけで作成できます。

スケジュールを作るときは、矢印で期間を表現する

スケジュール表とか工程表と聞くと作るのが大変そうに思いますが、ざっくりした工程表であれば、**表でベースの枠組みを作った上に矢印の図形で期間を示すと短時間で作成できます**。詳細な日程や作業は配布資料として別途用意します。プレゼンテーションで見せるときは、できるだけ単純化してわかりやすさを心がけましょう。

● ビジュアル化した工程表

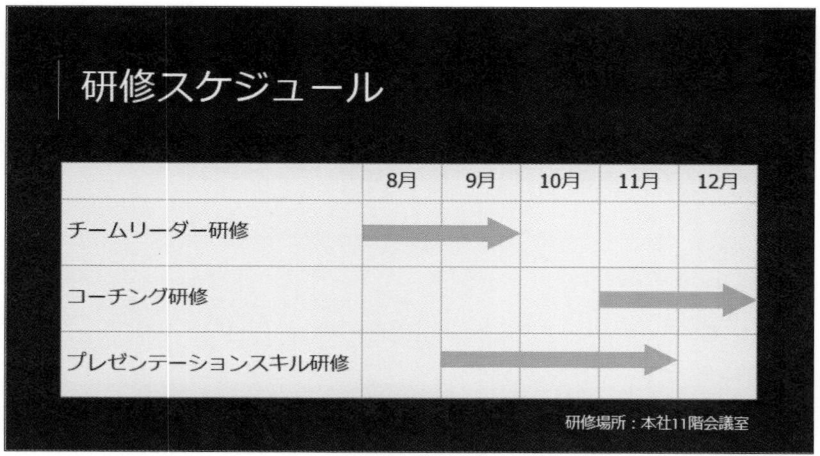

研修スケジュールを示したスライド。矢印の長さが実施期間を示している。

● 列幅を自動調整する

	8月	9月	10月	11月	12月
チームリーダー研修					
コーチング研修					
プレゼンテーションスキル研修					

6列4行の表で工程表の枠組みを作る。行の高さや列幅の変更、表のスタイルについては5-1から5-5を参照して操作する。

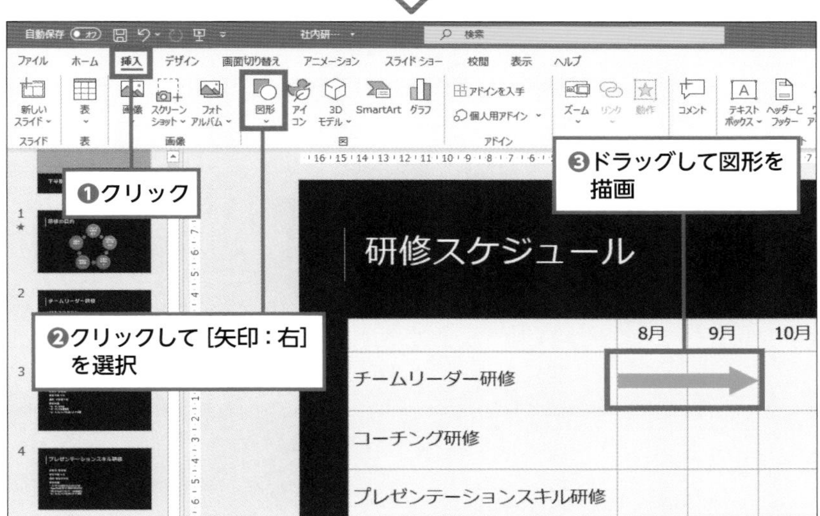

［挿入］タブ（❶）の［図形］から［矢印：右］を選択し（❷）、表内をドラッグして図形を描画する（❸）。矢印の色や枠線の色などは変更しておく。

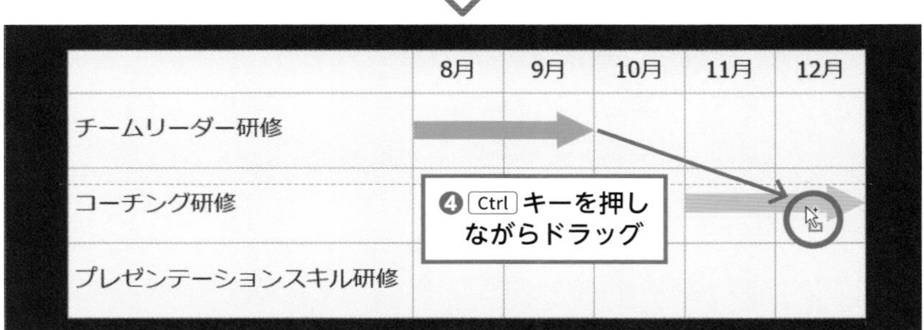

矢印の図形を Ctrl キーを押しながら、コピー先までドラッグする（❹）。矢印のハンドルをドラッグして長さを変更すれば、期間の長さを示せる。

5-07 数値の大きさを比較するなら「棒グラフ」

棒グラフは、棒の高さで数値の大小を示します。棒の高さを見るだけで、数値の大きさを直感的に把握できます。また、数値の大きさを比較するときにも棒グラフを使います。

棒グラフの種類を使い分ける

数値をグラフ化して見せるときは、グラフの種類を正しく選ぶことが大切です。棒グラフは棒の高さで数値の大小を示すもので、「店舗ごとの売上高」や「月ごとの入場者数」といった数値データをグラフ化するときに使います。

棒グラフには縦棒グラフと横棒グラフがあり、それぞれに「集合棒グラフ」「積み上げ棒グラフ」「100％積み上げ棒グラフ」が用意されています。**積み上げ棒グラフは、同じ項目内の要素を積み上げた棒グラフで、データ全体の合計値とその内訳を示すのに向いています。100％積み上げ棒グラフは、棒の高さがすべて同じで、内訳と構成比を同時に示すときに使います。**

● 集合縦棒グラフを作成する

スライド中央の［グラフの挿入］をクリックする（❶）。［挿入］タブの［グラフの追加］をクリックしてもよい。

memo

グラフの元になるデータを修正するには、グラフをクリックして［グラフのデザイン］タブの［データの編集］をクリックします。［Excelでデータを編集］を選択すると、スライド内にExcelのワークシートが表示され、Excelの機能を使って修正できます。

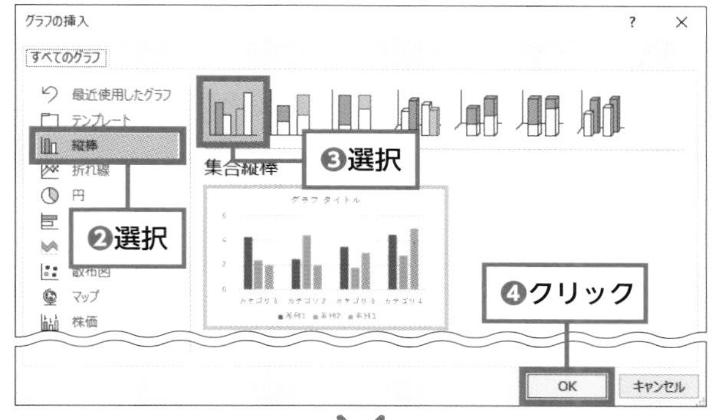

左側の［縦棒］を選択し（❷）、［集合縦棒］を選択して（❸）、［OK］をクリックする（❹）。

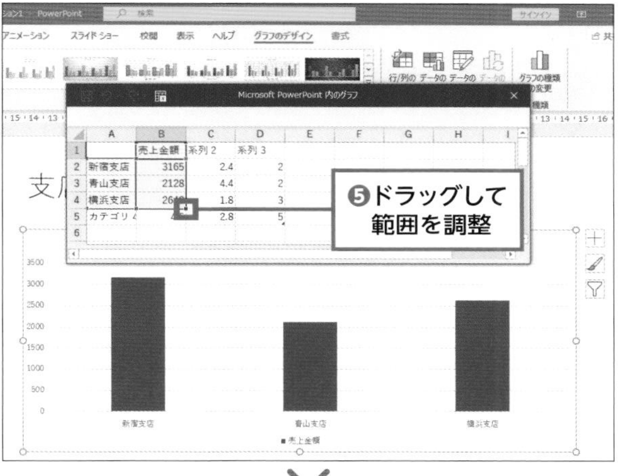

仮のデータが入ったシートとグラフが表示される。シートのデータを変更すると、グラフも連動して変わる。グラフ化したいデータが青い枠に囲まれるように、青枠の右下の［■］をドラッグして調整する（❺）。

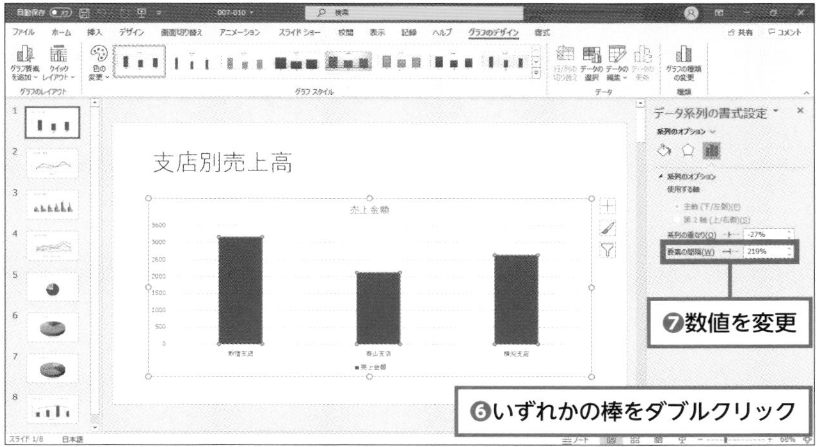

シートの［閉じる］をクリックすると、スライドにグラフが表示される。棒の太さを調整するときは、いずれかの棒をダブルクリックし（❻）、右側のパネルの［要素の間隔］の数値を変更する（❼）。

5-08 数値の推移を時系列で見るなら「折れ線グラフ」

折れ線グラフは数値を点と点で結んだグラフで、線の傾きでデータの推移を示します。時系列で数値の推移を見るため、横軸には「年」「月」「日」といった時間の単位を配置するのが一般的です。

横軸には時間軸を並べる

折れ線グラフは線の傾きで数値の推移を示すもので、「年度ごとの売上高の推移」や「月ごとのアクセス数」といった数値データをグラフ化するときに使います。

棒グラフでも折れ線グラフでも、同じデータをグラフ化できますが、折れ線グラフのほうが線だけで表現するためグラフがすっきりします。そのため、**複数の項目の推移を比べるときには折れ線グラフ**を使いましょう。

● 集合縦棒グラフを作成する

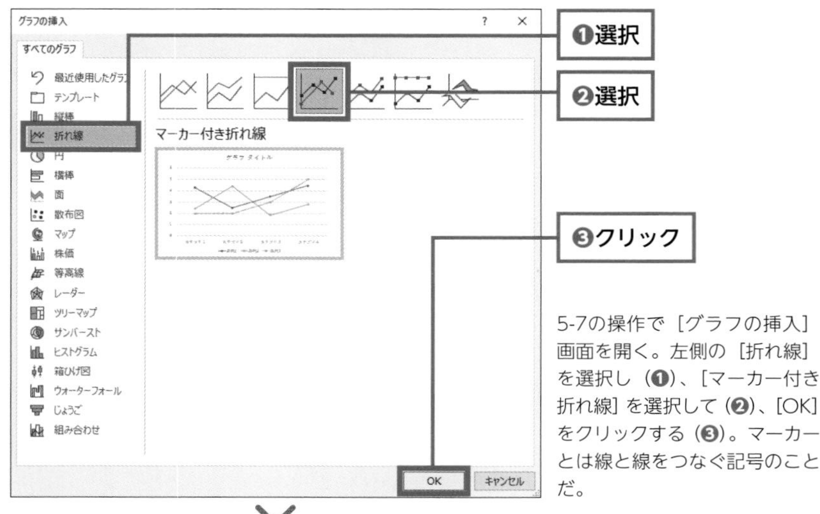

5-7の操作で［グラフの挿入］画面を開く。左側の［折れ線］を選択し（❶）、［マーカー付き折れ線］を選択して（❷）、［OK］をクリックする（❸）。マーカーとは線と線をつなぐ記号のことだ。

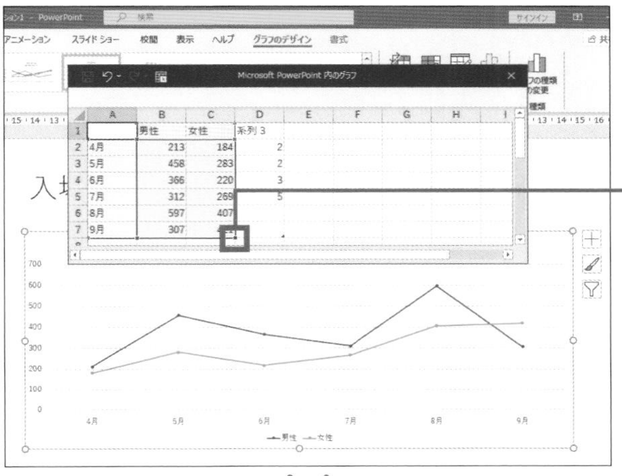

仮のデータが入ったシートとグラフが表示される。シートのデータを変更し、グラフ化したいデータが青い枠に囲まれるように、青枠の右下の［■］をドラッグして調整する（❹）。

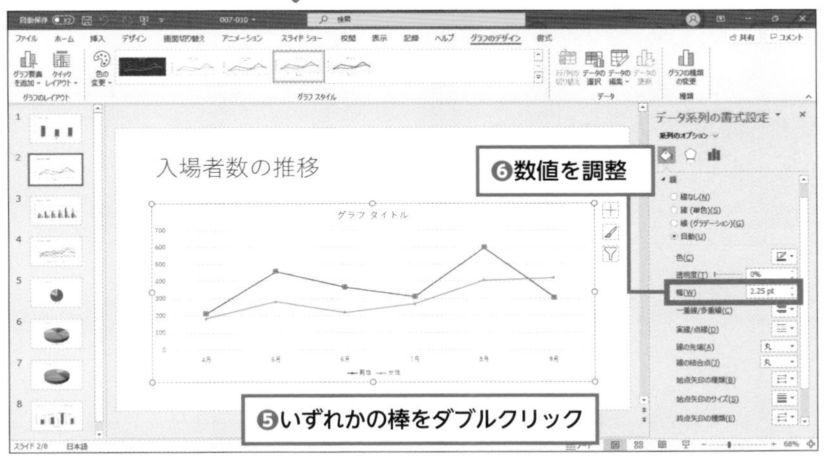

シートの［閉じる］をクリックすると、スライドにグラフが表示される。線の太さを変更するには、いずれかの線をダブルクリックし（❺）、右側のパネルの［幅］の数値を調整する（❻）。

memo

同じデータを棒グラフと折れ線グラフで示すと、項目数の多い場合は折れ線グラフのほうがすっきり見やすいことがわかります。

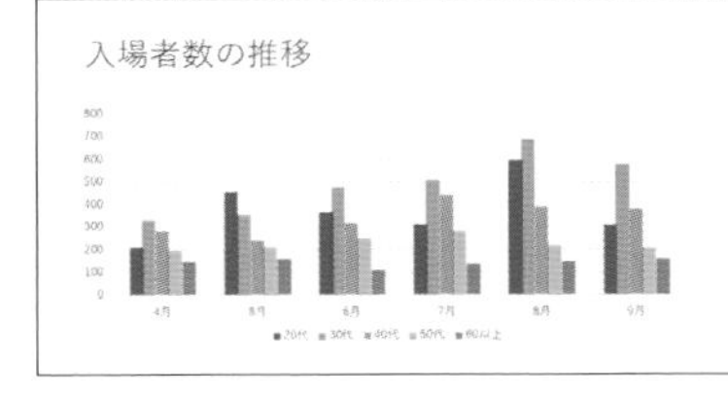

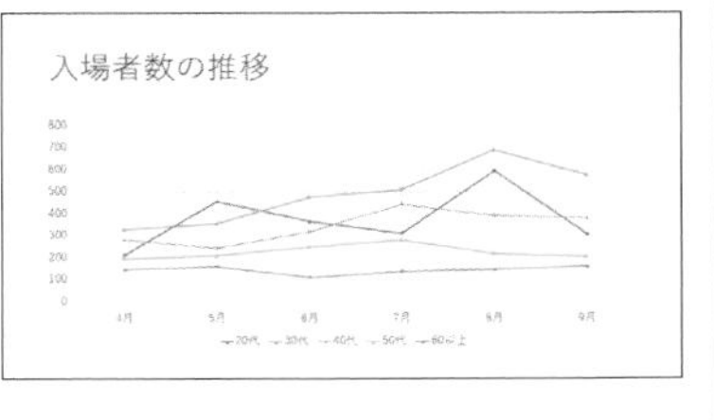

5-09 数値の割合を見るなら「円グラフ」

円グラフは1周を100%としてそれぞれの構成比を扇型で示すグラフで、全体に含まれる各要素の割合を見るときに使います。円グラフで使用できるデータは1種類だけです。

1種類のデータを使う

円グラフは全体に占める割合を示すもので、「アンケートの結果」や「社員の年代別構成比」といったデータをグラフ化するときに使います。扇形の面積を見るだけで割合の大小が瞬時に伝わるシンプルなグラフです。棒グラフや折れ線グラフと大きく違うのは、**円グラフでグラフ化できる数値は1つだけ**という点です。

● 円グラフを作成する

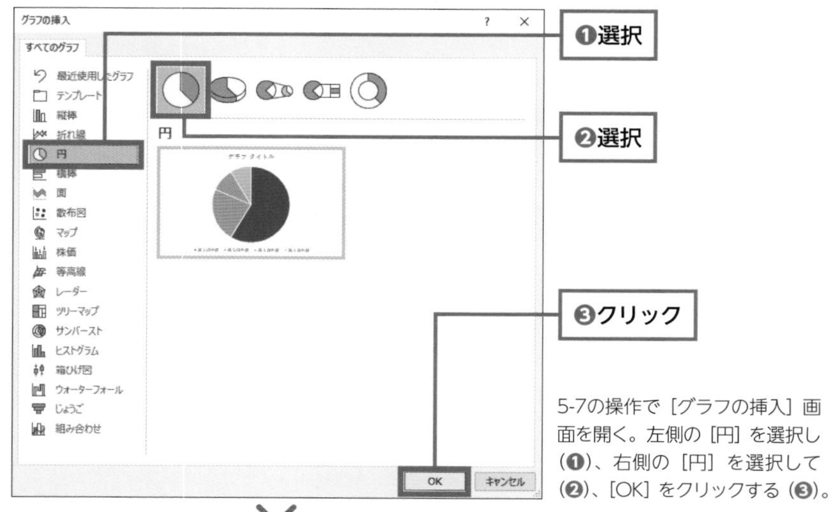

5-7の操作で［グラフの挿入］画面を開く。左側の［円］を選択し(❶)、右側の［円］を選択して(❷)、[OK] をクリックする (❸)。

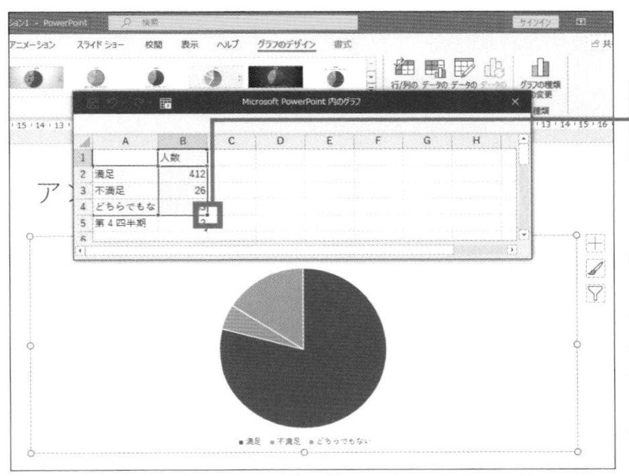

仮のデータが入ったシートとグラフが表示される。シートのデータを変更するとグラフも連動して変わる。グラフ化したいデータが青い枠に囲まれるように、青枠の右下の［■］をドラッグして調整する（❹）。

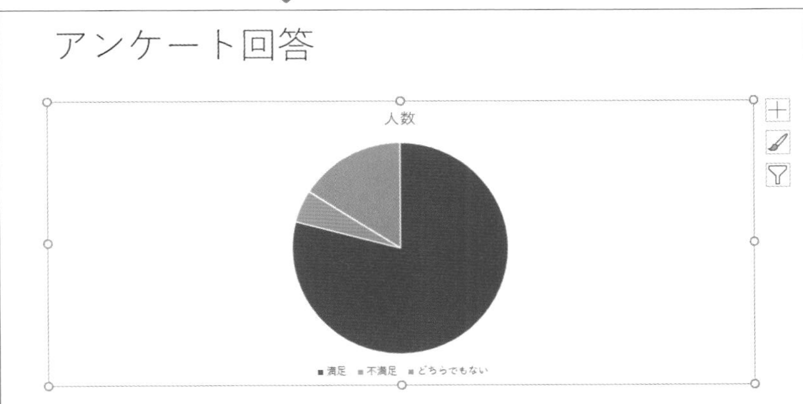

シートの［閉じる］をクリックすると、スライドにグラフが表示される。

memo

「3D円グラフ」は遠近法によって手前にあるものが大きく見え、奥にあるものが小さく見えます。そのため、数値の割合を正しく伝えられない場合があります。できるだけ2D円グラフを使いましょう。

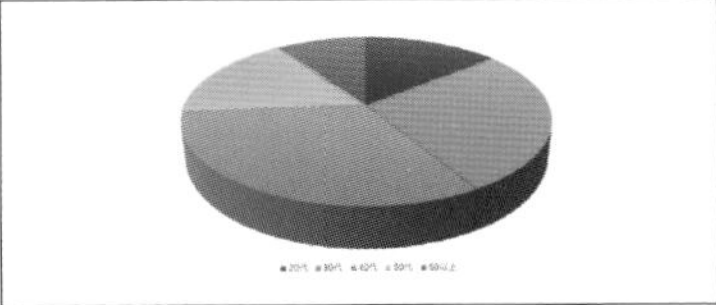

手前の灰色の40代の割合が大きく見える。

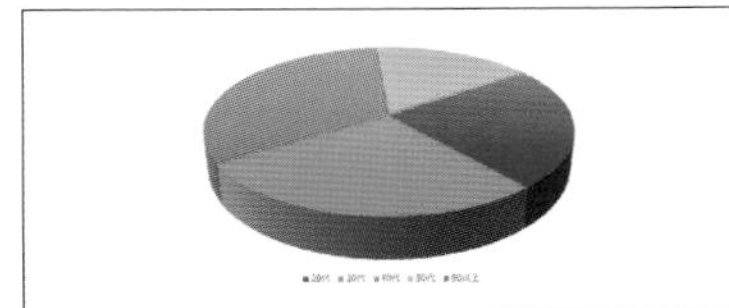

同じグラフでも灰色の40代を奥に配置すると、割合が小さく見える。

5-10 異なる種類のデータを同時に表示するなら「複合グラフ」

複合グラフは異なる種類のグラフを組み合わせたもので、縦棒グラフと折れ線グラフを重ねたグラフがよく使われます。PowerPointでは複合グラフのことを「組み合わせグラフ」と呼びます。

単位の異なるデータをグラフ化できる

複合グラフは縦棒グラフと折れ線、棒グラフと面グラフといった具合に異なる種類のグラフを組み合わせたグラフで、「数量」と「気温」といった単位の異なるデータを1つのグラフで表すことができます。**数値の大きさが大きく異なる場合は、グラフの左軸（第1軸）と右軸（第2軸）を使って、異なる目盛を表示することも可能**です。

PowerPointの「組み合わせ」グラフ選ぶと、簡単に複合グラフを作成できます。

● 組み合わせグラフを作成する

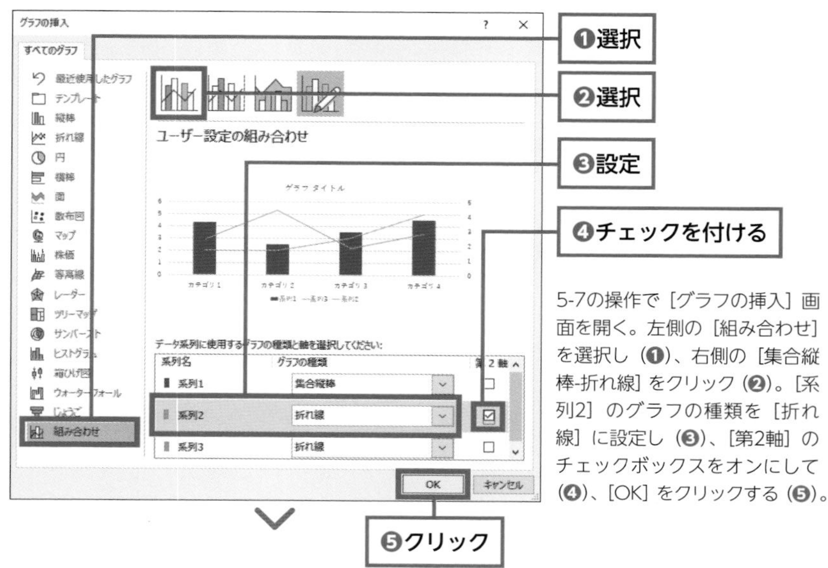

5-7の操作で［グラフの挿入］画面を開く。左側の［組み合わせ］を選択し（❶）、右側の［集合縦棒-折れ線］をクリック（❷）。［系列2］のグラフの種類を［折れ線］に設定し（❸）、［第2軸］のチェックボックスをオンにして（❹）、［OK］をクリックする（❺）。

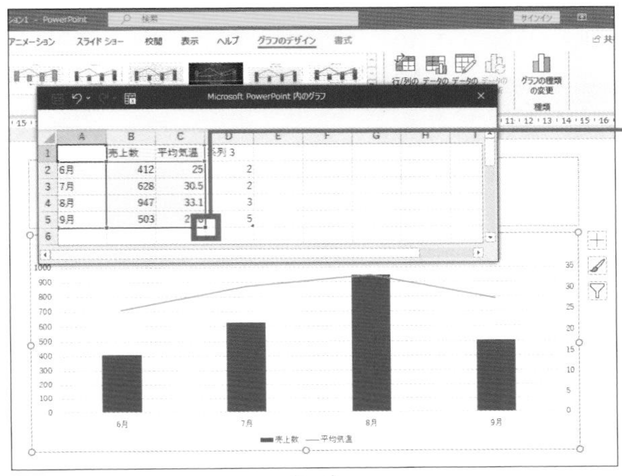

❻ドラッグして範囲を調整

仮のデータが入ったシートとグラフが表示される。[系列1] に棒グラフのデータ、[系列2] に折れ線グラフのデータを入力。グラフ化したいデータが青い枠に囲まれるように、青枠の右下の [■] をドラッグして調整する（❻）。

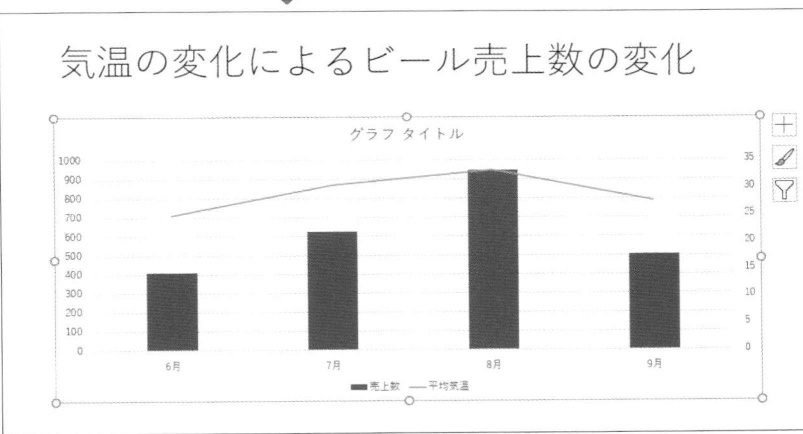

シートの [閉じる] をクリックすると、スライドにグラフが表示される。

memo

グラフの種類や第2軸の設定などを変更したいときは、グラフをクリックして [グラフのデザイン] タブの [グラフの種類の変更] をクリックします。

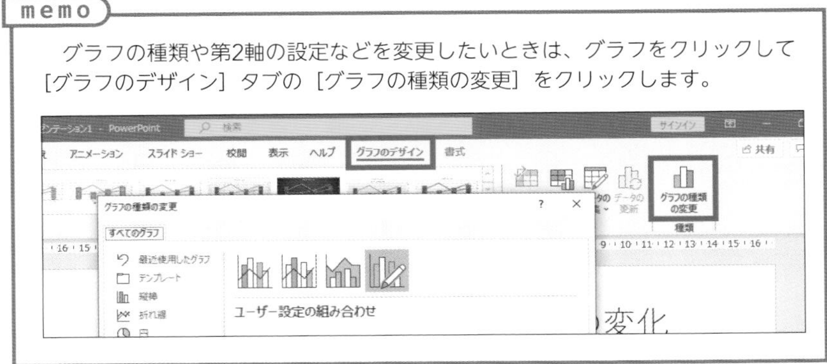

5-11 グラフで見せるデータを絞り込む

プレゼンで見せるグラフは、詳細なデータを示すよりも全体の傾向がわかりやすく伝わる方が大切です。元になるデータをすべて見せる必要があるかどうかを検討し、不要なデータは隠してしまいましょう。

不要なデータを隠してすっきり見せる

プレゼン資料では、たとえば10年分のデータをグラフ化するときに、必ずしも10年のデータをすべて見せる必要がない場合もあります。奇数年や偶数年だけに絞り込んだり、直近の年度だけに絞り込んだりすると、すっきりして全体の傾向が把握しやすくなります。

［データの選択］機能を使うと、チェックボックスのオンとオフを切り替えるだけで、入力済みのデータを一時的に隠せます。データを削除したわけではないので、必要な時にいつでも利用できます。

● 偶数年だけのデータを見せる

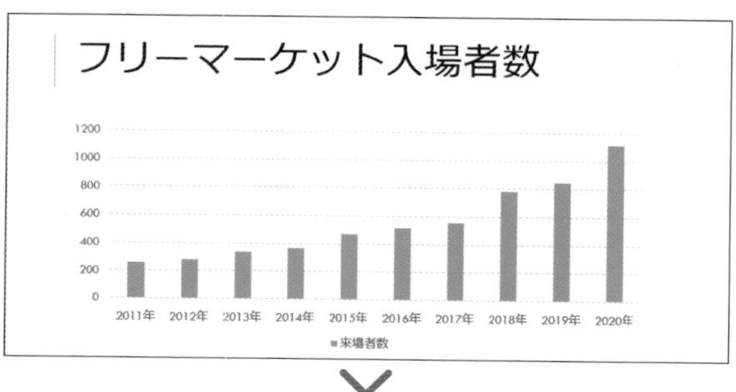

10年分の来場者数を集合縦棒グラフで示した図。棒の数が多い上、似たような高さの棒が並ぶと比較しづらい。

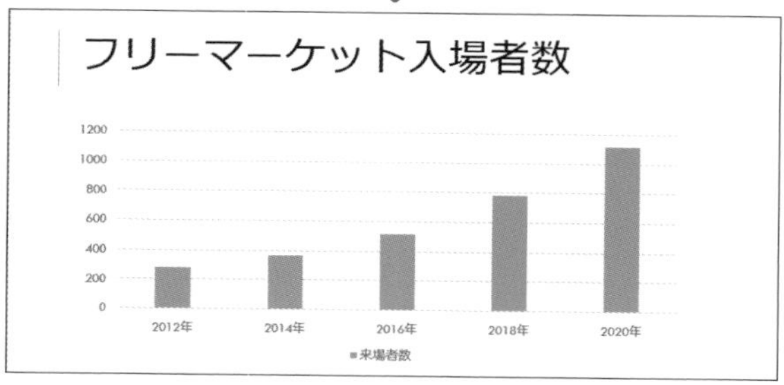

偶数年だけに絞り込んだ図。棒の数が減ったことで、来場者数が右肩上がりで伸びているのが伝わりやすい。

● グラフに表示するデータを絞り込む

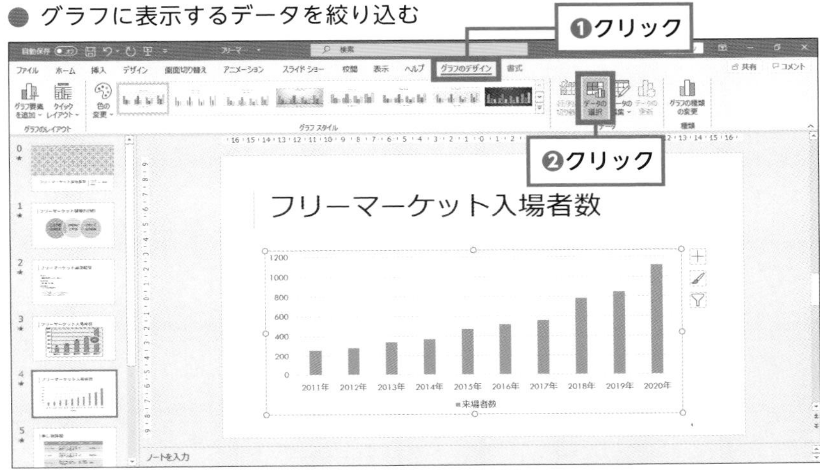

グラフをクリックし、[グラフのデザイン] タブ (❶) の [データの選択] をクリックする (❷)。

[横 (項目) 軸ラベル] の一覧で、奇数年のチェックボックスをオフにして (❸)、[OK] をクリックする (❹)。直近5年分だけを見せたければ、過去のデータのチェックボックスをオフにすればよい。

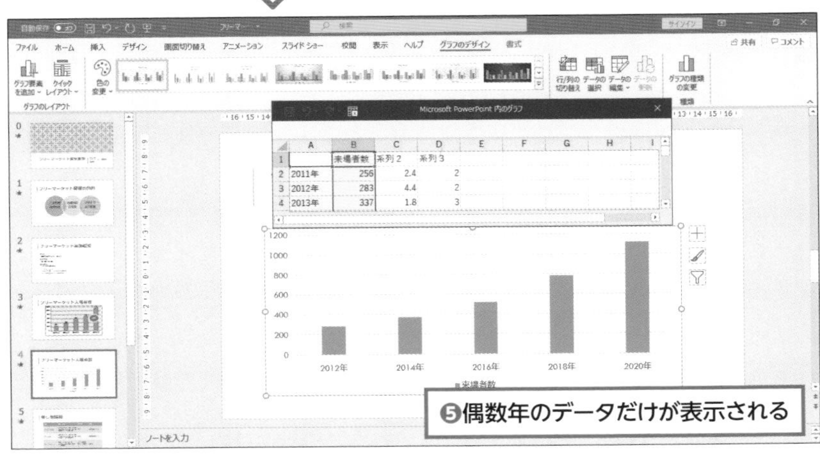

チェックボックスがオンの年度のデータ (偶数年のデータ) だけに絞り込んだグラフが表示される (❺)。

5-12 グラフの見栄えを整えて、数値まで素早く表示！

時短 15 分

PowerPointで作成したグラフはそのままでも十分美しいですが、[グラフスタイル] 機能と [クイックスタイル] 機能を使うと、用意されているパターンを選ぶだけでよりわかりやすいグラフに改良できます。

素早くグラフの見栄えを整える

グラフの棒にグラデーションを付けたいとか、グラフの中に表の数値を表示したいといったときに、手動でひとつずつ操作すると時間がかかります。**[グラフスタイル] にはグラフ全体のデザインのパターン、[クイックスタイル] にはグラフを構成する要素のレイアウトのパターン**が用意されているので、どちらもクリックするだけで簡単に見栄えを整えることができます。グラフの見栄えを整えるのはPowerPointに任せましょう。

● グラフスタイルを変更する

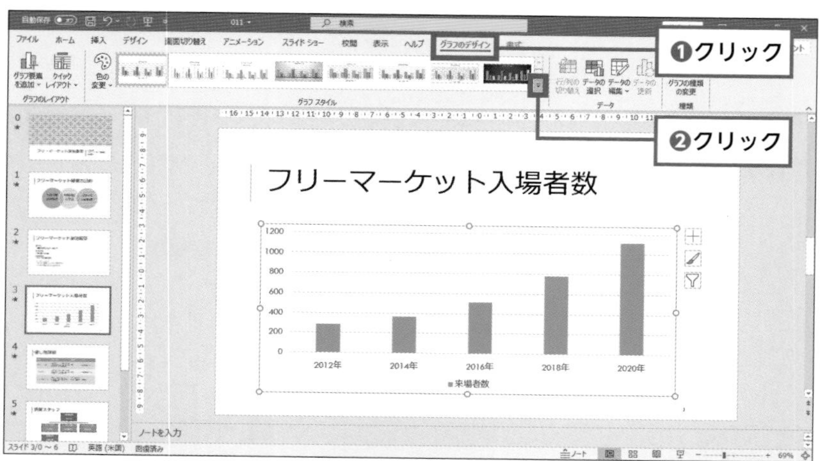

グラフをクリックし、[グラフのデザイン] タブ（❶）の [グラフスタイル] の [▽] をクリックする（❷）。

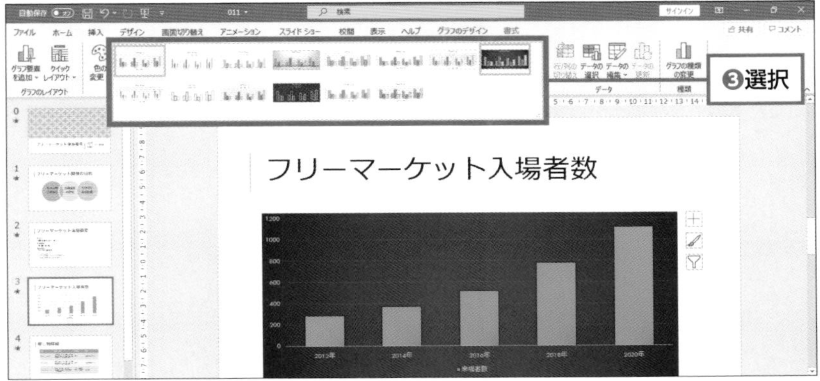

一覧から目的のスタイルを選択すると（❸）、グラフ全体のデザインが変わる。

● グラフレイアウトを変更する

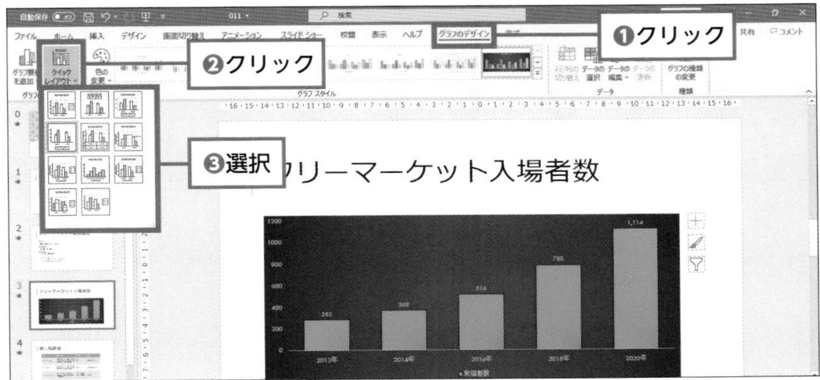

グラフをクリックし、[グラフのデザイン] タブ（❶）の [クイックレイアウト]（❷）から変更後のレイアウトを選択する（❸）。ここでは、棒の上にデータラベル（表の数値）を表示するレイアウトに変更した。

memo

[グラフのデザイン] タブの [色の変更] から変更後の色を選択すると、グラフ全体の色あいを変更できます。

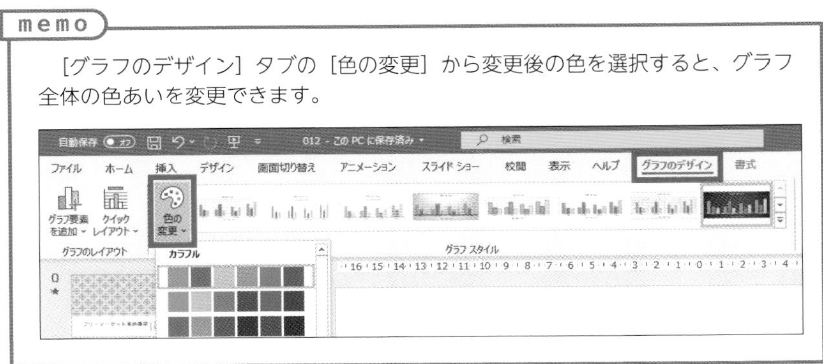

5-13 円グラフは割合の大きい順に並べて、データの大小を比較！

円グラフは時計の0時を基点として、右回りにデータが表示されます。最初は入力したデータの順番で表示されますが、割合の大きい順に表示されるように変更すると、割合の大小が伝わりやすくなります。

グラフの並び順は元のシートで変更する

グラフはシートに入力した順番でデータが表示されます。円グラフでは数値の大きい順（降順）に並んでいたほうが割合の大小がわかりやすくなります。**グラフの並び順をあとから変更するには、［データの編集］機能を使って元になるシートのデータを降順で並べ替えます**。すると、連動してグラフが変化します。棒グラフでも同様の操作が可能です。

● 円グラフの並び順の違い

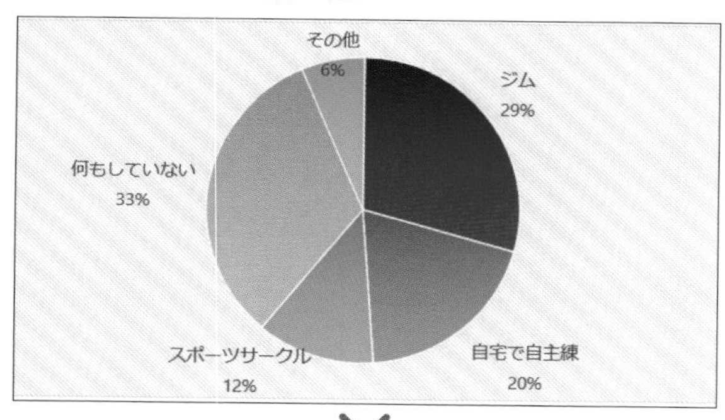

シートに入力した順番で表示した円グラフ。割合の大小が不規則に並んでいる。

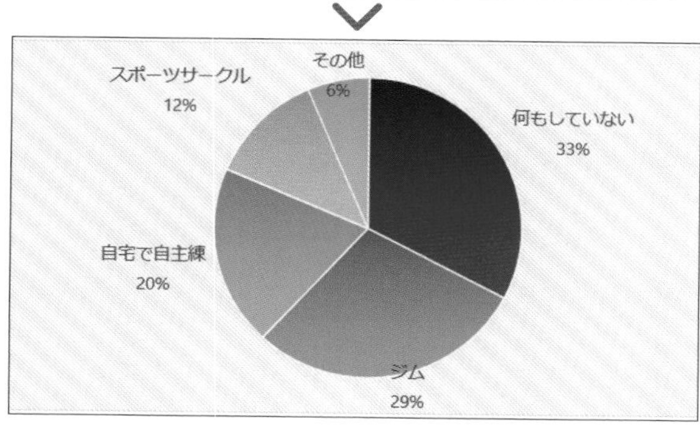

シートの数値を降順に並べ替えた円グラフ。割合の大小が規則的に並んでいる。

● 割合の大きい順に並べ替える

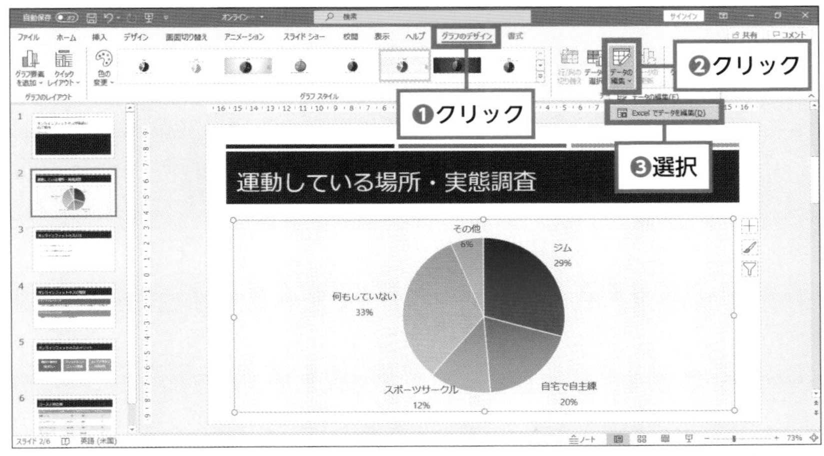

グラフをクリックし、[グラフのデザイン] タブ (❶) の [データの編集] (❷) から [Excelでデータを編集] を選択する (❸)。[データの編集] では並べ替えの機能が使えない。

❺クリック
❻クリック
❹クリック

Excelのワークシートが表示された。B列の任意のセルをクリックし (❹)、[データ] タブ (❺) の [降順] をクリックする (❻)。

❽クリック
❼降順に変わる

B列の数値が降順に変わった、(❼)、右上の [閉じる] をクリックする (❽)。すると、並べ替えの結果がグラフに反映される。

5-14 円グラフに内訳を表示して、伝わりやすいグラフに！

時短 10 分

円グラフは、円の内部や周囲に内訳の項目名やパーセンテージが表示されていたほうが一目でグラフを理解できます。グラフの元になる数値や項目名を表示する機能を［データラベル］と呼びます。

円グラフにデータラベルを表示する

グラフを作成すると、グラフの色が何を示しているのかを説明する「凡例」が表示されます。凡例はグラフの上下左右に配置できますが、円グラフの場合は円の内部や周囲に凡例を表示したほうが詳細が一目でわかります。凡例と一緒にパーセンテージの割合も表示するとさらに効果的です。**［データラベル］機能を使うと、PowerPointがパーセンテージを計算して表示する**ため、手動で計算する手間を省くことができます。

● 凡例を削除する

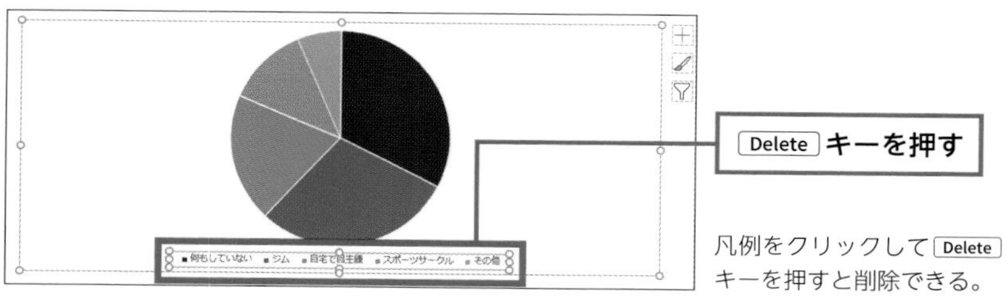

凡例をクリックして Delete キーを押すと削除できる。

● データラベルを表示する

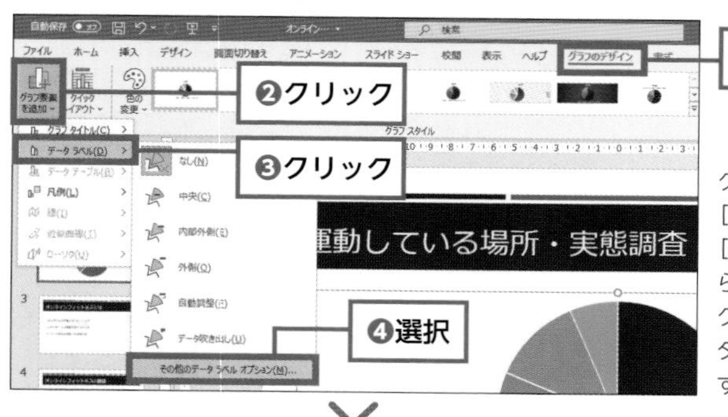

グラフをクリックし（❶）、［グラフのデザイン］タブの［グラフ要素の追加］（❷）から［データラベル］をクリックして（❸）、［その他のデータラベルオプション］を選択する（❹）。

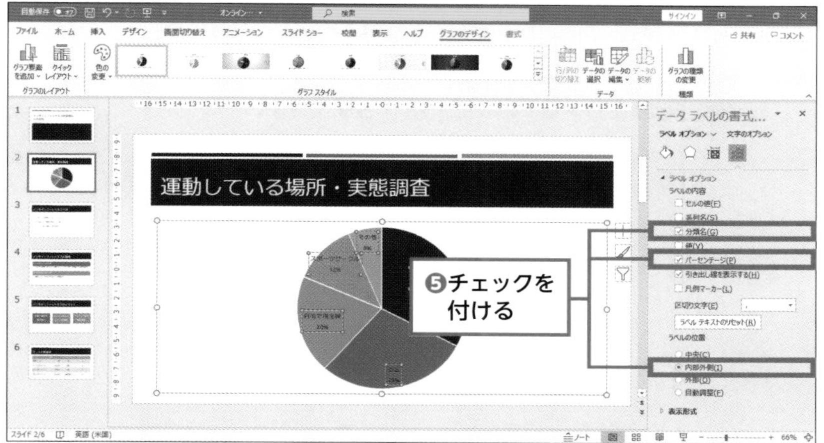

右側のパネルで［ラベルの内容］の［分類名］と［パーセンテージ］のチェックボックスをオン。［ラベルの位置］の［内部外側］をオンにする（❺）。

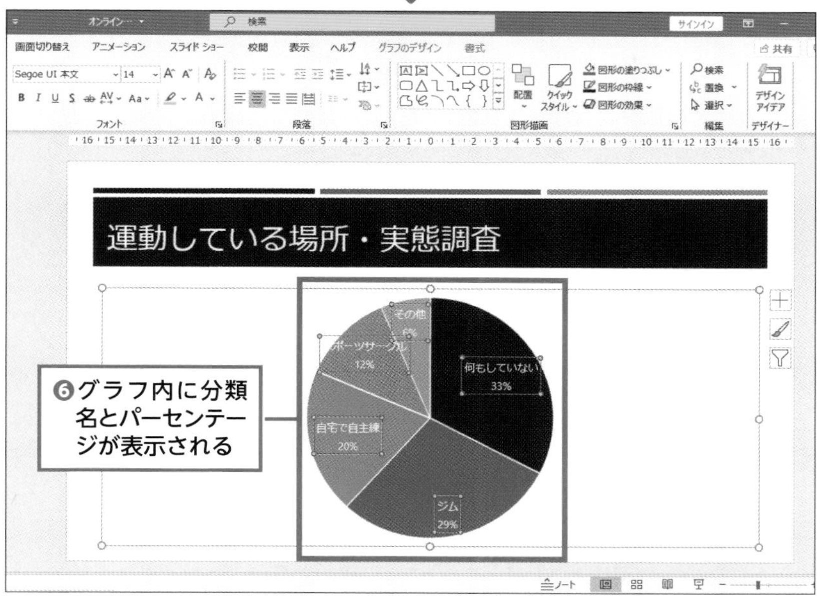

円グラフの中に分類名とパーセンテージが表示された（❻）。

memo

データラベルのいずれかをクリックして選択し、すべてのデータラベルが選択された状態で、［ホーム］タブの［フォントサイズ］や［フォントの色］を変更できます。グラフの色を考慮して、文字が見やすいサイズや色に変更しましょう。

5-15 棒グラフの“強調したい1本”だけの棒に色を付ける

棒グラフの中で特に注目してほしいデータには、他の棒とは違う色を付けると効果的です。このとき、他の棒の色をグレーなどの無彩色にすると、色を付けた棒がより強調されて視線を集めることができます。

無彩色と進出色を組み合わせる

縦棒グラフや横棒グラフで棒の一部に注目してほしいときは、手動で棒の色を変えると効果的です。**注目してほしい棒には「進出色」と呼ばれる暖色系の色を付ける**と、色が前面に飛び出ているように見えます。それに対して、**他の棒にはグレーなどの「無彩色」を付ける**と、無彩色が他の色を引き立ててくれます。手動で棒に個別に色を付けるときは、棒を2回ゆっくりクリックして選択するのがポイントです。

● 棒の色の違い

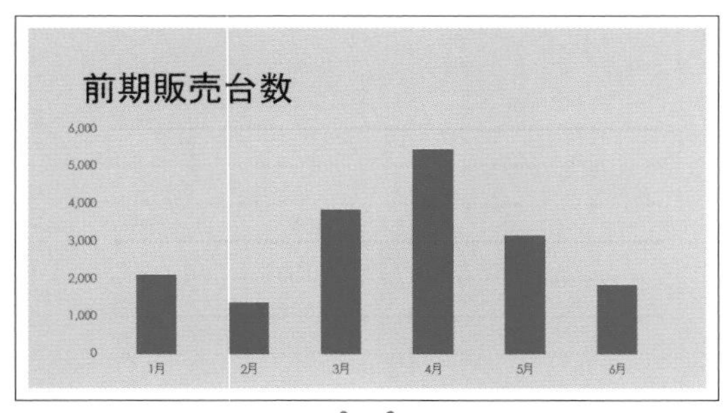

6本の棒の色が同じ棒グラフ。どこに注目してほしいかがわからない。

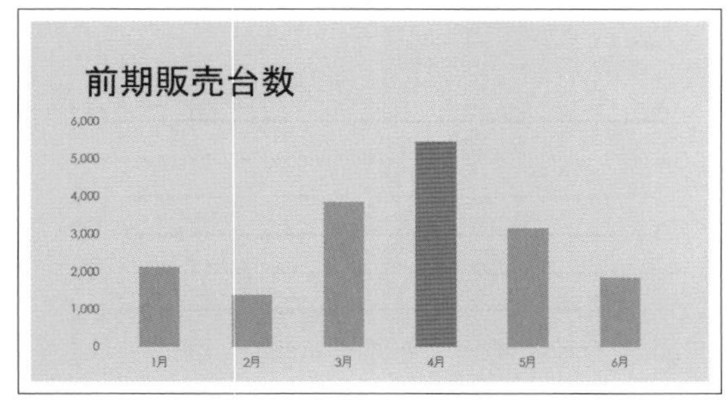

4月のデータを強調した棒グラフ。他の棒の色を無彩色にしたことで4月の棒の色が目立つ。

● 棒の色を変更する

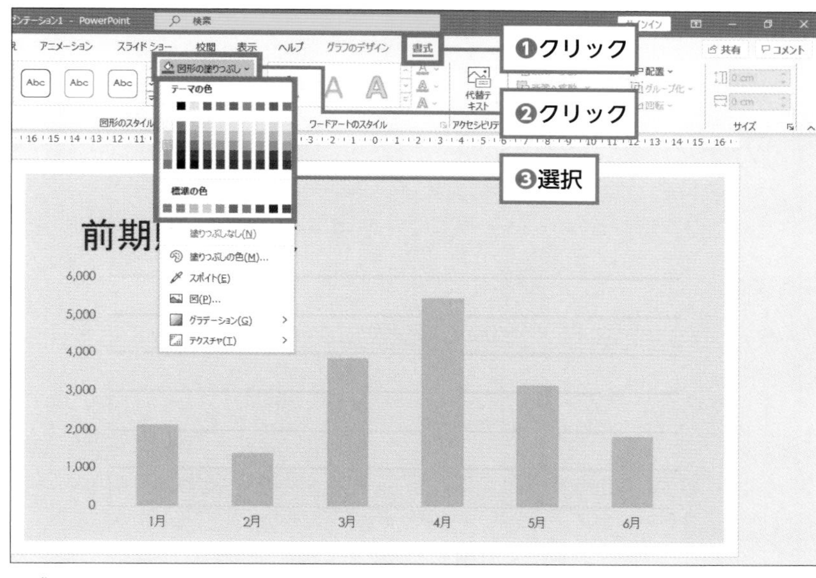

いずれかの棒をクリックして6本の棒が選択されたことを確認。［書式］タブ（❶）の［図形の塗りつぶし］（❷）から無彩色のグレーを選択する（❸）。

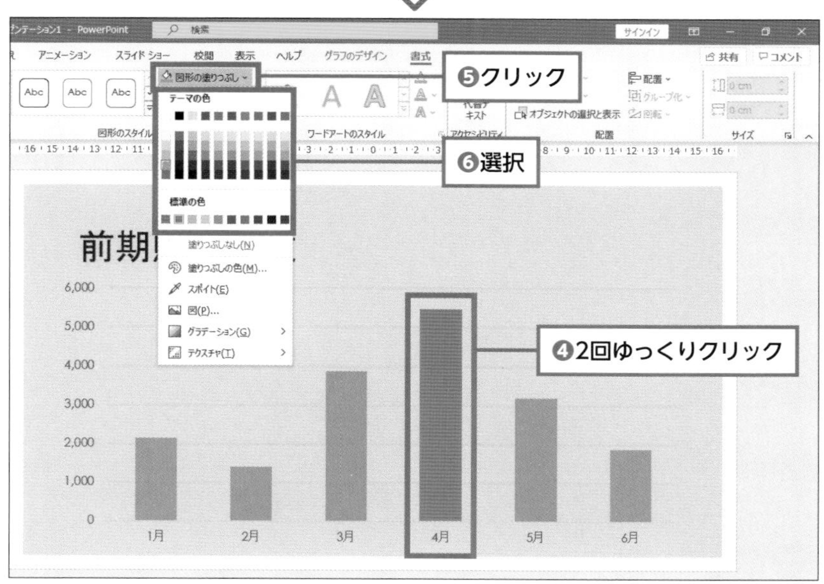

4月の棒を2回ゆっくりクリックして選択（❹）。［書式］タブの［図形の塗りつぶし］（❺）から進出色の［赤］を選択する（❻）。

5-16 グラフ内の文字の大きさを拡大するのを忘れずに！

グラフの作成直後は、グラフ内の文字サイズが小さく設定されています。プレゼン資料として提示するグラフは、文字を大きくして見やすく改良しましょう。ひと手間かけるだけでグラフの伝わり方が違ってきます。

グラフの文字サイズを初期設定で使わない

3-4でスライドの文字のサイズについて解説しましたが、同じようにグラフの文字サイズも見やすいように変更して使います。**グラフの外枠をクリックしてグラフ全体を選択してからフォントサイズを変更すると、グラフ内のすべての文字サイズをまとめて変更できます**。また、作成直後のグラフには「グラフタイトル」の要素が表示されますが、スライドのタイトルと重複する場合は削除しましょう。

● グラフのフォントサイズをまとめて変更する

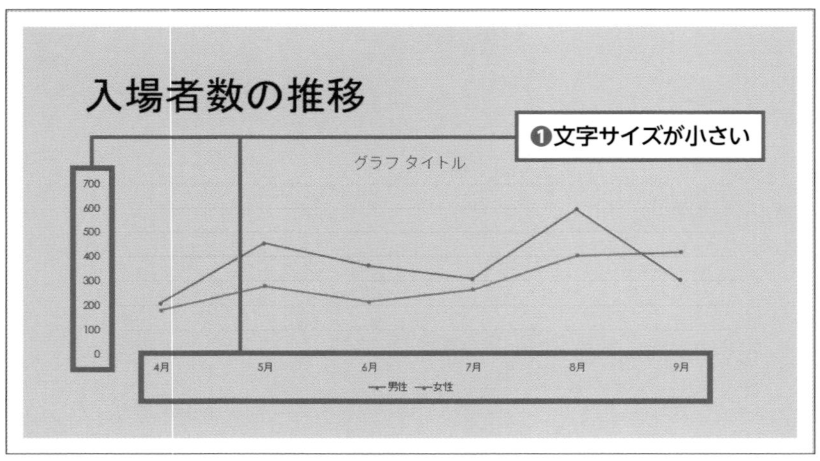

作成直後のグラフ。文字サイズが小さくて見づらい（❶）。

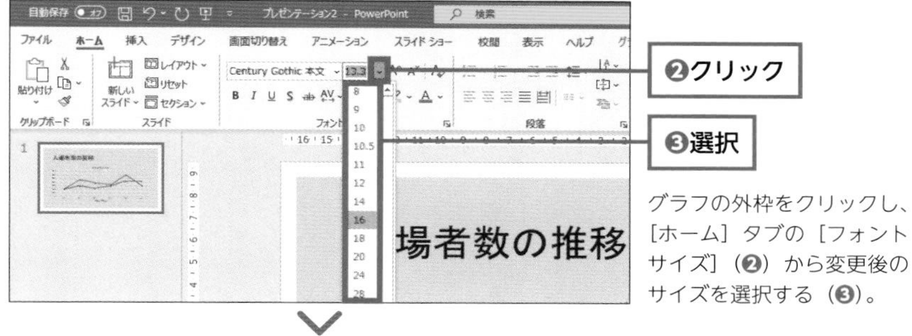

グラフの外枠をクリックし、[ホーム] タブの [フォントサイズ] (❷) から変更後のサイズを選択する (❸)。

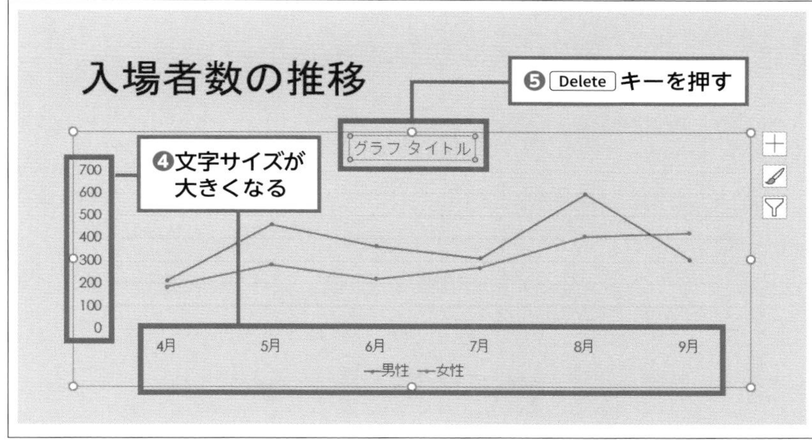

グラフ内の文字サイズをまとめて変更できた (❹)。「グラフタイトル」の要素をクリックし、Delete キーを押す (❺)。

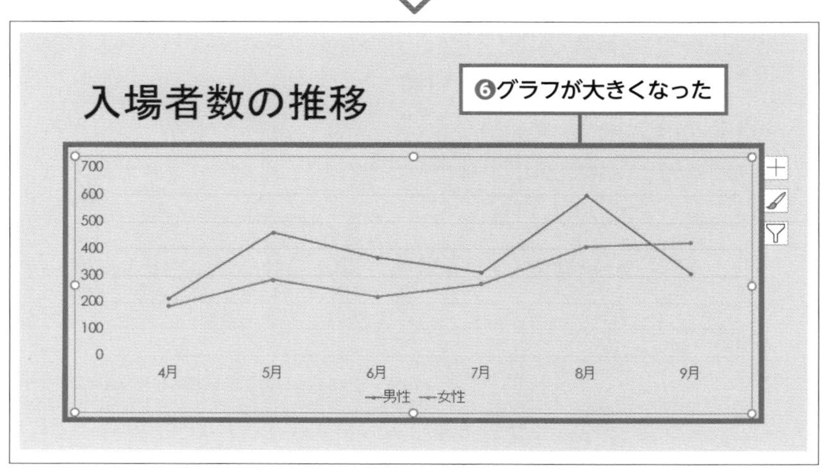

グラフタイトルを削除できた。その分、グラフが大きく表示される (❻)。

5-17 データの差は「線」と「矢印」を使って強調する

棒グラフで数値の差を強調するには、棒の高さを比較する直線や矢印を書き込みます。グラフの補色になる色で図形を描画すると、さらに効果的です。

Shift キーを押しながら直線を描く

次の作例で2000年と2030年の人口を比較して2倍になっていることを強調するには、グラフを描いただけでは不十分です。グラフに直線を2本追加して数値の差がわかりやすくなるように見せましょう。さらに、2本の直線間を両方向の矢印で結ぶと、数値の差を見て欲しいことが伝わります。このとき、**グラフをクリックしてから図形を描くと、グラフと図形が一体化する**ので、グラフと図形を一緒に移動したり、サイズを変更したりできます。

● グラフに直線を追加する

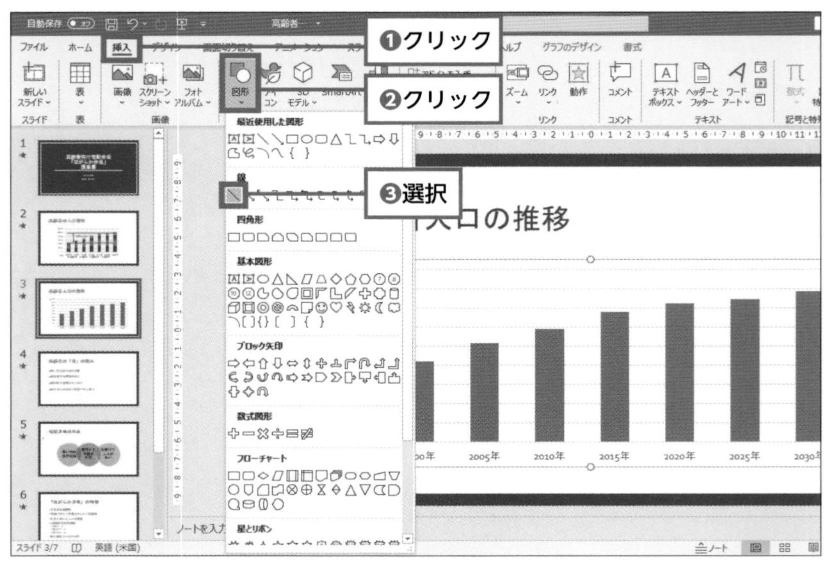

グラフをクリックし、[挿入] タブ（❶）の［図形］（❷）から［線］を選択する（❸）。

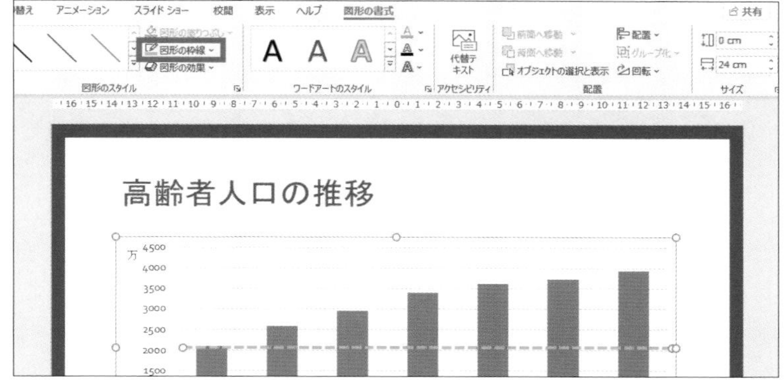

Shift キーを押しながら、ドラッグして水平線を描画する。線が選択されている状態で、[図形の書式] タブの [図形の枠線] から色と太さ、実線／点線を選択する。ここでは青の補色であるオレンジ色で4.5ptの点線にした。

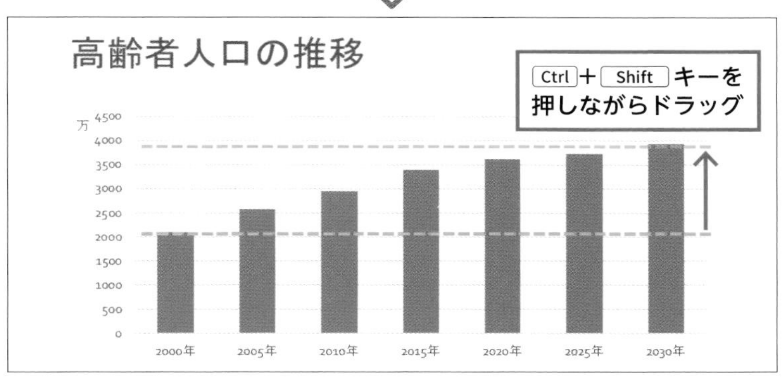

線が選択されている状態で、Ctrl + Shift キーを押しながらドラッグしてコピーする。Ctrl キーがコピー、Shift キーが垂直方向の役割だ。

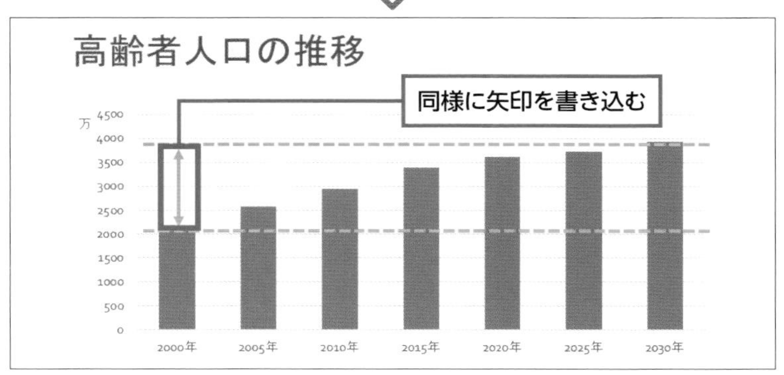

もう一度グラフをクリックし、[挿入] タブの [図形] から [線矢印：双方向] を選択。Shift キーを押しながら、ドラッグして垂直線描画する。点線と同じ色、太さに変更する。

5-18 グラフとイラストの合わせ技でわかりやすさをアップする

絵グラフは、内容を表すイラストや画像などを並べた個数によって比較するもので、一目で内容を理解できる親しみやすいグラフです。棒グラフの棒のなかに、イラストを並べる絵グラフを作成しましょう。

［アイコン］機能で検索したイラストを利用する

車の販売台数を示す棒グラフの棒の部分に車のイラストを積み上げた絵グラフは、何の販売台数なのかが見ただけでわかります。絵グラフは、最初に通常の集合縦棒グラフを作成し、次に棒をイラストで塗りつぶします。棒の中に並べるイラストは［アイコン］機能を使って検索したイラストを利用できます。もちろん自分で用意したイラストでもかまいませんが、**グラフ内に表示されるイラストはサイズが小さくなります**。パッと見て、何かがわかるシンプルなイラストを使いましょう。

● 絵グラフを作成する

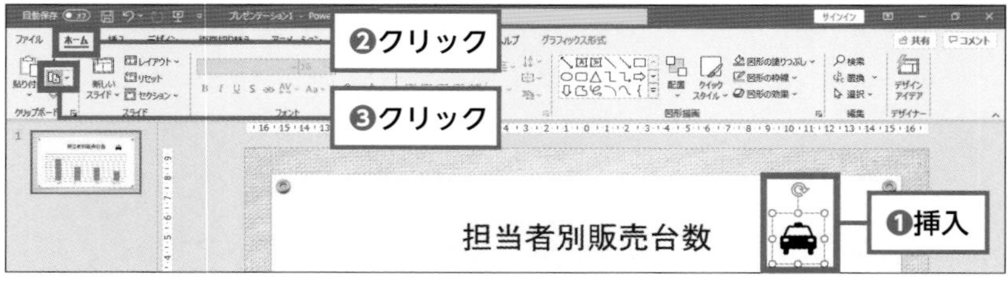

6-6の操作で車のアイコンをスライドに挿入し（❶）、［ホーム］タブ（❷）の［コピー］をクリックして（❸）、クリップボードにコピーする。コピーできたら、イラストは削除する。

memo

3Dグラフを絵グラフにすると、イラストの形によってはきれいに表示されない場合があります。絵グラフを作成するときは、2Dグラフを使いましょう。

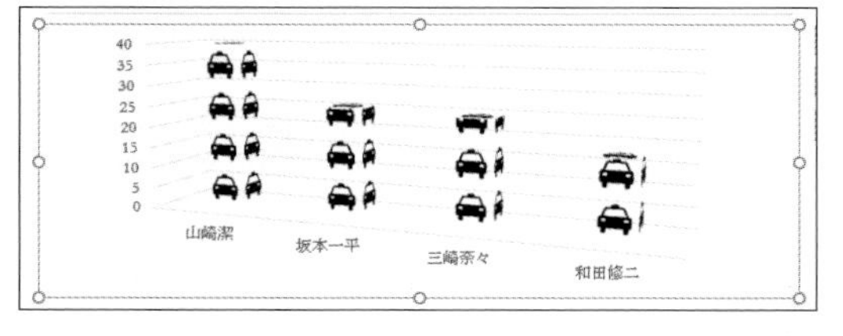

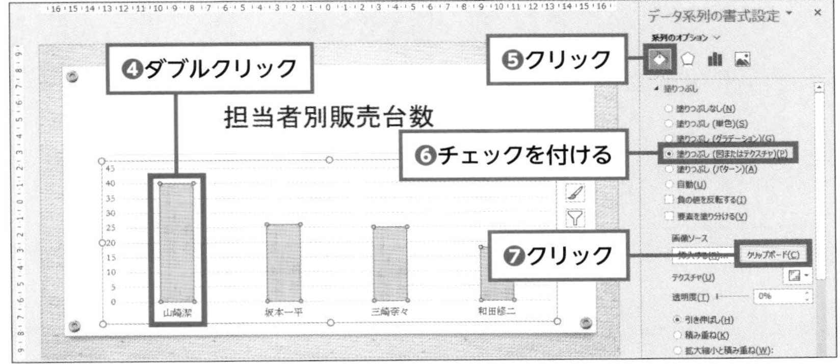

集合縦棒グラフを作成し、いずれかの棒をダブルクリック（❹）。右側のパネルの［塗りつぶしと線］から［塗りつぶし］をクリック（❺）。［塗りつぶし（図またはテクスチャ）］のチェックボックスをオンにして（❻）、［画像ソース］の［クリップボード］をクリックする（❼）。

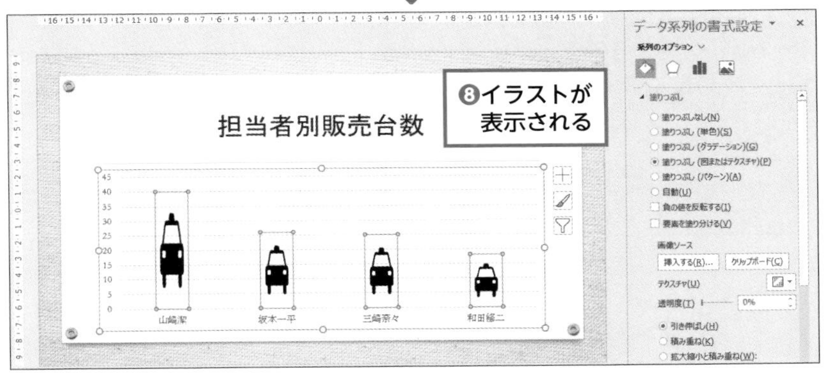

クリップボードにコピーしておいた車のイラストが棒内に表示される（❽）。

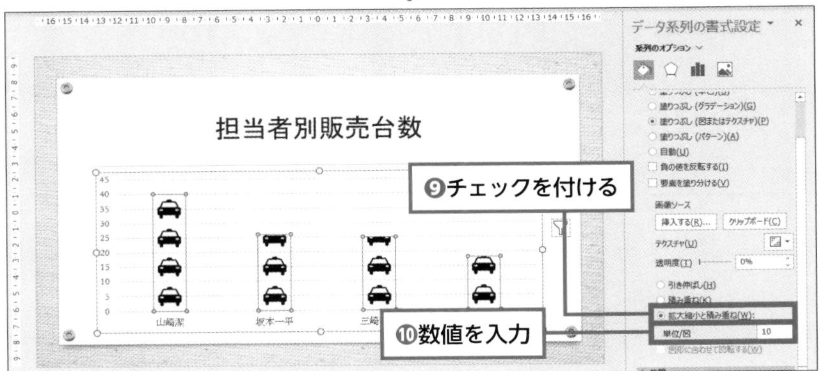

［拡大縮小と積み重ね］のチェックボックスをオンにして（❾）、［単位］に1つのイラストが表す数値を入力する（❿）。「10」と入力すると、イラスト1個が数値の10に相当する。

ポイントを書き込んでグラフの意図を共有する

グラフのどこに注目するかは人それぞれです。自分が伝えたいことが相手に正しく伝わるようにするには、グラフに吹き出しなどの図形を追加して伝えたいポイントを書き込んでおくといいでしょう。

図形にグラフのポイントを書き込む

下のグラフを見たとき、入場者数が順調に伸びていることに注目する人がいれば、2017年の減少に注目する人もいるでしょう。**プレゼン資料で提示したグラフで何を伝えたいかを明確にするには、グラフに図形を追加して、その図形にポイントを書き込んでおくと効果的です**。そうすれば、グラフを見た人が同じ個所に注目するように誘導できます。5-17で解説した直線や矢印の図形と組み合わせて使ってもいいでしょう。

● ポイントが書き込まれていないグラフ

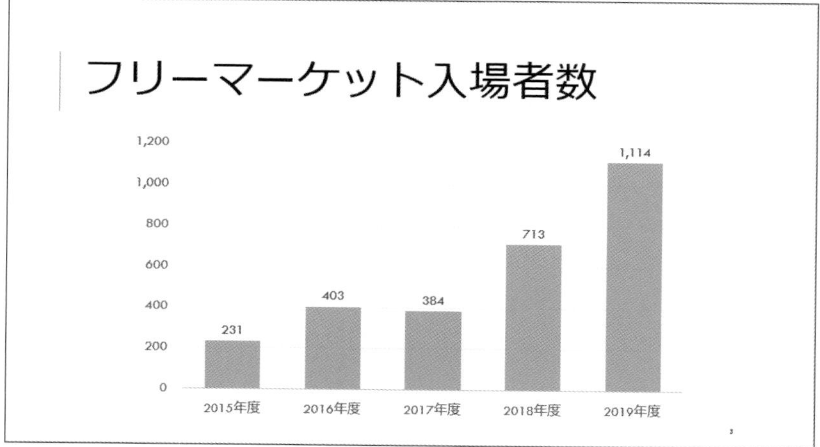

入場者数が伸びていることに注目する人もいれば、2017年の減少に注目する人もいる。

● 吹き出しを追加してポイントを書き込む

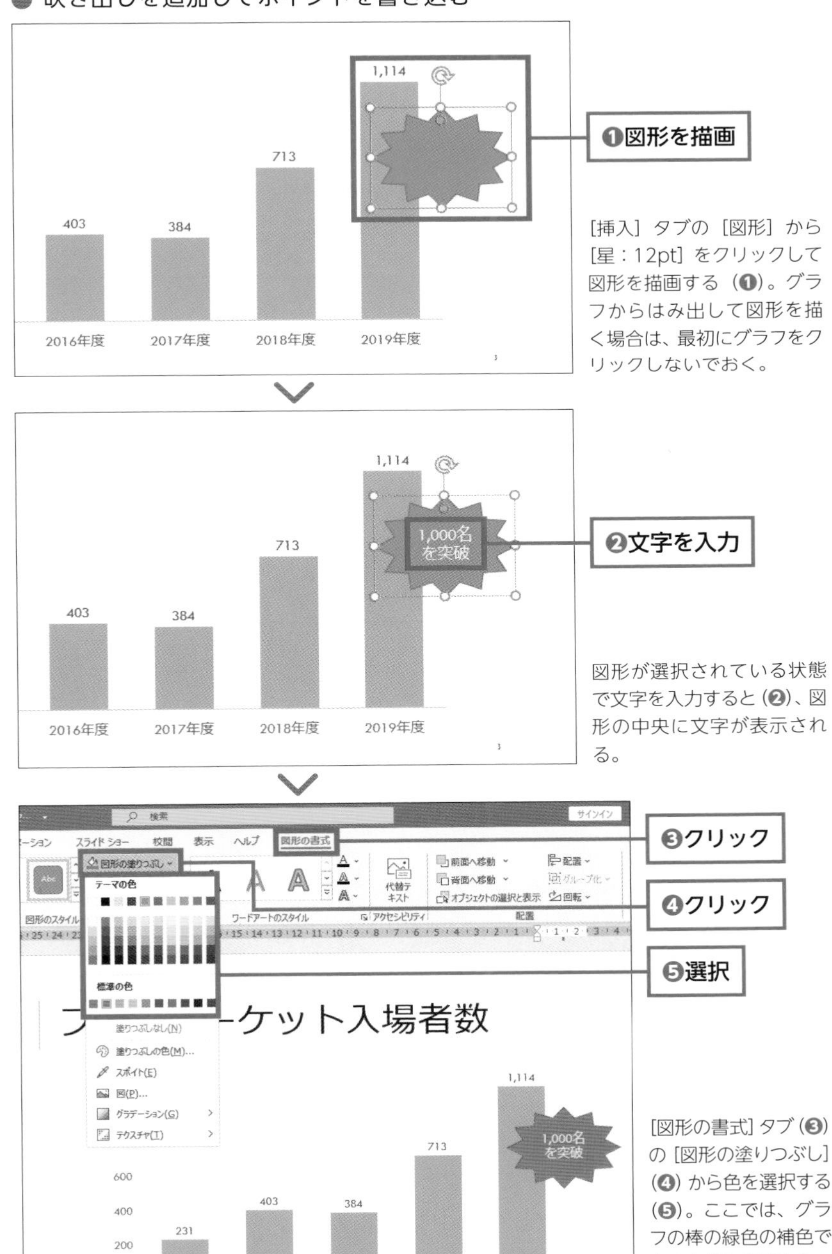

［挿入］タブの［図形］から［星：12pt］をクリックして図形を描画する（❶）。グラフからはみ出して図形を描く場合は、最初にグラフをクリックしないでおく。

図形が選択されている状態で文字を入力すると（❷）、図形の中央に文字が表示される。

［図形の書式］タブ（❸）の［図形の塗りつぶし］（❹）から色を選択する（❺）。ここでは、グラフの棒の緑色の補色である赤色に変更した。

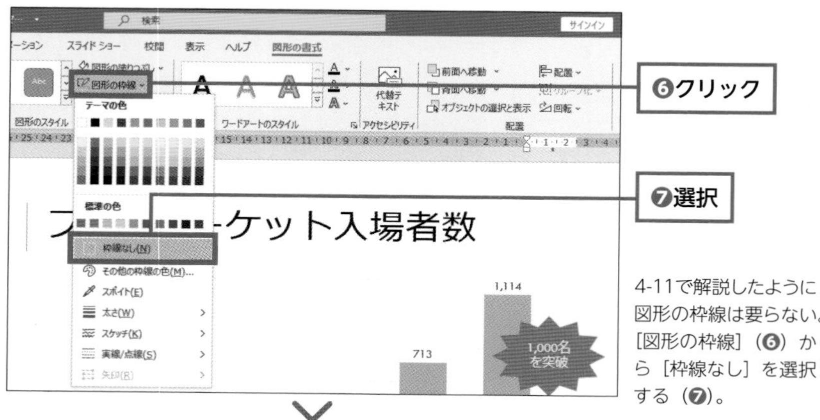

4-11で解説したように図形の枠線は要らない。［図形の枠線］（❻）から［枠線なし］を選択する（❼）。

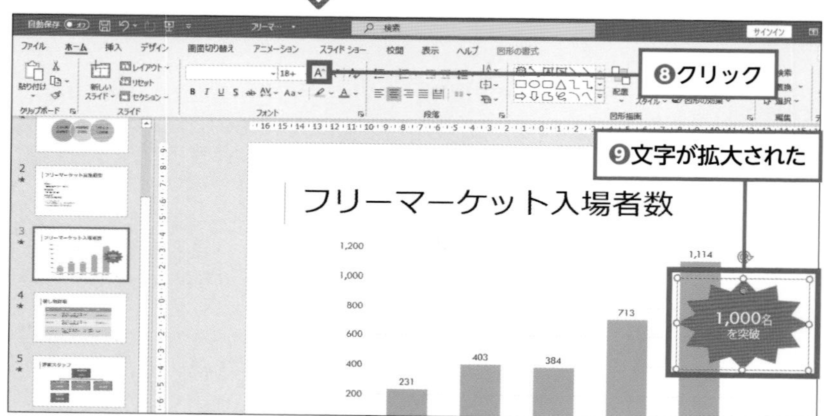

図形内の「1,000」をドラッグし、［ホーム］タブの［フォントサイズの拡大］をクリックして（❽）、文字を拡大する（❾）。文字がはみ出したときは図形のサイズを拡大する。

memo

吹き出しの図形を使ってポイントを書き込むときは、吹き出し口が目的の場所を指し示すように調整します。吹き出しの図形をクリックしたときに表示される黄色い調整ハンドルをドラッグすると、吹き出し口の位置や長さを変更できます。

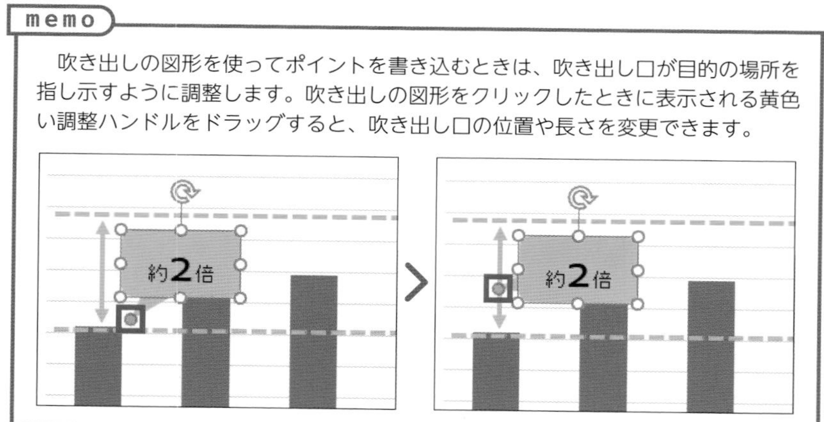

第5章 表やグラフを挿入して、説得力を倍増させる

第6章

イラストや写真を活用して、ひと目でわかる資料に！

6-01 画像とイラストはどう使い分ける？

プレゼン資料に画像（写真）やイラストが入るとスライドが華やかになります。また、スライドの内容をイメージしやすい効果も生まれます。写真やイラストを利用するときは、それぞれの特性を知って使いましょう。

実物は写真で、イメージ喚起はイラストで

「実物で具体性を見せるときは写真」、「イメージを喚起するときはイラスト」が基本です。たとえば、新商品を紹介するスライドや旅行案内のスライドには、イラストよりも商品そのものや現地の写真があったほうが説得力が増します。Web上の写真やイラストを使うときは、著作権や肖像権に注意して、利用規約をよく読んでから利用しましょう。

ただし、**スライドの内容と関係ない写真やイラストは逆効果です。適切な素材がなかったときは使わないという判断も必要です**。

● 実物で具体性を見せたいとき

特定の物や場所の写真を使う。

● イメージを喚起させたいとき

関連するイラストを使う。

6-02 余白を埋める画像やイラストはスライドの右下が定位置

スライドの中で写真（画像）やイラストをどこに配置するかで印象が変わります。スライドの空白を埋めるために使う場合は、スライドの右下に配置すると、内容を読むときの邪魔になりません。

視線はZ字型に動く「Zの法則」

主役の商品を大きく見せる目的で画像をスライドの中央に配置する手法もありますが、スライドの空白を埋めるためのイメージ画像は右下に配置するといいでしょう。**人間の視線はZ字型に動くと言われるため、視線の動きの途中に写真やイラストがあると、情報が中断されてしまいます**。写真やイラストを右下に配置すると、スライド全体を見た最後に目に入り、次のスライドに移る「間」を演出できます。

● 視線の動き

・あいうえおかきくけこさしすせそたちつてとなにぬねの
・あいうえおかきくけこさしすせそたちつてとなにぬねの
・あいうえおかきくけこさしすせそたちつてとなにぬねの
・あいうえおかきくけこさしすせそたちつてとなにぬねの
・あいうえおかきくけこさしすせそたちつてとなにぬねの
・あいうえおかきくけこさしすせそたちつてとなにぬねの
・あいうえおかきくけこさしすせそたちつてとなにぬねの
・あいうえおかきくけこさしすせそたちつてとなにぬねの
・あいうえおかきくけこさしすせそたちつてとなにぬねの
・あいうえおかきくけこさしすせそたちつてとなにぬねの

スライドを見るときの人間の視線の動き。何も意識しないで全体を見ているとき、人間の視線は「Z」の形に動く。

● 写真やイラストは右下に配置する

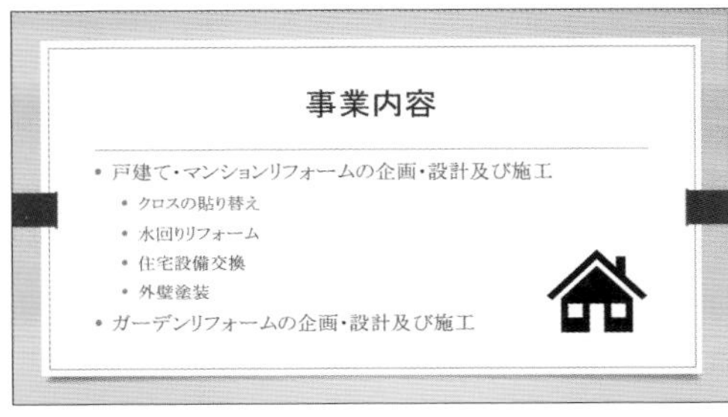

スライドの右下に写真やイラストを配置すると、視線の動きを邪魔しない。

6-03 写真の拡大縮小は、縦横比の保持が鉄則！

スライドに入れた写真やイラストのサイズをあとから変更するときは、縦横比の保持を意識しましょう。四隅のハンドルをドラッグすると、元の縦横比を保持したままサイズを変更できます。

四隅のハンドルをドラッグしてサイズを変える

写真やイラストのサイズは、周囲の白いハンドルをドラッグして変更できます。このとき、四隅のハンドルをドラッグすると元の縦横比を保持したままサイズを変更できます。**数値を指定してサイズを変更するときは、［図の書式設定］パネルを開いて［縦横比を固定する］のチェックをオンにしてからサイズやパーセンテージを指定**します。

● ハンドルを使ってサイズを変える

［挿入］タブの［画像］から［このデバイスから］をクリックし、スライドに写真を挿入しておく。写真の左上角のハンドルにマウスポインターを移動してからドラッグする。

元の縦横比を保持して写真のサイズを縮小できた。

● 数値でサイズを変更する

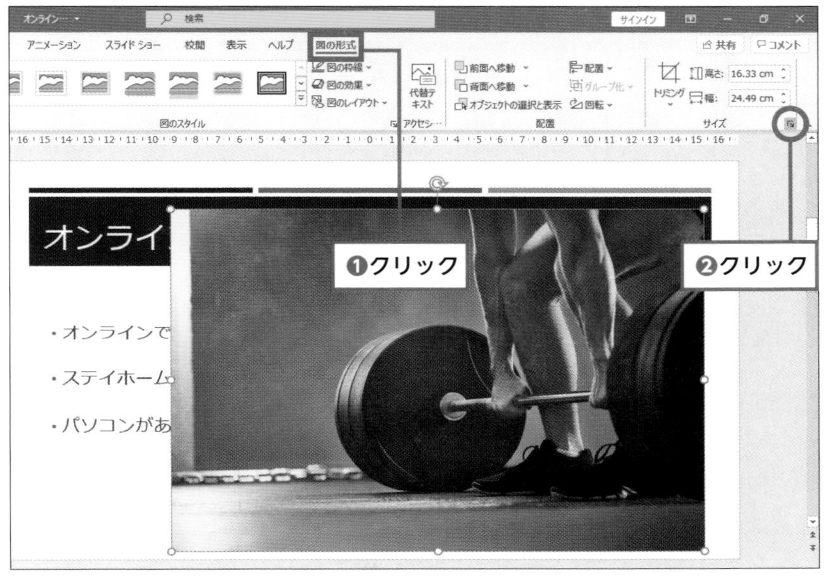

写真をクリックし、[図の形式] タブ（❶）の［サイズ］グループ右下の［配置とサイズ］をクリックする（❷）。

［縦横比を固定する］のチェックを付けて（❸）、［高さ］や［幅］欄に数値を入力する（❹）。［高さの倍率］や［幅の倍率］を指定してもよい。

6-04 画像の不要な部分は、トリミングで削除！

撮影した写真に余計なものが映っていたときは、不要な部分をトリミングして使います。PowerPointには豊富な画像編集機能が搭載されており、スライドに挿入した画像をその場でトリミングできます。

鍵型のハンドルをドラッグする

撮影時に余計なものが映り込んだり、余白が広すぎたりした写真は「見せたいものだけが映っている」ように修正します。PowerPointのトリミング機能を使うと、**写真の周囲に表示される黒い鍵型のハンドルをドラッグするだけでトリミングを実行できます**。[図のリセット] を使えば、トリミング前の状態に戻すこともできます。

● 写真をトリミングする

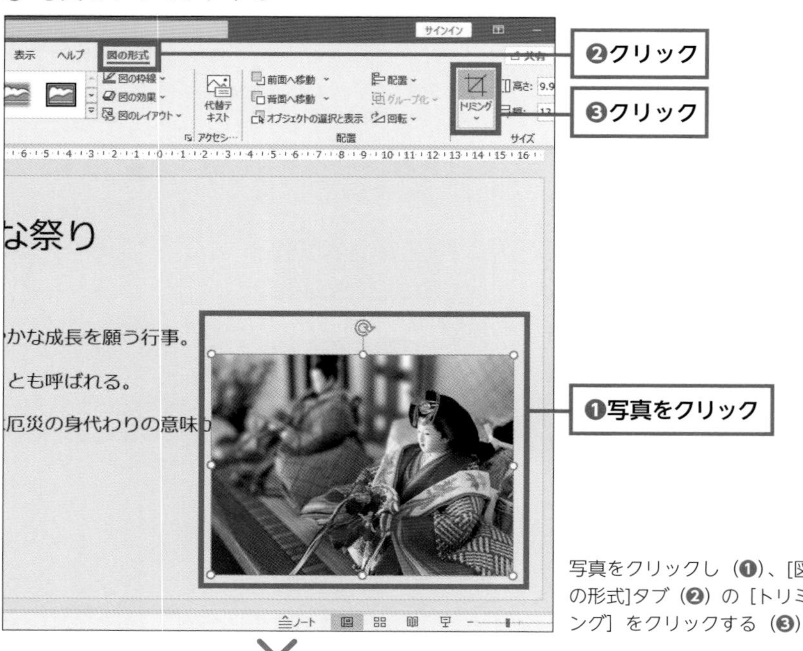

写真をクリックし（❶）、[図の形式]タブ（❷）の［トリミング］をクリックする（❸）。

写真の周囲に黒い鍵型のハンドルが表示される。いずれかのハンドルをドラッグし、見せたいものだけが表示されるようにする。グレーの部分がトリミングされる領域だ。

写真をドラッグすると、トリミング枠内で表示位置を調整できる。写真以外をクリックすると、トリミングした結果が表示される。

memo

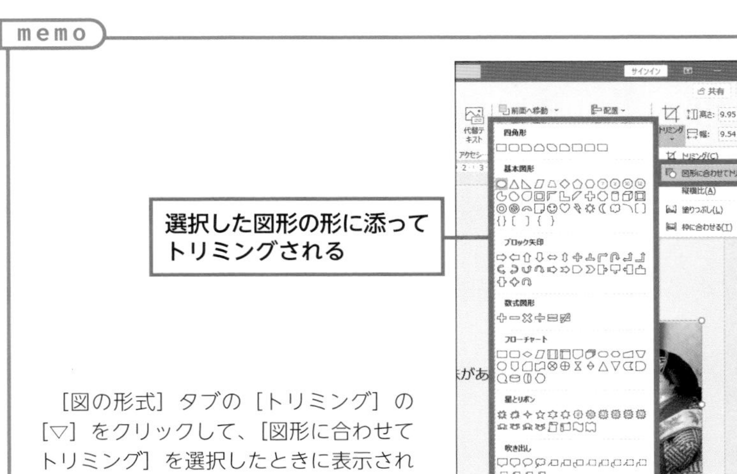

［図の形式］タブの［トリミング］の［▽］をクリックして、［図形に合わせてトリミング］を選択したときに表示される円やハートなどを選択すると、その図形の形に添ってトリミングできます。

6-05 写真をくっきりはっきり見せる

スライドに入れた写真が暗かったり、明るすぎたりしたときは、PowerPointの画像編集機能を使いましょう。「シャープネス」「明るさ」「コントラスト」で調整できます。写真がはっきり見えるように調整しましょう。

PowerPointの画像編集はプロ並み

スライドに入れる写真を、事前に画像編集アプリで見やすいように修正しておく必要はありません。他のアプリの操作を覚える時間や手間がかかるからです。PowerPointの［修整］機能を使うと、**写真の輪郭部分を強調する「シャープネス」**や**写真に明暗差を付けてメリハリをつける「コントラスト」、写真そのものの明るさを変更する「明るさ」**を一覧から選ぶだけで調整できます。

● 明るさ/コントラストの修正前後を比較する

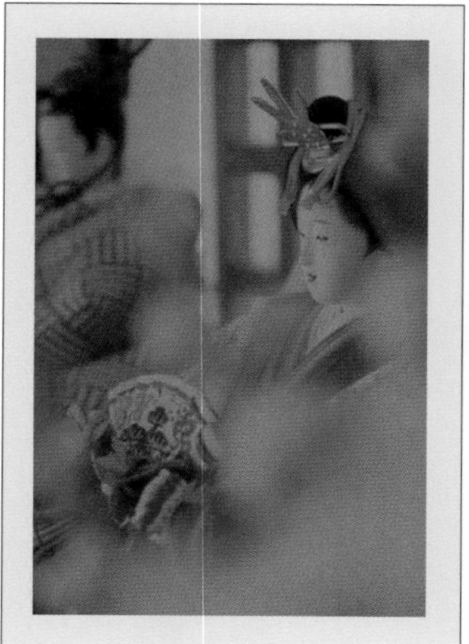

修整する前の写真。写真が暗くてぼんやりしている。

修正後の写真。明るさとコントラストを「+」に変更したのではっきり見える。

● 明るさ/コントラストを調整する

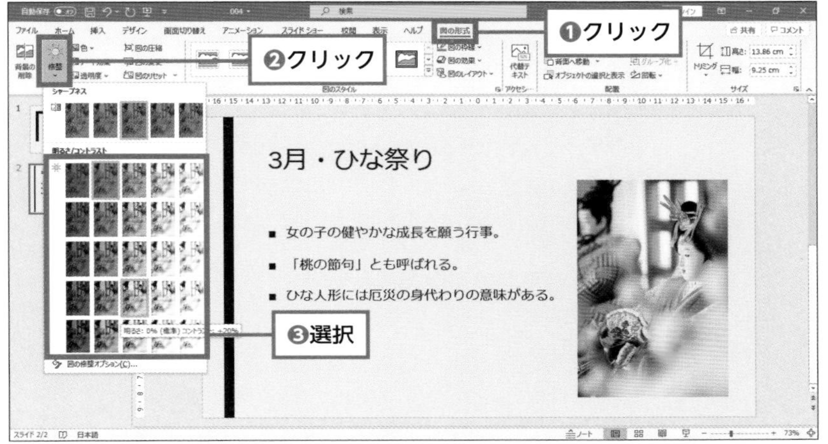

写真をクリックし、[図の形式] タブ（❶）の［修整］をクリック（❷）。表示されるメニューにマウスポインターを移動すると、一時的にスライドに結果が反映される。一覧から明るさ／コントラストを選択する（❸）。

memo

［図の形式］タブの［色］をクリックすると、写真の色あいを「グレースケール」や「セピア」などに変更できます。

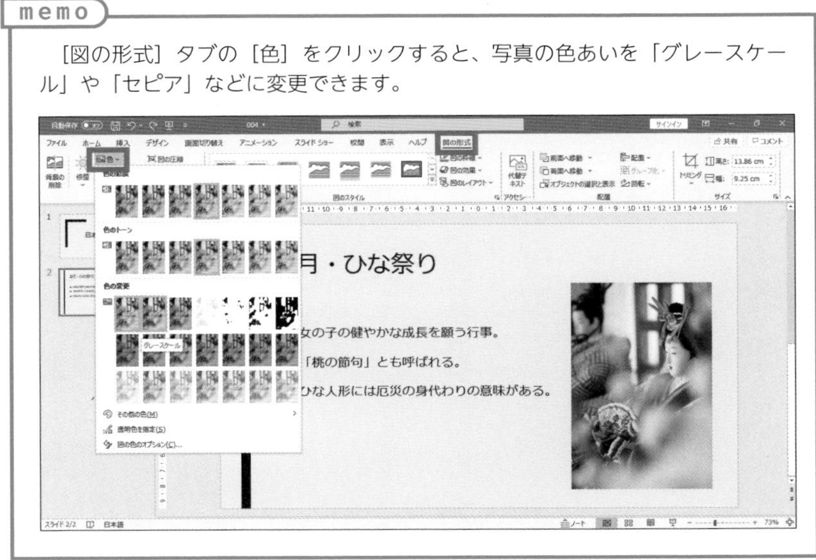

6-06 無料のアイコンを挿入して、内容をイメージしやすくする

スライドに入れる丁度いいイラスト（アイコン）が手元にないときは、[アイコン] 機能を使うといいでしょう。シンプルなデザインで図案化したモノクロのイラストが豊富に用意されており、無料で利用できます。

[アイコン] はシンプルなイラストの宝庫

スライドにイラストを入れたいと思っても、適当なイラストが見つからないこともあるでしょう。**[アイコン] 機能に用意されているイラストは無料で自由に利用できるので、Web上のイラストを探したり、著作権を確認したりする手間が省けます**。イラストは「動物」「車両」といったカテゴリー別に探す方法とキーワードを入力して検索する方法があります。どちらの場合も、スライドの内容に合ったイラストを使いましょう。

● スライドにイラストを挿入する

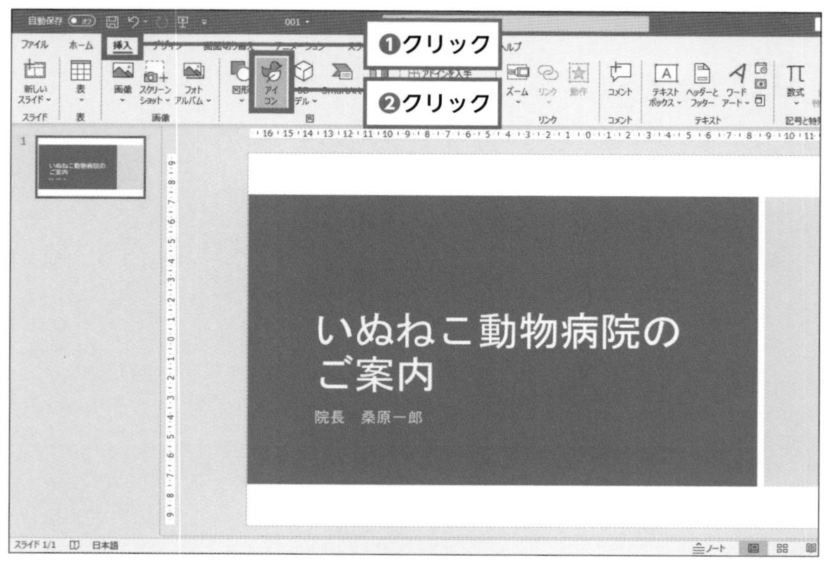

イラストを入れたいスライドを表示して [挿入] タブ（❶）の [アイコン] をクリックする（❷）。

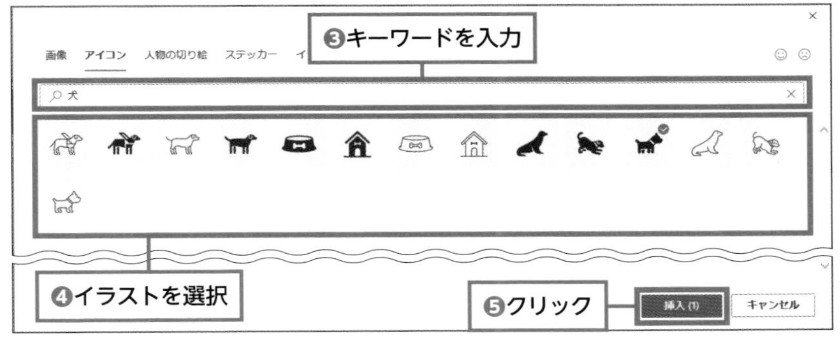

上部の［アイコン］をクリックし、検索ボックスにキーワードを入力（❸）。検索結果から利用したいイラストを選択して（❹）、［挿入］をクリックする（❺）。

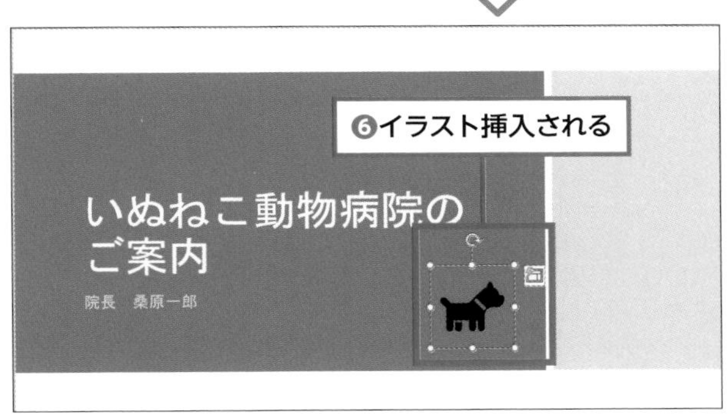

選択したイラストがスライドに挿入される（❻）。四隅のハンドルをドラッグするとサイズ変更ができる。イラスト自体をドラッグすると移動できる。

memo

Microsoft 365のPowerPointでは、アイコン以外に「画像」「人物の切り絵」「ステッカー」「イラスト」も利用できます。

6-07 アイコンの色や向きを変えて、スライドに沿ったデザインにする

6-6の［アイコン］機能を使って挿入したイラストはモノクロですが、あとから色や向きを変更して使えます。スライドに適用しているテーマや背景の色に合った色にすると効果的です。

イラストの向きや色がアクセントになる

［アイコン］機能を使って挿入したイラストは、あとから自由にカスタマイズできます。たとえば、2つのイラストを向かい合うように配置したいとか、イラストの色をチームカラーに変えたいといったときは、［グラフィックス形式］タブの［回転］や［グラフィックの塗りつぶし］を設定します。なお、**イラストのサイズ変更や移動は、写真と同じように操作できます**。

● イラストの向きを変更する

イラストをクリックし（❶）、［グラフィック形式］タブ（❷）の［回転］（❸）から［左右反転］を選択する（❹）。

Point

1つのオブジェクトとしてまとめたイラストや図形の色を部分的に変更するには、最初に［グラフィックス形式］タブの［グループ化］から［グループ解除］をクリックして個別の図形に分解します。次に色を変えたい図形をクリックしてから色を選択します。

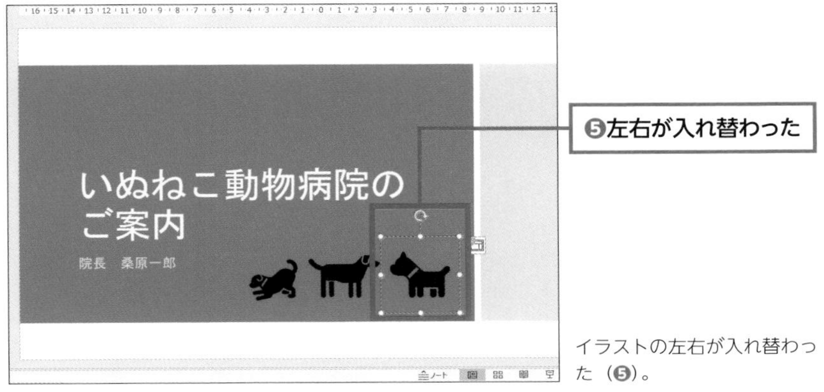

イラストの左右が入れ替わった（❺）。

● イラストの色を変更する

❷クリック

❸クリック

❹選択

❶イラストをクリック

イラストをクリックし（❶）、［グラフィック形式］タブ（❷）の［グラフィックの塗りつぶし］（❸）から変更後の色を選択する（❹）。

❺色が変わった

イラストの色が変わった（❺）。［グラフィックの枠線］を使って輪郭線の色を変更することもできる。

6-08 迫力満点の動画を再生して、聞き手の注目を集める

時短 15 分

料理の手順やスポーツ競技など、写真やイラストなどの静止画で伝えるよりも動画（ビデオ）のほうがわかりやすい場合があります。パソコンに保存済みの動画をスライドに挿入してみましょう。

静止画で伝えられない内容を動画で伝える

たとえば、車がスムーズに走ることを伝えたければ、車の写真よりも実際に走行している車の動画（ビデオ）を使ったほうが効果的です。静止画で伝えきれない内容は動画を使うといいでしょう。スライドショーで動画を再生すると、相手の注目を集める効果もあります。このとき、**［全画面再生］機能をオンにして、画面いっぱいに動画が再生されるようにすると迫力が出ます**。

● 動画（ビデオ）を挿入する

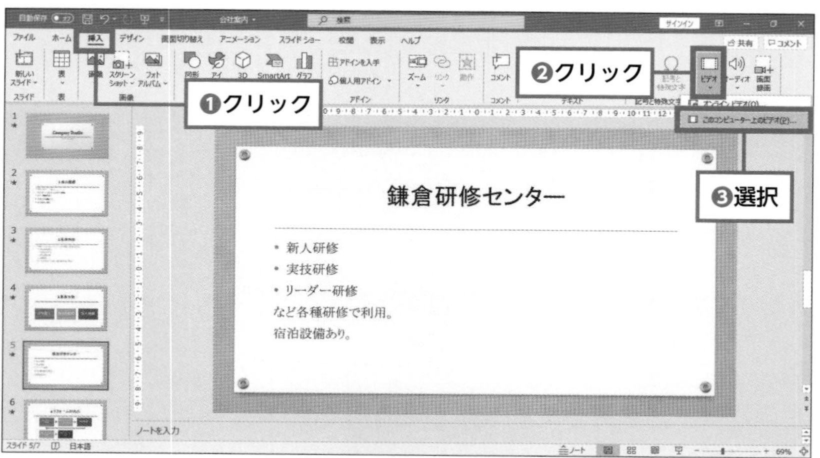

［挿入］タブ（❶）の［ビデオ］（❷）から［このコンピュータ上のビデオ］を選択する（❸）。

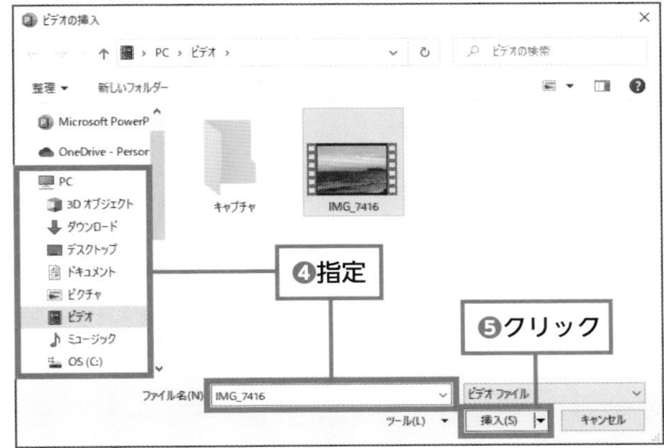

動画の保存場所とファイル名を指定して（❹）、［挿入］をクリックする（❺）。あらかじめビデオカメラやスマートフォンで撮影した動画を事前にパソコンに保存しておこう。

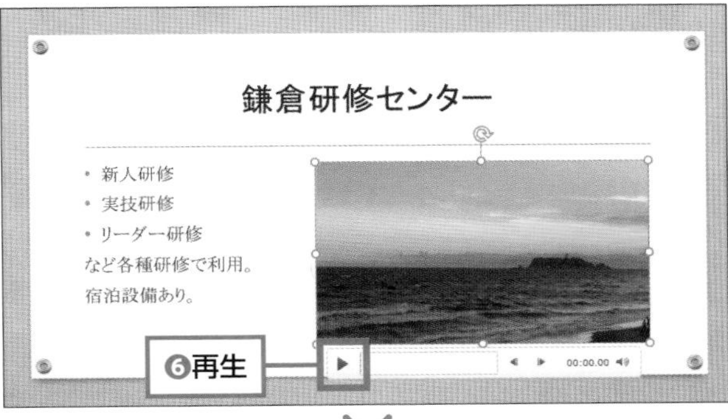

動画が挿入されて1コマ目が表示される。動画のサイズや位置は調整する。動画をクリックしたときに表示される、左下の［再生］をクリックすると（❻）、再生できる。

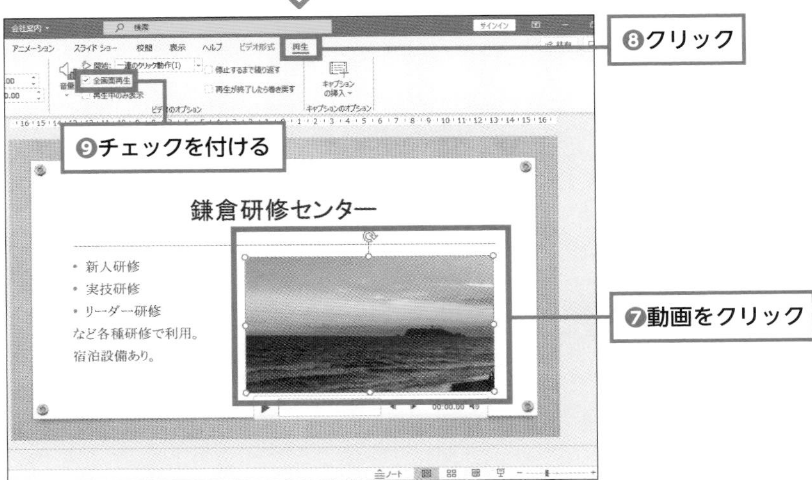

動画をクリックし（❼）、［再生］タブ（❽）の［全画面再生］のチェックボックスをオンにすると（❾）、スライドショー実行時に動画が画面全体に大きく表示される。

6-09 動画は20秒以内におさめないと飽きられる

プレゼンテーションで動画が再生されるとインパクトがありますが、あまり長い動画は飽きられてしまいます。[ビデオのトリミング] 機能を使うと、スライドに挿入した動画の長さを調整できます。

動画の不要な部分は削除する

プレゼン資料の中に動画を使うときは、動画の長さ（再生時間）がポイントです。長い動画ファイルを再生しても全部が印象に残るわけではありません。反対に飽きられてしまう可能性もあります。プレゼンテーションが始まる前に流すイメージビデオと違い、**説明中に流す動画は20秒程度**におさめておきましょう。スライドに挿入した動画の長さは［ビデオのトリミング］機能を使って、前後の不要な部分を削除できます。

● 動画の長さをトリミングする

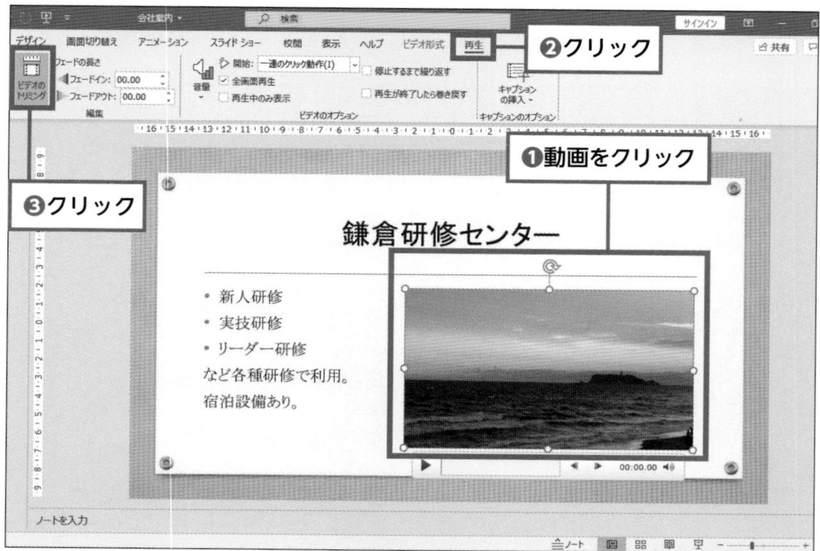

スライドに挿入した動画をクリックし（❶)、[再生] タブ（❷）の [ビデオのトリミング] をクリックする（❸)。

左下の緑のハンドルをドラッグして動画の開始地位を表示する（❹）。同様に、赤のハンドルをドラッグして動画の終了位置を表示する（❺）。緑から赤までの動画が残り、それ以外は削除される。

画面下の［再生］をクリックすると（❻）、トリミングした後の動画を再生できる。トリミングが終了したら［OK］をクリックする（❼）。

memo

動画が徐々に現れる効果を付けたいときは、［再生］タブの［フェードイン］を設定します。同様に［フェードアウト］も設定できます。

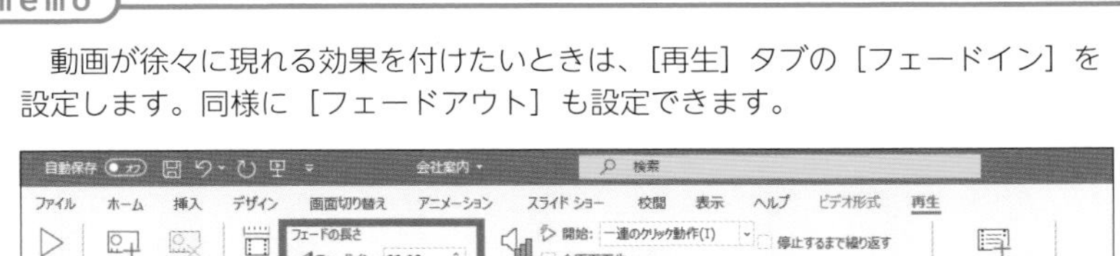

6-10 オンライン授業の動画にも使える録画機能

プレゼンテーションが終わった後に、説明で使ったスライドをWeb上に公開するケースがあります。[スライドショーの記録] 機能を使うと、スライドショー実行中の操作を音声入りで録画できます。

スライドショーを実行しながら録画できる

オンライン会議やオンライン授業では、プレゼンテーションで使ったスライドをWeb上にアップロードして後から自由に閲覧できるようにするケースが多いようです。PowerPointのスライドだけを見せるよりも、発表者の説明入りの動画を見せたほうが内容が正しく伝わります。**[スライドショーの記録] 機能を使うと、スライドショーを実行しながら同時に操作や音声を録画できます**。

● スライドショーを記録する

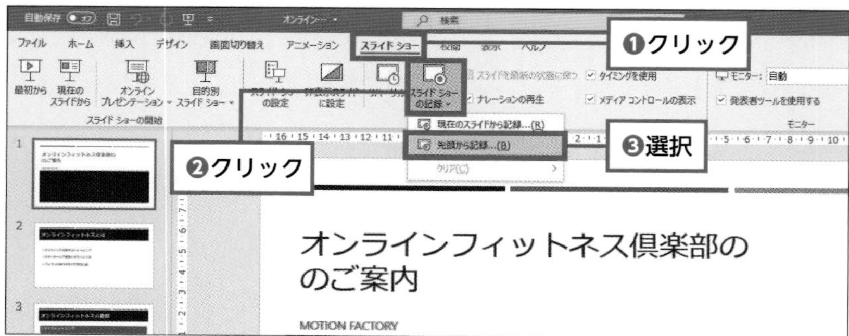

パソコンにマイクを接続しておく。録画したいファイルを開き、[スライドショー]タブ(❶)の[スライドショーの記録](❷)から[先頭から]を選択する(❸)。

Point

スライドショーの記録後に[ファイル]タブの[エクスポート]から[ビデオの作成]を実行すると、MPEG-4ビデオ形式、もしくはWindows Mediaビデオ形式の動画ファイルとして保存できます。これならWindows標準の「映画&テレビ」アプリなどで再生できます。

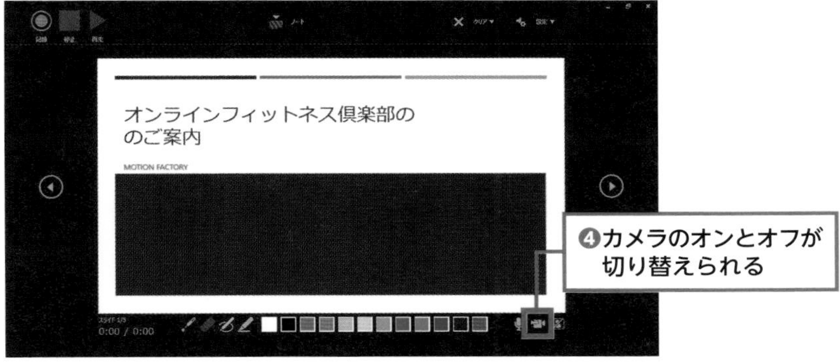

スライドショーの記録画面。中央のスライドと音声だけが録画される。カメラが接続されているとスライドの右下にワイプが表示されるが、画面右下のボタンでオンとオフが切り替えられる（❹）。

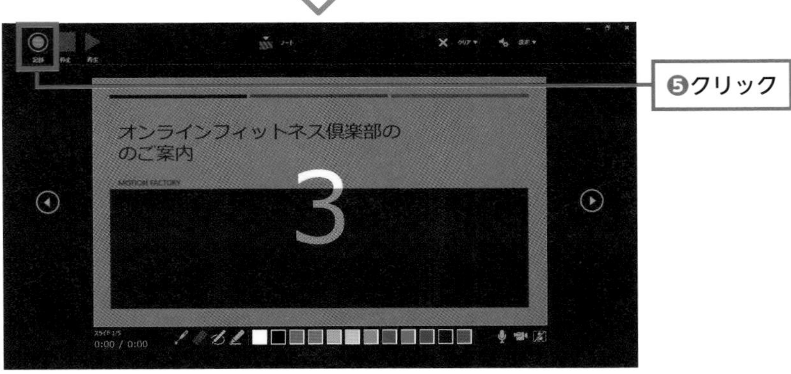

左上の［記録］をクリックすると（❺）、「3」「2」「1」のカウントダウンが表示され、「1」の後の操作と音声がすべて記録される。

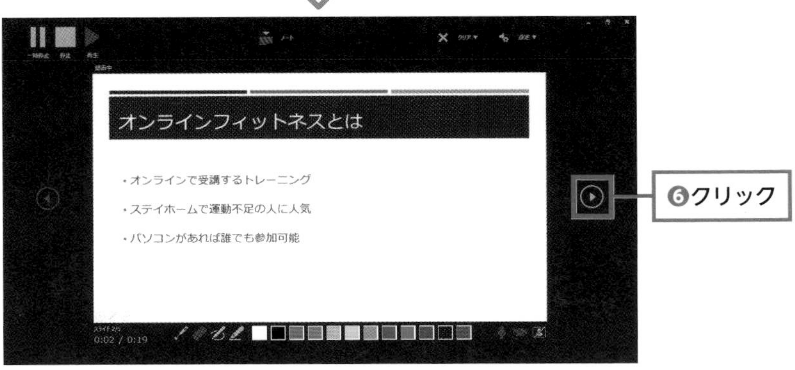

画面右端の［次のアニメーションまたはスライドに進む］をクリックしながら（❻）、通常のスライドショーと同じように進行する。

オンラインフィットネスの種類
❼ペンや色を選択
❽ドラッグして手書き
0:10 / 1:57
スライド ショーの最後です。クリックすると終了します。
0:01 / 3:02
❾クリック
❿クリック
オンラインフィットネスの種類
1.ライブトレーニング
• 決められた時間にオンラインに集合して、インストラクターの指導に沿って体を動かす
2.ビデオトレーニング
• 動画コンテンツを見ながらひとりで体を動かす

画面下のペンと色を選択して（❼）スライド上をドラッグすると、図形や文字が手書きできる（❽）。描画する軌跡も録画される。

スライドショーの最後の画面でクリックすると、録画が終了して通常の画面に戻る。

［スライドショー］タブ（❾）の［最初から］をクリックして（❿）スライドショーを実行すると、音声入りのスライドショーが自動実行される。この状態で保存すると、音声入りのファイルとして保存できる。

第 7 章

色やデザインを工夫して、表現力をさらに高める

7-01 強調したい箇所の文字の色を統一する

スライドの中で強調したい文字に色を付けるときには、常に同じ色を付けると効果的です。色を使いすぎると統一感がなくなり、どこが大事なのかがわからなくなります。色のマイルールを決めておきましょう。

色数を絞って使う

プレゼン資料のスライドは、モノクロよりカラーのほうがインパクトが強くなりますが、色数が多すぎると伝えたい内容が伝わりにくくなります。強調したい文字に色を付けるときは、1色に決めて常に同じ色を付けるといいでしょう。そうすると、繰り返しの効果で「その色が大事な箇所」と印象付けられます。また、**スライド全体の色の配分は、ベースカラー70%（スライドの背景の色）、メインカラー25%（見出しなどの色）、アクセントカラー5%（強調する色）の3色に絞り込む**と、全体としてのまとまりが良くなると言われています。

● スライドで使う色数の違い

オンラインフィットネスとは

・**オンライン**で受講するトレーニング

・ステイホームで**運動不足**の人に人気

・**パソコン/スマホ/タブレット端末**で参加可能

・**6:00～23:00**の開催時間

いろいろな色で文字を強調したスライド。まとまりがなく、何が一番大事なのかがわからない。

オンラインフィットネスとは

・オンラインで受講するトレーニング

・ステイホームで運動不足の人に人気

・パソコン/スマホ/タブレット端末で参加可能

・6:00～23:00の開催時間

強調したい箇所に同じ色を付けたスライド。「赤」が大事だとすぐにわかる。

● スライド全体の色の配分

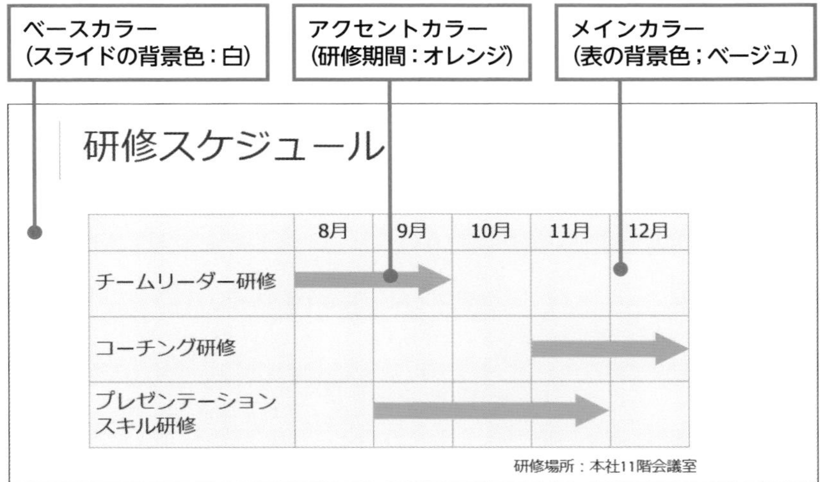

● 複数の文字に色をまとめて付ける

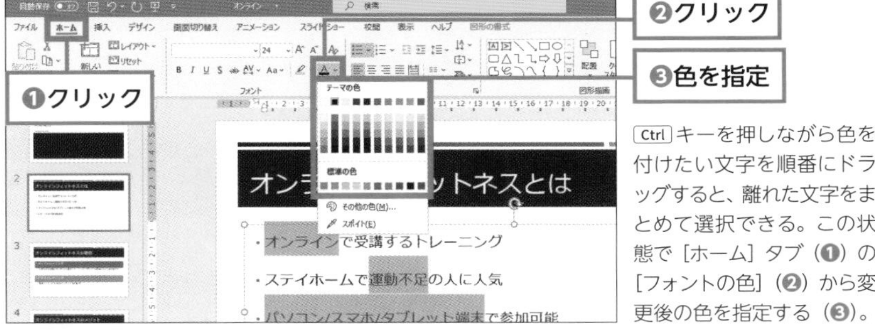

Ctrl キーを押しながら色を付けたい文字を順番にドラッグすると、離れた文字をまとめて選択できる。この状態で［ホーム］タブ（❶）の［フォントの色］（❷）から変更後の色を指定する（❸）。

7-02 目立たせたい文字には暖色系の色を使うべし

スライドの文字にどんな色を付けるかで印象が変わります。「色」が持つ遠近感の特性を利用して、強調したい文字には暖色系の色を付けるといいでしょう。暖色系の色は「進出色」と呼ばれ、手前に飛び出ているように見えます。

進出色は近くに大きく見える

同じ距離でも色によっては近くに見えたり、遠くに見えたりします。これは色によって遠近感が変わるためです。**近くに見える色（飛び出ているように見える色）を「進出色」と呼び、赤、橙、黄などの暖色系の色**を指します。**反対に遠くに見える色（引っ込んでいるように見える色）を「後退色」と呼び、青、青紫などの寒色系の色**を指します。スライドの中で強調したい文字には、近くにあるように見える「進出色」の暖色系の色を使いましょう。

● 進出色と後退色

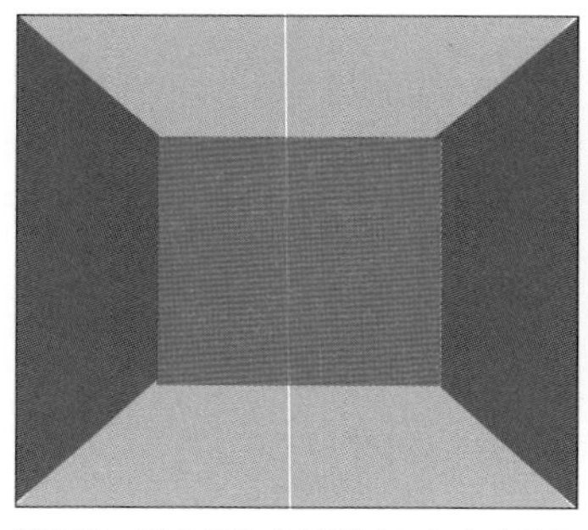

進出色：暖色系の色は近くに大きく見える。

後退色：寒色系の色は遠くに小さく見える。

スライドで強調したい文字には「進出色」を使う

フリーマーケット入場者増加の要因

1,000名を突破！

- 広報誌でプロモーション
- リサイクルブーム
- 断捨離への意識改革

後退色を使ったスライド

強調したい文字やグラフ、図形の色が寒色系のため、弱々しい印象がある。

フリーマーケット入場者増加の要因

1,000名を突破！

- 広報誌でプロモーション
- リサイクルブーム
- 断捨離への意識改革

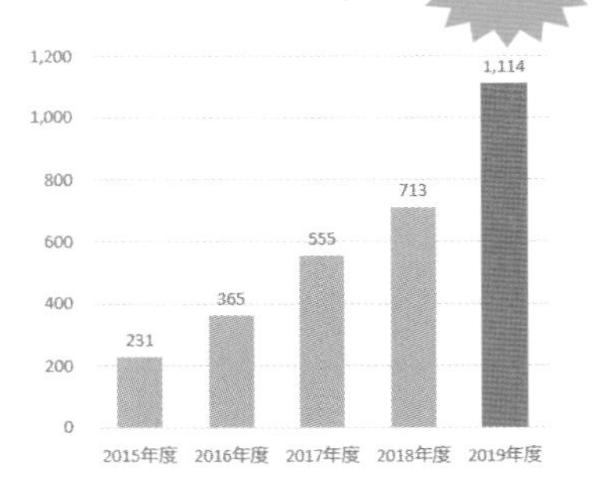

進出色を使ったスライド

強調したい文字やグラフ、図形の色が暖色系のため、自然と目に入る。

Point

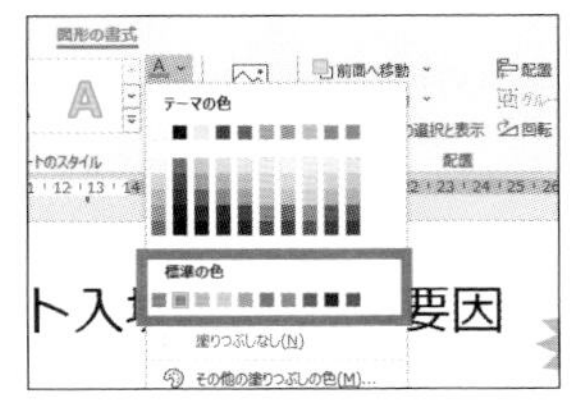

7-4で解説した［テーマ］を設定すると、手動で付けた文字や図形、グラフなどの色が変更後のテーマに連動して自動的に変化します。［テーマ］を変更しても常に同じ色で表示したいときは、［フォントの色］や［図形の塗りつぶしの色］の一覧にある［標準の色］を使います。

7-03 強調したい数字は超拡大して印象付ける

スライドの文字サイズを大きくして目立たせるときに、年齢や達成率、順位などの数字を極端に大きくする手法があります。文章の中で数字だけを拡大することで、数字がダイナミックに見える効果があります。

数字の見せ方を工夫する

プレゼン資料で数字は大切な要素です。達成率や売上シェアなどの明確な数値が示されると、説得力が増します。数字に暖色系の色を付けたり、太字にしたりして目立たせることもできますが、思い切って数字だけを極端に大きくするのもひとつの方法です。すると、スライドの中でジャンプ率（最も大きい文字と最も小さい文字の比率）が大きくなります。**ジャンプ率が大きいほど、ダイナミックでアクティブな印象を与えます**。

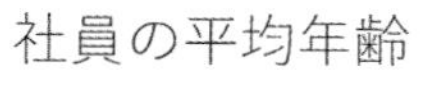

● 数字に色を付けて太字にする

社員の平均年齢

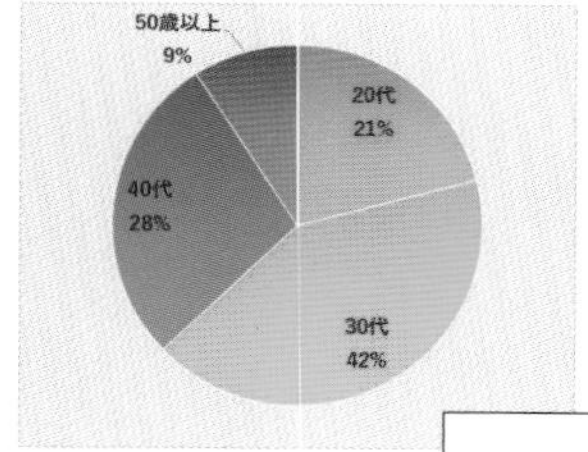

平均年齢36.2歳の若い会社です！

社員の平均年齢を示したスライド。ある程度、文字サイズを拡大しているが、もっと平均年齢を強調したい。

社員の平均年齢

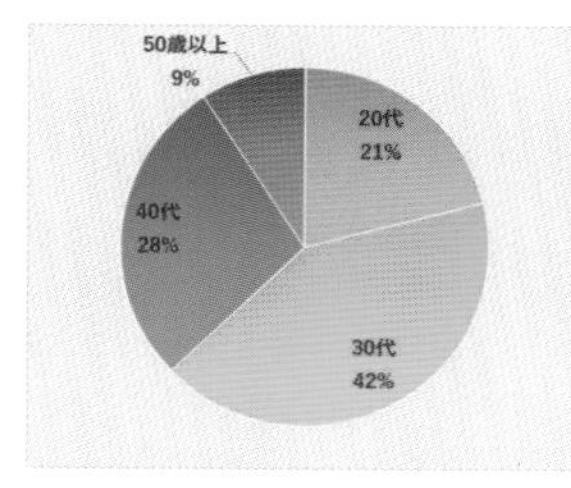

36.2歳

右側の文章を年齢だけに絞った。さらに数字を166ptに拡大して、色や太字などの飾りも付けた。

数字だけを大きくする

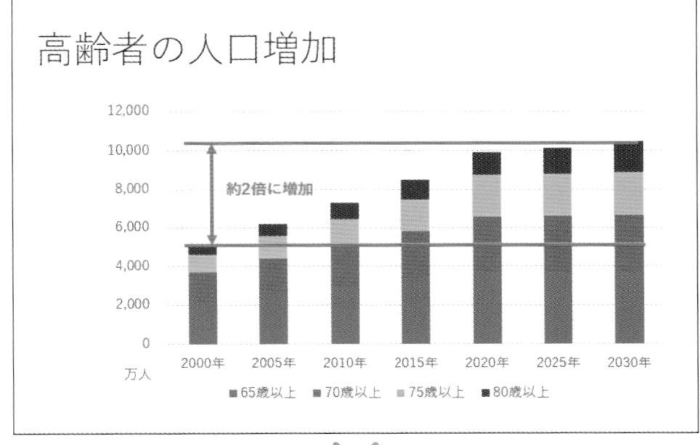

グラフのポイントを書き込んだスライド。人口が2倍に増加したことを強調したい。

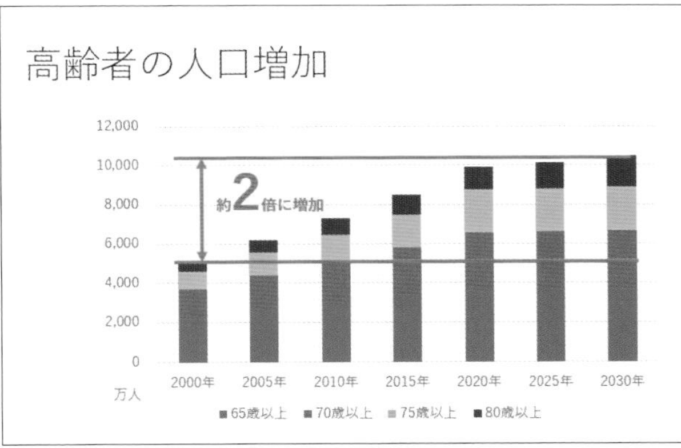

「約2倍に増加」の「2」だけを60ptに拡大した。グラフや表に添える文字のサイズは全体のバランスを見て決めよう。

Point

PowerPointの初期設定では、文字をドラッグすると単語単位で選択される設定になっています。文章中の数字だけをうまく選択できないときは、[ファイル] タブの [オプション] をクリックして表示される [PowerPointのオプション] ダイアログボックスの [詳細設定] で、[文字列の選択時に、単語単位で選択する] のチェックボックスをオフにします。

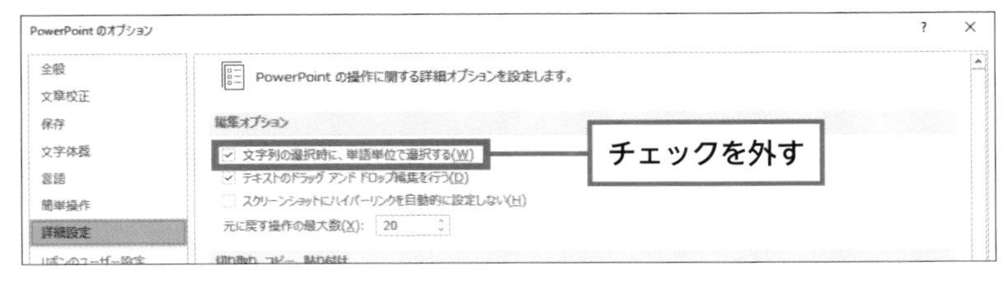

7-04 スライドの背景は文字が読みやすい白が基本

スライドに［テーマ］を適用すると、すべてのスライドの背景やフォントなどの書式を瞬時に変更できます。いろいろな色やデザインのテーマが用意されていますが、テーマを選ぶときのポイントを理解しましょう。

白の背景のメリットとデメリット

以前はスライドの背景に黒や青を使うケースが目立ちましたが、最近では白の背景のスライドが増えています。背景を白にする最大のメリットは、黒い文字が読みやすい点です。一方、デメリットは、プロジェクターに投影したときにまぶしくて目が疲れる点です。**背景色の正解はありませんが、作成したスライドが読みやすい色を選びましょう**。［デザイン］タブの［テーマ］機能にはたくさんのデザインのパターンが用意されているので、白い背景や黒い背景の見え方の違いを確認するといいでしょう。

● 背景色による見え方の違い

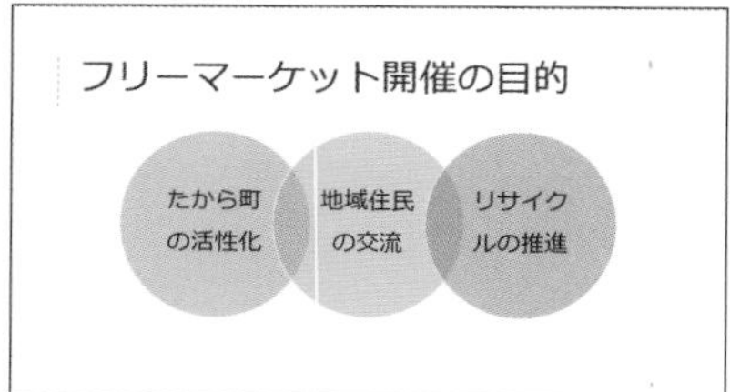

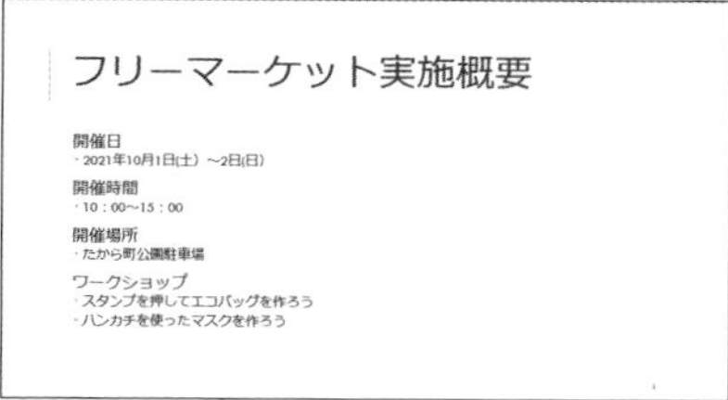

「インテグラル」のテーマを適用したスライド。スライドの背景が白いので、黒い文字が読みやすい。

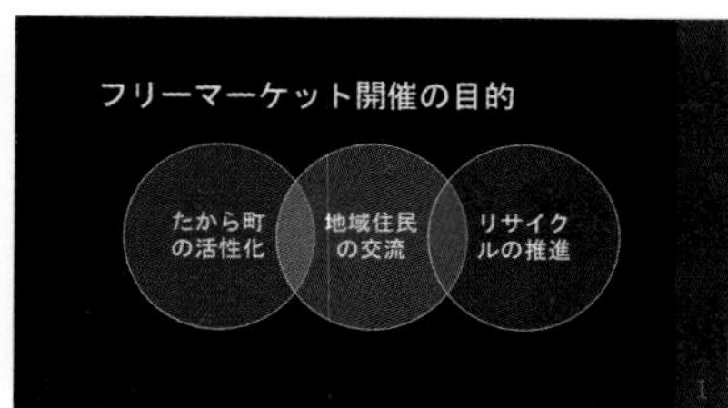

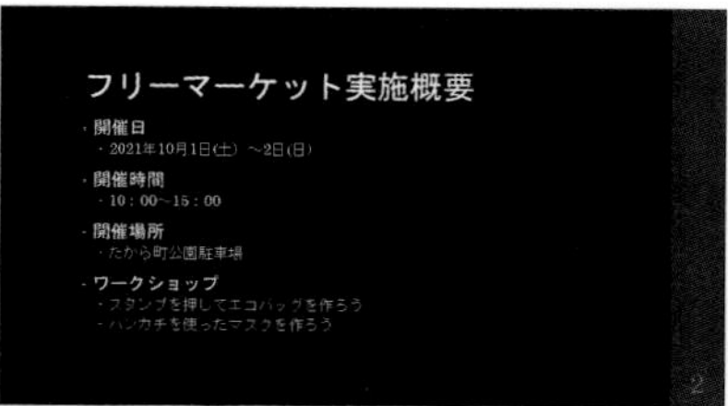

「ビュー」のテーマを適用し、背景を黒に変更したスライド。明るい場所では視認性が高い。

memo

テーマを適用しないで、スライドの背景色だけを変更することもできます。白い背景ではまぶしいと感じる場合は、薄いグレーにするのもひとつの方法です。

[デザイン] タブ（❶）の [背景の書式設定] をクリック（❷）。右側のパネルで [塗りつぶし（単色）] のチェックボックスをオンにして（❸）、[色]（❹）の一覧から薄いグレーを選択する（❺）。

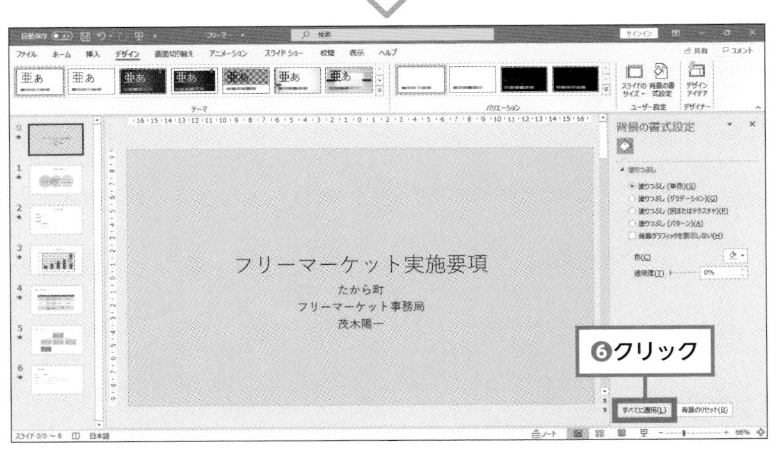

[すべてに適用] をクリックすると（❻）、すべてのスライドの背景色が薄いグレーに変わる。

7-05

伝えたい内容に合わせて色合いを変更する

［テーマ］に用意されているデザインは、あとから背景の柄や配色を変更できます。［バリエーション］機能や［配色］機能を利用して、スライドの内容に合ったデザインになるように工夫しましょう。

テーマをカスタマイズして使う

スライドの背景は面積が広い分、印象に残ります。内容に合わない柄や色が付いていると逆効果です。［テーマ］のデザインのベースはそのままで、柄や配色だけを変更するには［バリエーション］機能や［配色］機能を使います。寛いだ雰囲気を演出したければ緑、知性や理性を演出したければ青といったように、**「色が持つイメージ」を使いこなすと直感に訴えかけることができます**。また、コーポレートカラーやチームカラーがある場合は、その色を積極的に利用してもいいでしょう。

● テーマのバリエーションを変更する

［テーマ］の「インテグラル」を適用した直後のスライド。タイトルと柄が合わないので柄のないデザインに変更する。

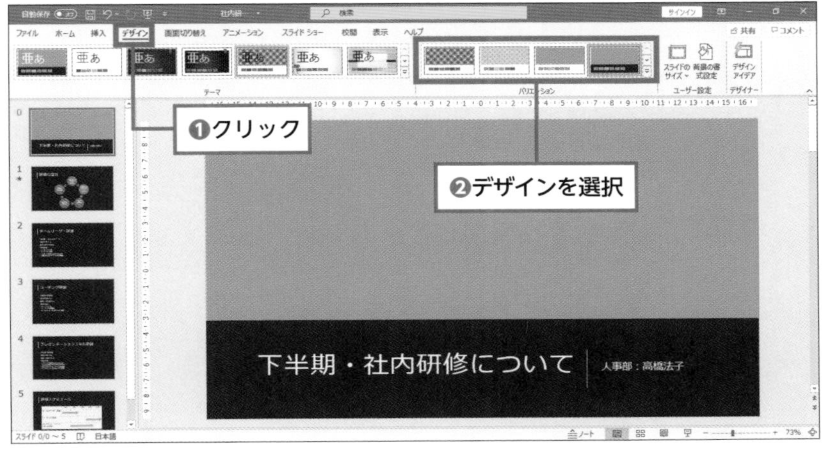

[デザイン] タブ (❶) の [バリエーション] から柄のないデザインを選択すると (❷)、元のデザインのベースはそのままでバリエーションが変わる。

テーマの配色を変更する

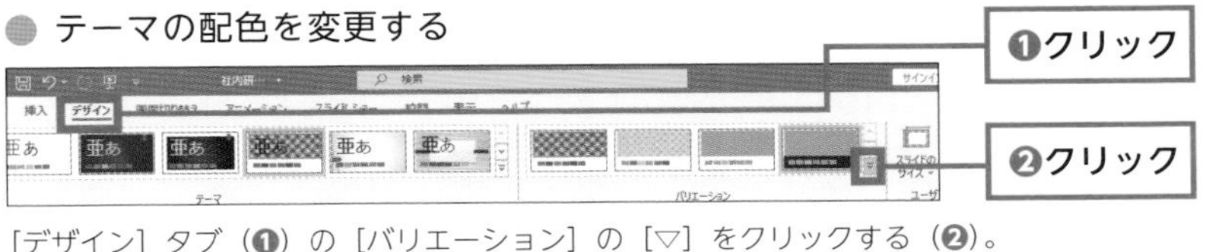

[デザイン] タブ (❶) の [バリエーション] の [▽] をクリックする (❷)。

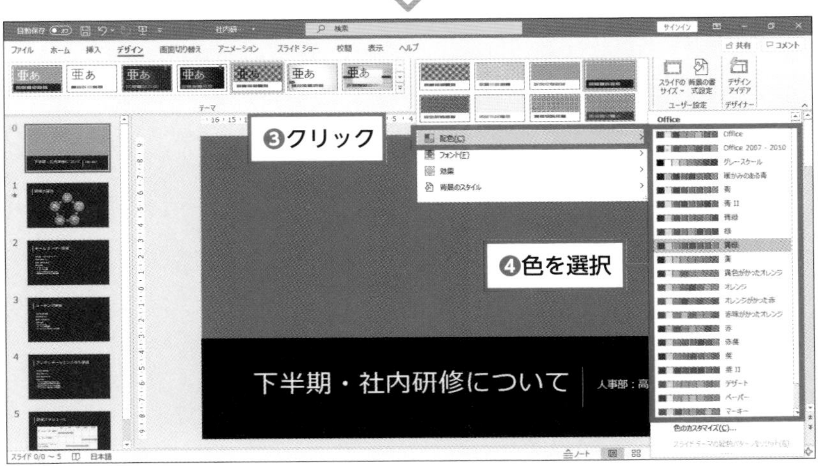

[配色] (❸) から変更後の配色を選択すると (❹)、テーマやバリエーションはそのままで色合いだけが変わる。

7-06

表紙のスライドの背景に印象的な写真を表示する

スライドの背景に大きく写真を表示すると、インパクトがあります。[背景の書式設定] 機能を使って、表紙のスライドの背景に写真を表示しましょう。スライドに写真を入れるのではなく、背景画像として表示します。

横置きの写真を保存しておく

表紙のスライドはプレゼンテーションの「顔」。プレゼンテーション全体を象徴するような印象的な写真を表示しておくと、説明が始まる前から見る人の期待感を高める効果があります。表紙のスライドの背景に写真を表示するには、**[背景の書式設定] 機能を使って、保存済みの横置きの写真を指定**します。すると、スライドのサイズにぴったり合うように写真が表示されます。

● スライドの背景に写真を敷く

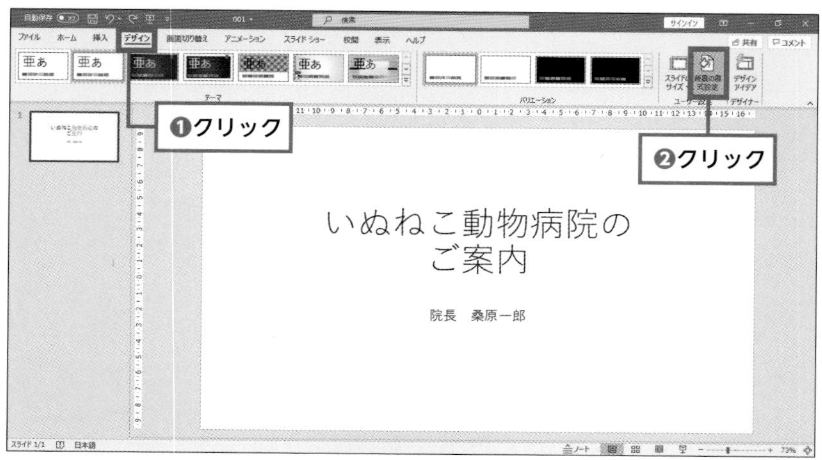

[デザイン] タブ (❶) の [背景の書式設定] をクリックする (❷)。

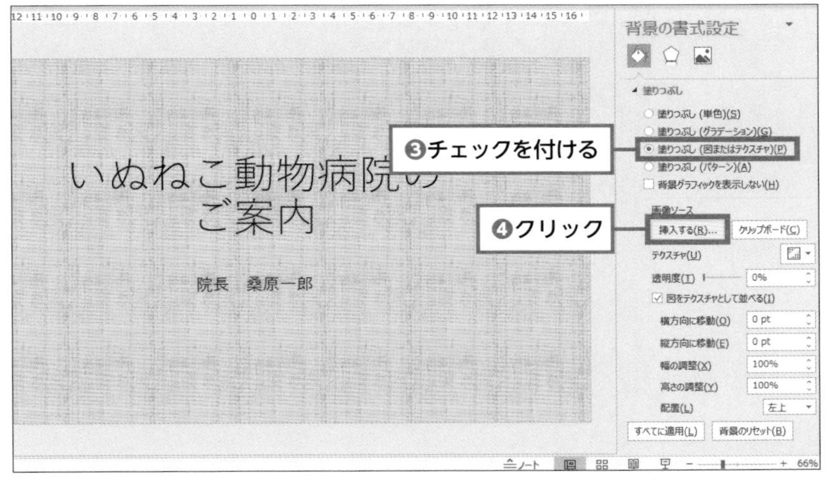

右側のパネルの［塗りつぶし（図またはテクスチャ）］をオンにし（❸）、［画像ソース］の［挿入する］をクリックする（❹）。

［図の挿入］画面が表示されたら［ファイルから］を選択する。［アイコン］機能を使って検索した画像を利用することもできる。

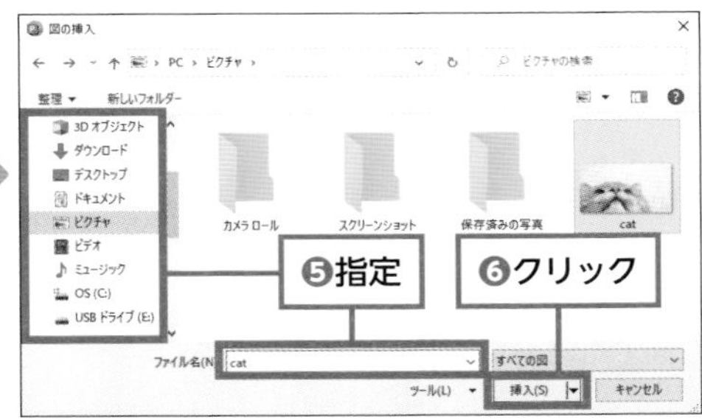

写真の保存場所とファイル名を指定して（❺）、［挿入］をクリックする（❻）。

スライドの背景に指定した写真が表示された。必要に応じて、文字が見やすいように色や位置などを調整する。

7-07 「デザインアイデア」で他の人とは一味違うデザインを！

Microsoft 365のPowerPointの［デザインアイデア］機能を使うと、［テーマ］にない目新しいデザインを利用できます。スライドごとにふさわしいデザインを自動作成して提示してくれます。

他の人とかぶらないデザインが使える

PowerPointを使う人が増えると、スライドデザインが被ることもあります。他の人と一味違うデザインを使いたければ、Microsoft 365のPowerPointに搭載されている［デザインアイデア］機能を使ってみましょう。スライド内に配置されている文字や写真などの要素に基づいてふさわしいデザインを自動作成して提示してくれ、気に入ったデザインをクリックするだけで利用できます。**［テーマ］機能と組み合わせて利用することもできます**。

● ［デザインアイデア］を適用する

［テーマ］を適用済みのスライド。表紙のスライドをもっとインパクトのあるデザインに変更したい。［デザイン］タブ（❶）の［デザインアイデア］をクリックする（❷）。

右側のパネルにデザインの候補が表示される。下方向にスクロールして［その他のデザインアイデアを見る］をクリックすると（❸）、候補の数が増える。

利用したいデザインを選択すると（❹）、表紙のスライドのデザインが変わる。気に入らないときは何度でも変更できる。

● 2枚目以降のスライドデザインも変える

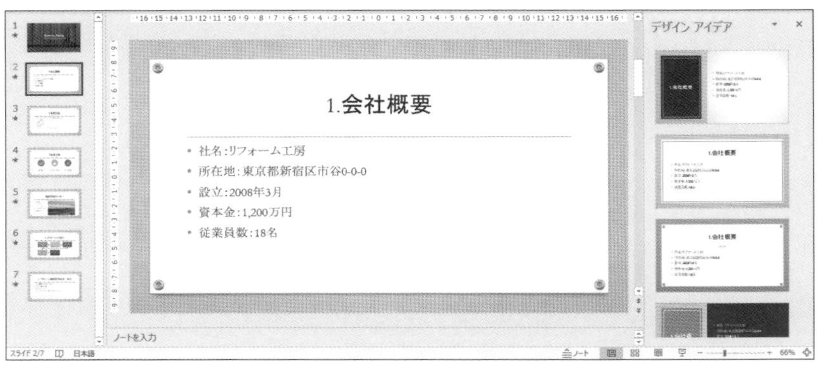

2枚目以降のスライドには、1枚目に選択したデザインに合った候補が表示される。

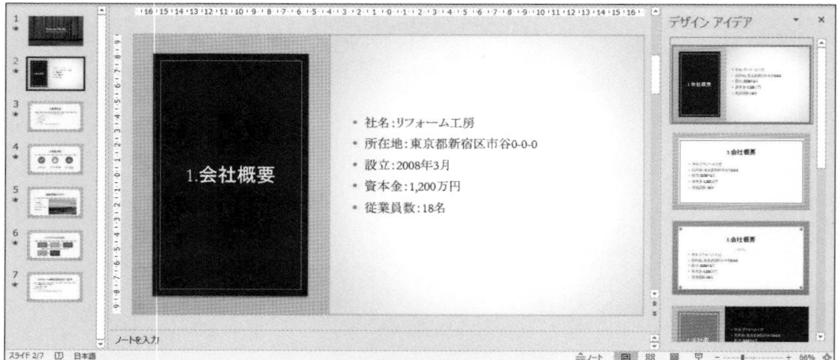

表紙のデザインと統一感のあるデザインを適用する。

● 要素を判断してスライドデザインを変える

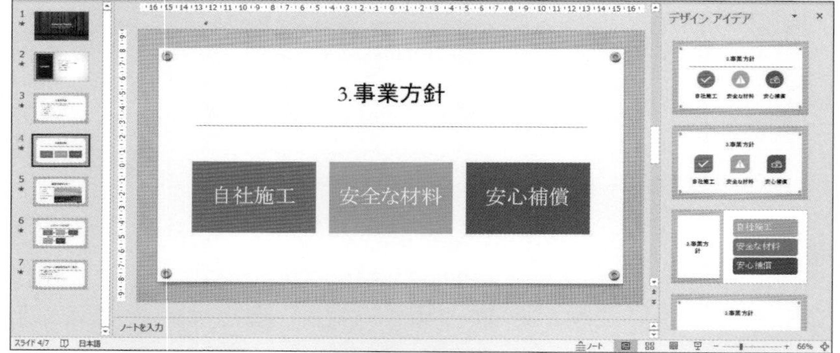

各スライドの要素を判断してデザイン候補が表示される。

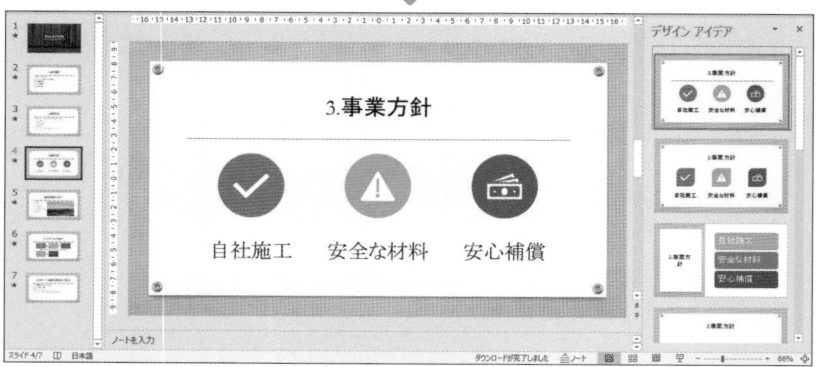

自分で作ると面倒なデザインを簡単に利用できる。なお、デザインアイデアを解除するには、デザイン適用直後に画面左上のクイックアクセスツールバーにある［元に戻す］をクリックする。

第 8 章

「スライドマスター」で スピーディーに 一括修正！

8-01 1枚ずつスライドを修正するのは時間の無駄！

スライドの設計図である「スライドマスター」を使うと、スライドを短時間で効率よく修正できます。スライドマスターの使い方を習得して、1枚ずつスライドを手作業で修正することから卒業しましょう。

スライドマスターはスライドの設計図

「すべてのスライドのタイトルの色を変えたい」とか「すべてのスライドの箇条書きの行頭文字を変えたい」といったときに、1枚ずつ手作業で修正すると時間がかかります。しかし、「スライドマスター」を使うと、すべてのスライドに共通した修正を効率よく行えます。**フォントや色、フォントサイズなどの書式を一元管理**しているスライドマスターを修正すれば、すべてのスライドに修正結果が瞬時に反映されるのです。

● スライドマスターを表示する

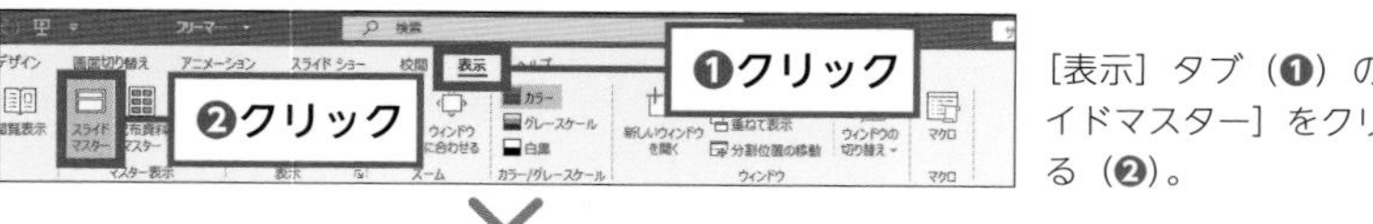

［表示］タブ（❶）の［スライドマスター］をクリックする（❷）。

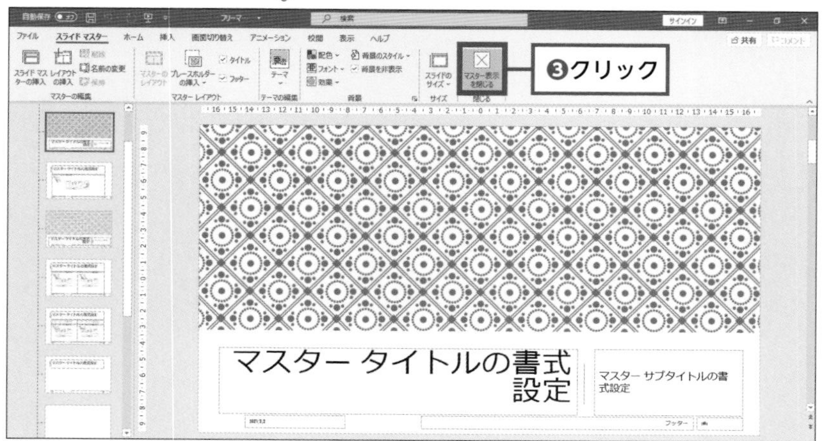

スライドマスター画面が表示された。表示を元に戻したいときは、［スライドマスター］タブの［マスター表示を閉じる］をクリックする（❸）。スライドマスター画面の見方は8-2で解説している。

8-02 スライドマスター画面の見方を理解する

スライドマスターを利用するには、スライドマスター画面の仕組みを正しく理解する必要があります。スライドマスター画面の左側に並ぶ複数のマスターの中から、どのマスターを使うかがポイントです。

レイアウトごとにマスターがある

［表示］タブの［スライドマスター］をクリックしてスライドマスター画面に切り替えると、左側に複数のマスターが表示されます。これは、［ホーム］タブの［レイアウト］をクリックしたときに表示されるレイアウトごとのマスターが用意されているためです。最初に修正したいレイアウトを指定し、次に修正内容を設定します。**特定のレイアウトの書式だけを変更することもできますが、修正結果をすべてのスライドに反映させたいときは一番上にある少し大きめのマスターを使います**。

● スライドマスター画面の見方

レイアウトごとのマスターが縦に表示される。

選択したマスターが中央に大きく表示される。

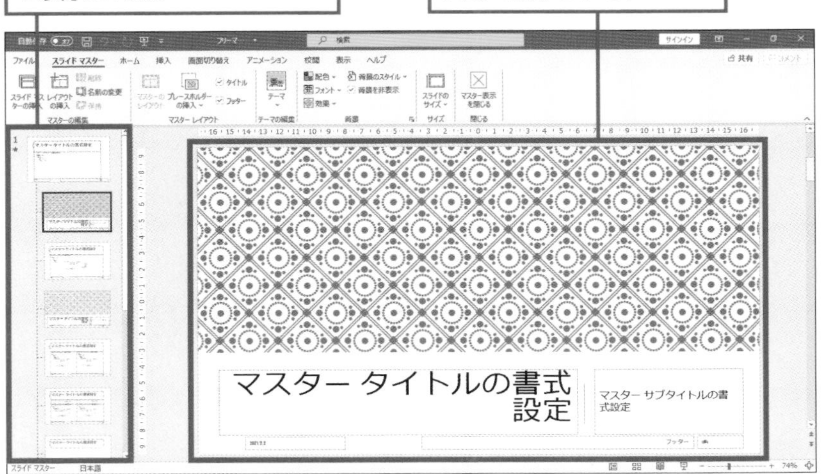

スライドマスターは書式を管理する画面なので、スライドに入力した文字やグラフなどの要素は一切表示されない。

8-03 すべてのスライドの文字の色をまとめて変更する

すべてのスライドに共通した修正は、スライドマスターを使えば正確に短時間で終了します。ここではスライドマスターを使って、すべてのスライドのタイトルの文字の色をまとめて変更してみましょう。

スライドマスターで文字の色を変える

あとから各スライドのタイトルの色やサイズを変更することになったときに、1枚ずつ手作業で変更してはいけません。新しいスライドを追加するたびに変更する手間がかかるからです。スライドマスター画面で左側の一番上のマスターを使って書式を変更すると、無条件にすべてのスライドに反映されます。箇条書きの行間や行頭文字、スライドの背景色を変更するときも同じです。**すべてのスライドに共通の変更は、「一番上のマスターを使う」と覚えましょう**。

● 各スライドのタイトルの文字色を変える

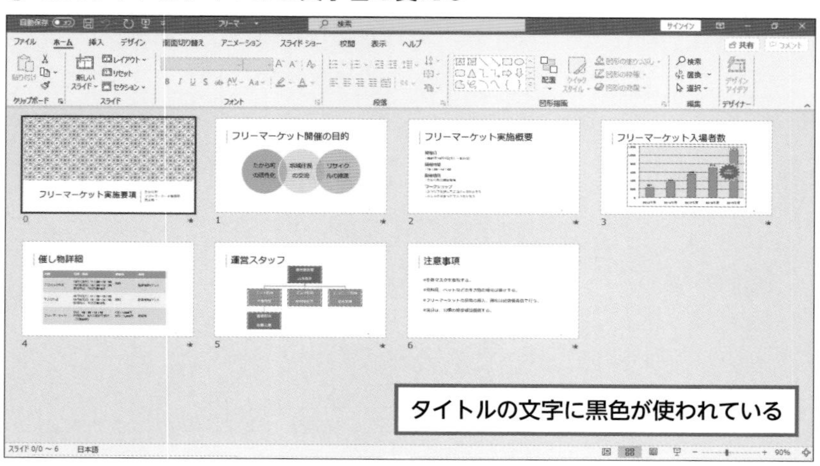

修正前のスライド。各スライドのタイトルの文字が黒で表示されているので、オレンジに変更する。

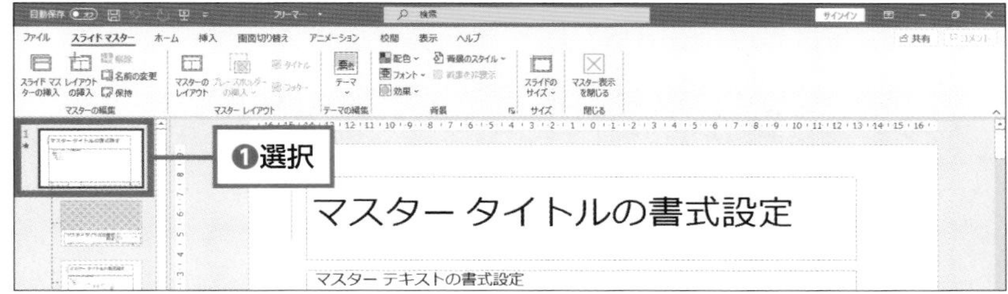

［表示］タブの［スライドマスター］をクリックしてスライドマスター画面に切り替える。左側のマスター一覧から一番上のマスターを選択する（❶）。

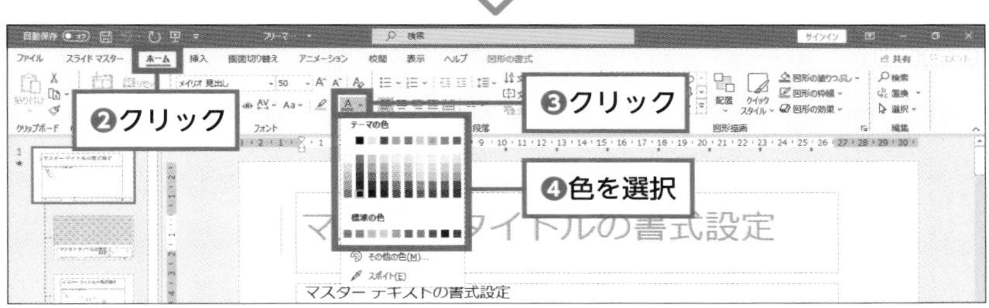

［マスタータイトルの書式設定］の文字を選択し、［ホーム］タブ（❷）の［フォントの色］の［▽］をクリックして（❸）、変更後の色を選択する（❹）。

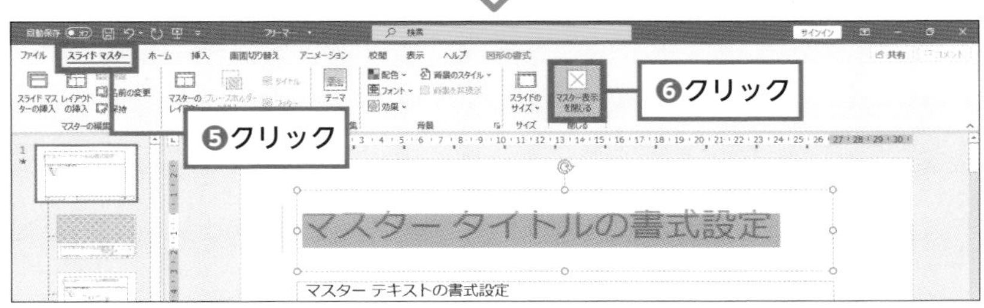

［スライドマスター］タブ（❺）の［マスター表示を閉じる］をクリックする（❻）。

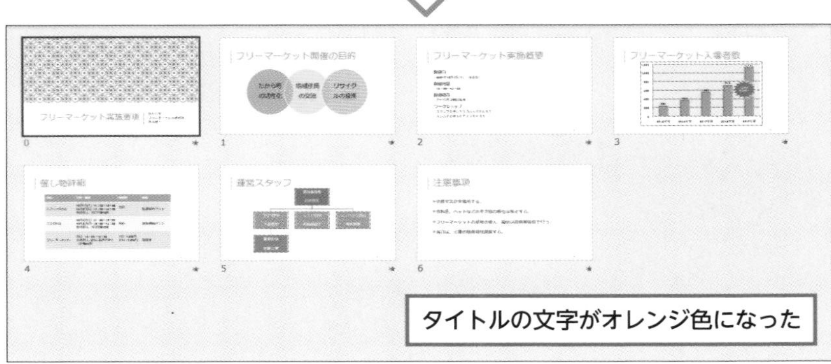

すべてのスライドのタイトルの文字の色が変わった。

8-04 特定のレイアウトのスライドだけ背景色を変える

スライドマスターを使うと、特定のレイアウトが適用されているスライドの書式だけを変更できます。ここでは「セクション見出し」のレイアウトが適用されているスライドの背景色を変更してみましょう。

変更したいレイアウトを確実に選ぶ

スライドマスターを使いこなすコツは、対象となるマスターを正しく選ぶことに尽きます。「比較」のレイアウトのスライドだけ背景を白にしたいとか、「タイトルと縦書きテキスト」のレイアウトだけ文字を明朝体にしたいといったように、**特定のレイアウトが適用されているスライドの書式を修正したいときは、スライドマスター画面の左側で、そのレイアウトのマスターを選択してから修正を行います**。

● 「セクション見出し」のレイアウトの背景を変更する

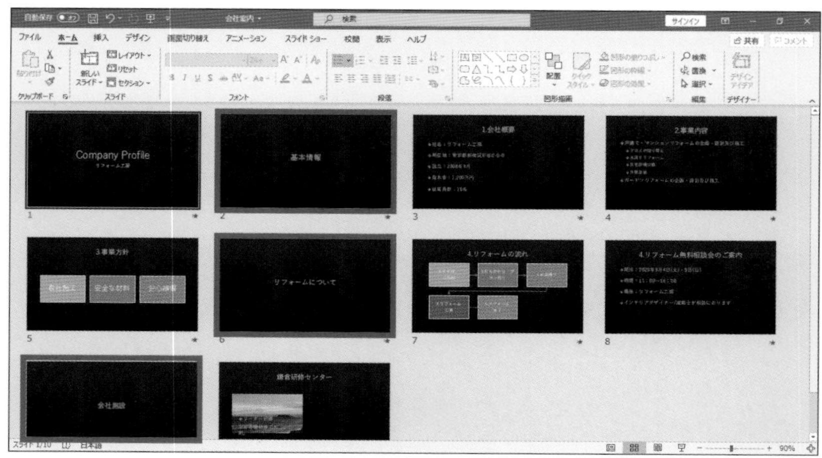

修正前のスライド。スライドの背景がすべて黒系なので、「セクション見出し」のレイアウトが適用されている3枚のスライドの背景をグレーに変更する。

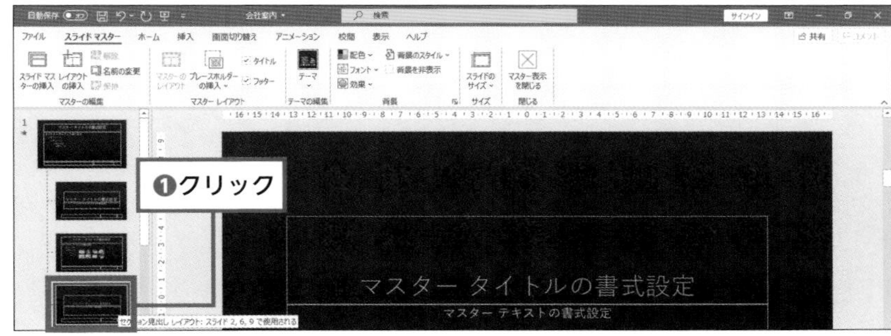

[表示] タブの [スライドマスター] をクリックしてスライドマスター画面に切り替える。左側のマスター一覧から「セクション見出しレイアウト」をクリックする (❶)。

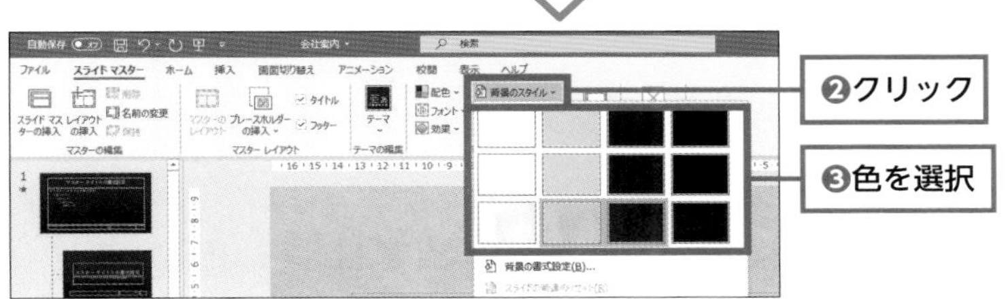

[スライドマスター] タブの [背景のスタイル] (❷) から変更後の色を選択する (❸)。

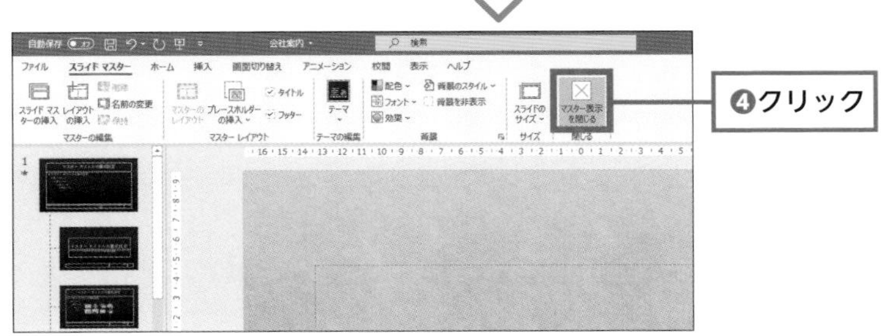

[スライドマスター] タブの [マスター表示を閉じる] をクリックする (❹)。

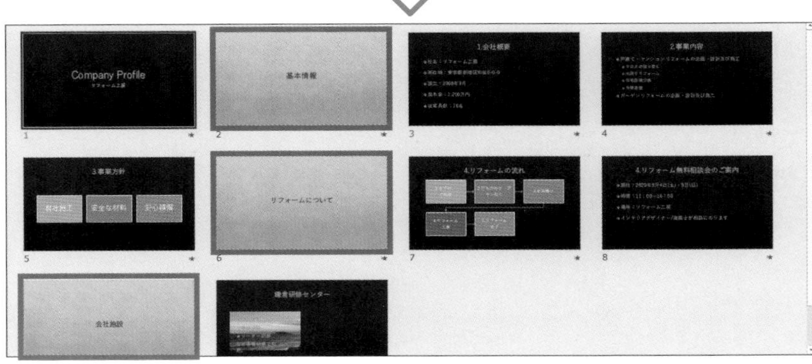

「セクション見出し」のレイアウトが適用されている3枚のスライドの背景の色が変わった。

8-05 写真用のオリジナルのレイアウトを作成する

スライドマスターを使うと、スライドの書式をまとめて変更するだけでなく、オリジナルのレイアウトを登録することもできます。ここでは、スライドに4枚の写真を配置するオリジナルのレイアウトを作成しましょう。

新しいレイアウトにプレースホルダーを配置する

PowerPointではあらかじめ複数のスライドレイアウトが用意されており、［ホーム］タブの［レイアウト］をクリックすると確認できます。用意されているレイアウトに目的のものがないと、その都度、プレースホルダーの枠のサイズや位置などを修正しなければなりません。仕事でよく使うレイアウトがある場合は、その**レイアウトを登録すると、それ以降は［ホーム］タブの［レイアウト］から選べるようになります**。

スライドマスター画面で、新しいレイアウトを挿入後、目的のプレースホルダーをドラッグして好きなところに配置して、オリジナルのレイアウトとして保存しておくのです。

● 新しいレイアウトを挿入する

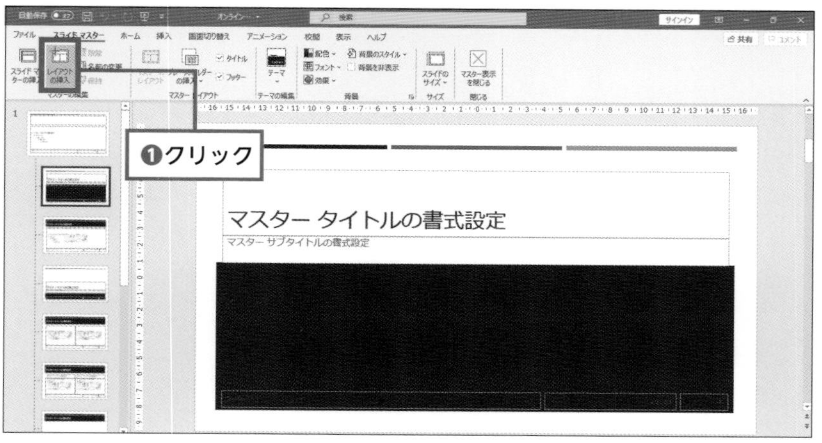

［表示］タブの［スライドマスター］をクリックしてスライドマスター画面に切り替える。［スライドマスター］タブの［レイアウトの挿入］をクリックする（❶）。

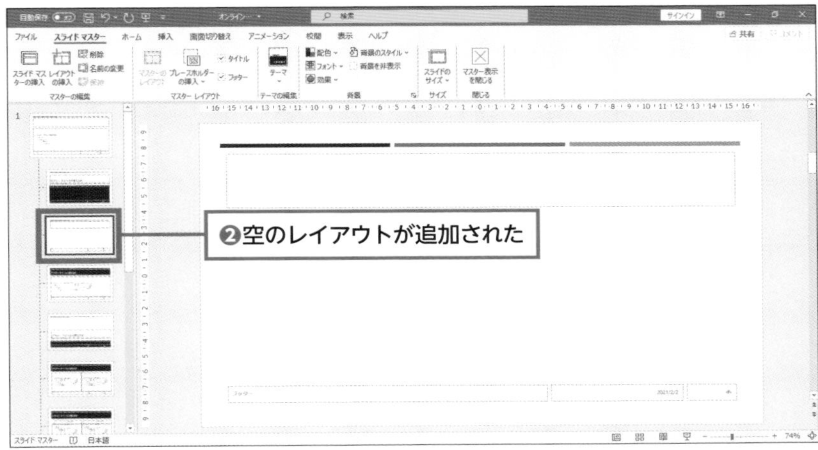

新しい空のレイアウトが追加された（❷）。

● プレースホルダーを配置する

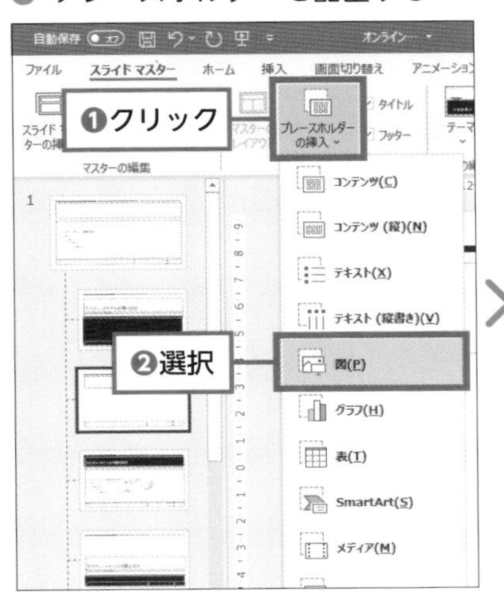

［スライドマスター］タブの［プレースホルダーの挿入］（❶）から［図］を選択する（❷）。目的に応じて、プレースホルダーを選べばよい。

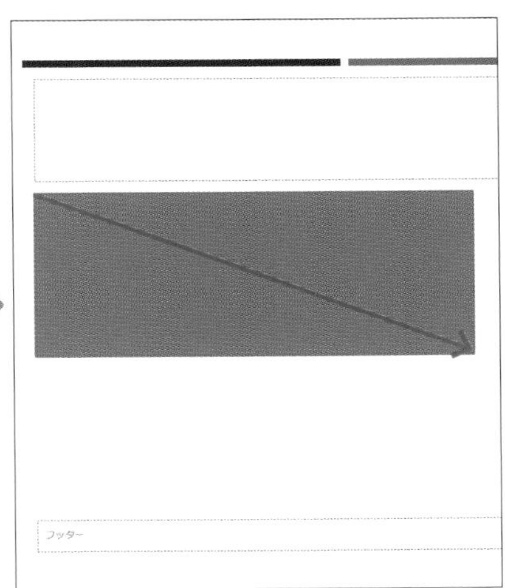

スライド上をドラッグして図のプレースホルダーを描画する。

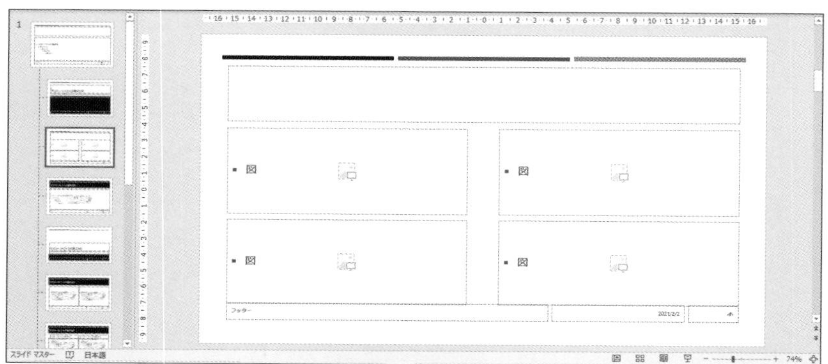

同様の操作で、スライドに合計4つの図のプレースホルダーを描画する。

● レイアウトに名前を付ける

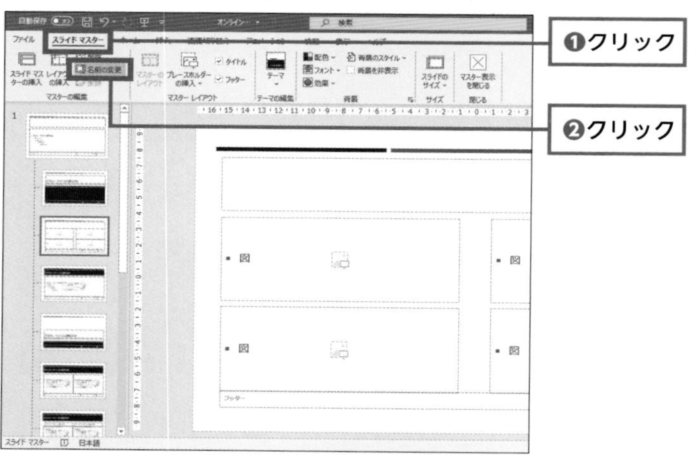

［スライドマスター］タブ（❶）の［名前の変更］をクリックする（❷）。

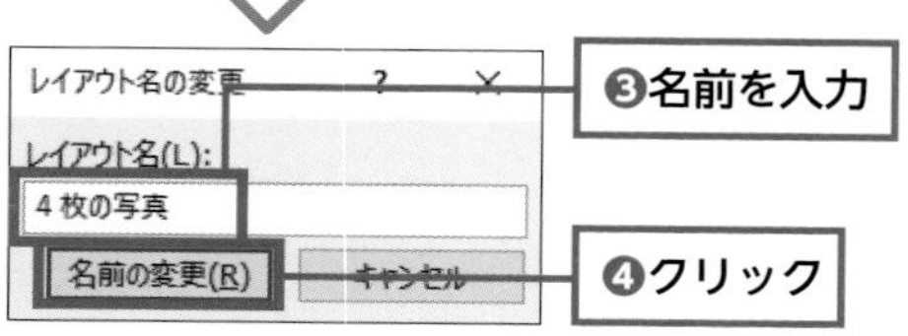

レイアウト名を入力して（❸）、［名前の変更］をクリックする（❹）。

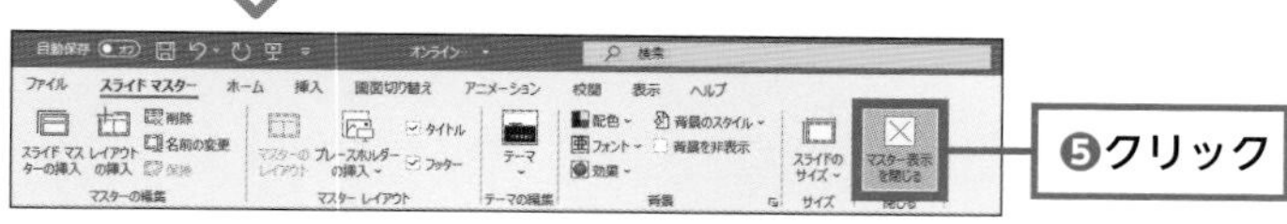

［スライドマスター］タブの［マスター表示を閉じる］をクリックする（❺）。

● オリジナルのレイアウトを利用する

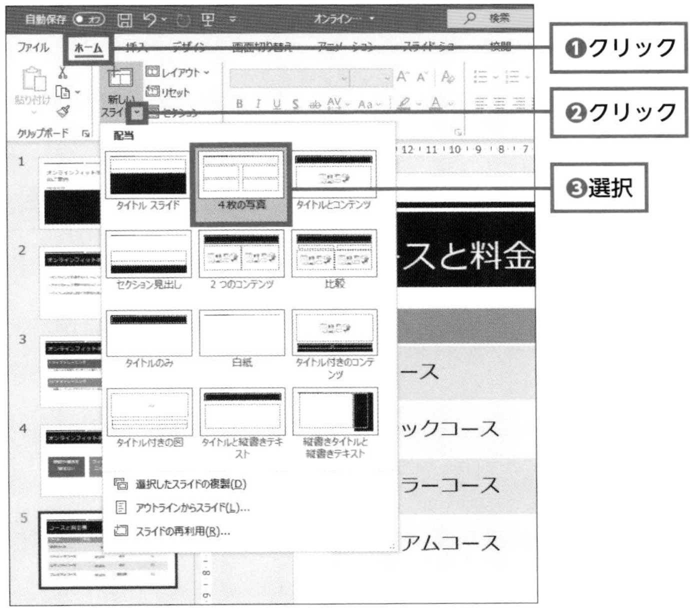

[ホーム] タブ (❶) の [新しいスライド] の [▽] をクリックすると (❷)、レイアウトの一覧にオリジナルのレイアウトが追加されていることがわかる。オリジナルのレイアウトを選択する (❸)。

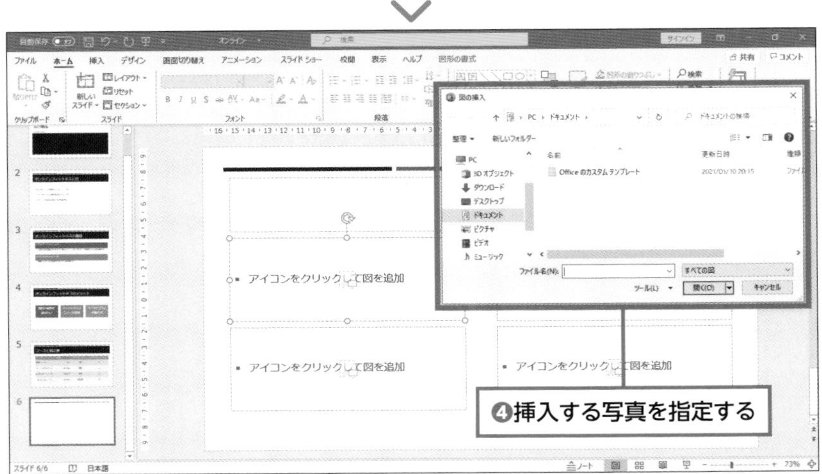

オリジナルのレイアウトのスライドを挿入できた。プレースホルダー内のアイコンをクリックすると [図の挿入] 画面が開き、スライドに挿入する写真を指定できる (❹)。

8-06 すべてのスライドに会社のロゴを表示する

会社のロゴマークやチームのマスコット写真などをすべてのスライドに表示するには、スライドマスターを使います。スライドマスターに挿入した画像はすべてのスライドの同じ位置に同じサイズで表示されます。

スライドマスター画面で画像を挿入する

ビジネスプレゼンテーションでは、すべてのスライドの右上に会社のロゴを表示しておくケースがあります。すべてのスライドの同じ位置に同じサイズの画像を挿入するには、1枚ずつ手作業で行うのではなく、スライドマスターを使いましょう。**スライドマスター画面に1回画像を挿入すれば、すべてのスライドに反映されます**。

● 会社のロゴ画像を挿入する

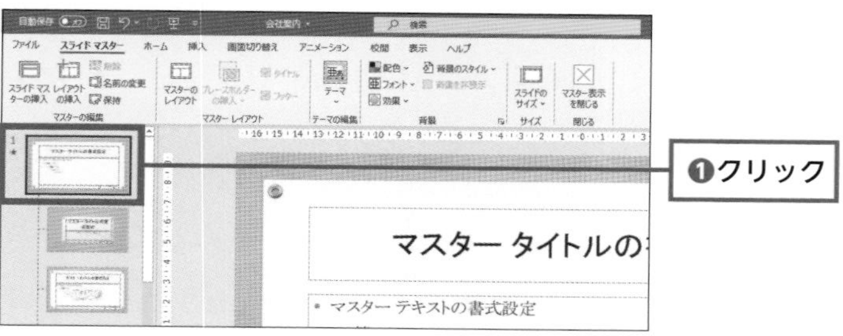

［表示］タブの［スライドマスター］をクリックして、スライドマスター画面に切り替える。左側のマスター一覧から一番上のマスターをクリックする（❶）。

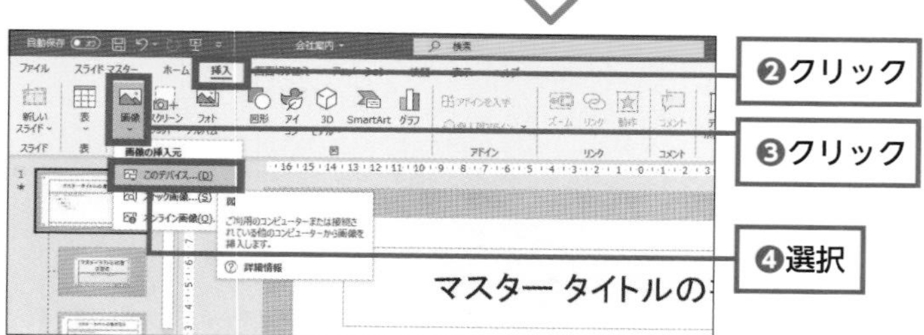

［挿入］タブ（❷）の［画像］（❸）から［このデバイスから］を選択する（❹）。

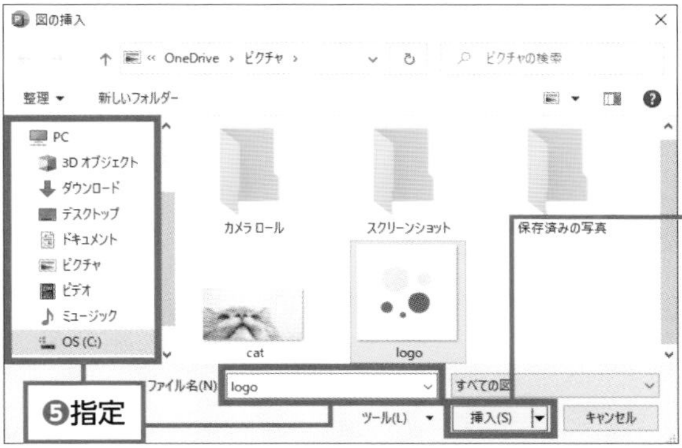

❺指定

❻クリック

ロゴ画像が保存されている保存先とファイル名を指定して(❺)、[挿入] をクリックする(❻)。

❽クリック

❼サイズと位置を調整

画像のサイズと位置を調整し(❼)、[スライドマスター] タブの [マスター表示を閉じる] をクリックする(❽)。ここではスライドの右上に画像を配置した。

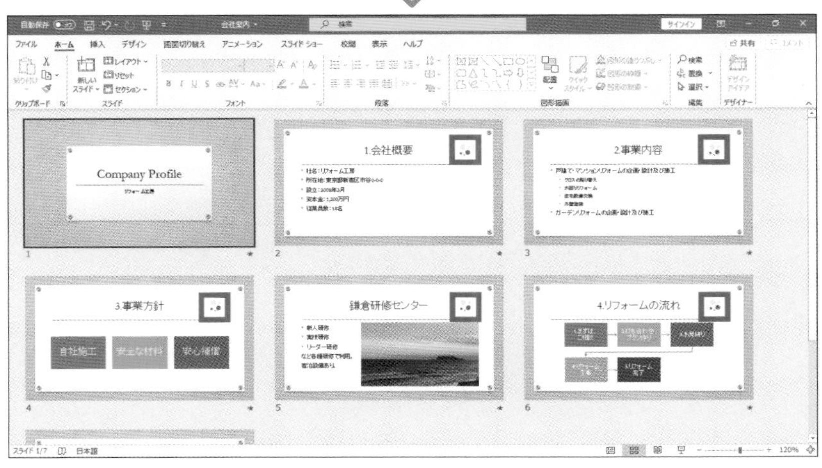

2枚目以降のスライドにもロゴ画像が表示されていることがわかる。

8-07 スライド番号を挿入して全体のボリュームを確認する

スライド作成の仕上げに、スライドに「スライド番号」を挿入しましょう。スライド番号があると、全体のボリュームを確認するときや質疑応答の際にスライドを指定しやすくなって便利です。

スライド番号を入れるのがプレゼンルール

Word文書にページ番号を付けるのと同じように、PowerPointのスライドにもスライド番号を表示するのが基本です。複数ページで構成される文書やスライドは、通し番号を入れることによって全体のボリュームを確認できます。また、プレゼンテーションが終わった後に質問を受け付けるときにも、スライド番号があると便利です。

スライド番号は表紙を除いた2枚目以降に表示するのが一般的です。なお、スライド番号が表示される位置は、スライドに適用しているテーマによって異なります。

● スライド番号を挿入する

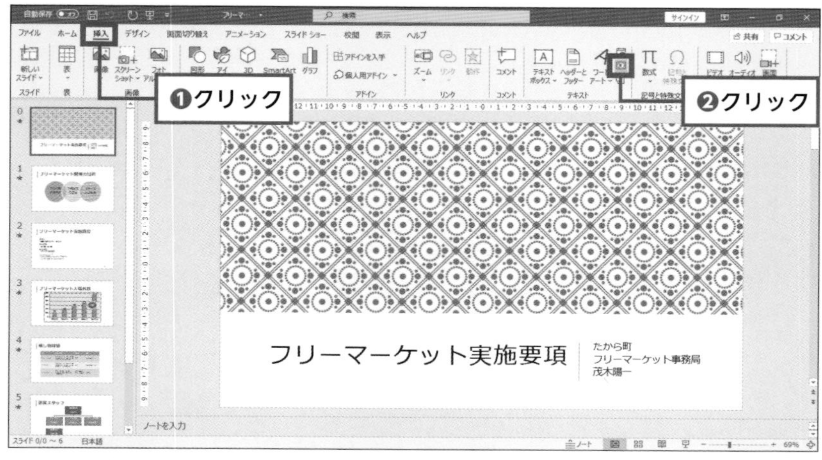

［挿入］タブ（❶）の［スライド番号の挿入］をクリックする（❷）。

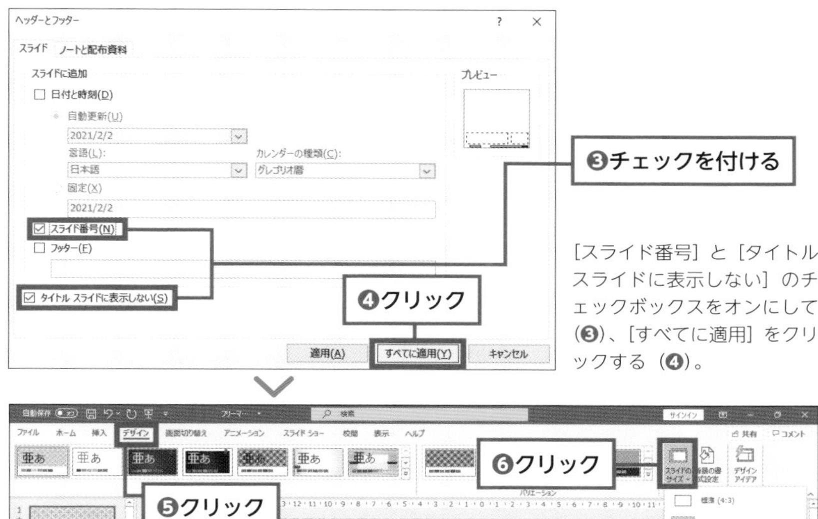

[スライド番号] と [タイトルスライドに表示しない] のチェックボックスをオンにして (❸)、[すべてに適用] をクリックする (❹)。

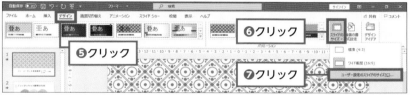

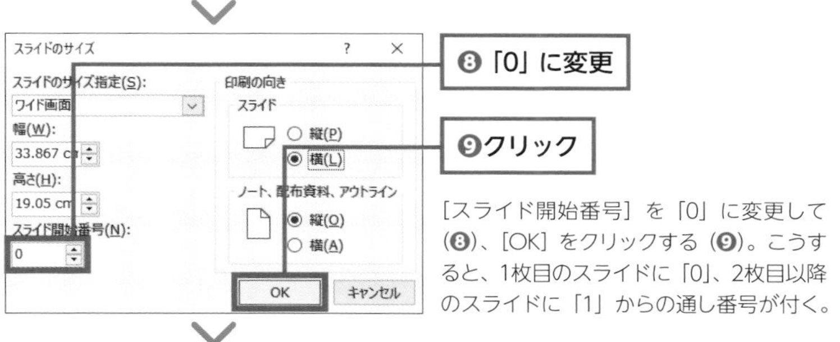

[デザイン] タブ (❺) の [スライドのサイズ] (❻) から [ユーザー設定のスライドサイズ] をクリックする (❼)。

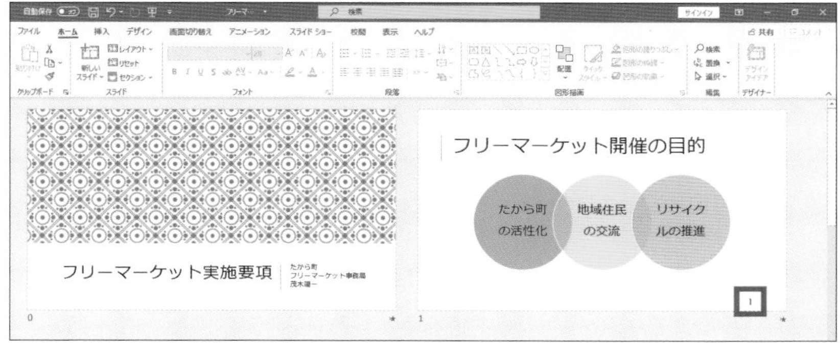

[スライド開始番号] を「0」に変更して (❽)、[OK] をクリックする (❾)。こうすると、1枚目のスライドに「0」、2枚目以降のスライドに「1」からの通し番号が付く。

1枚目のスライド番号は表示しない設定（[タイトルスライドに表示しない] のチェックボックスをオン）にしたので、2枚目以降のスライドにスライド番号が表示される。

8-08 1/5のように総スライド数を表示して、進行具合を把握する

8-7で設定したスライド番号を「1/5」のように「スライド番号/総スライド数」が表示されるようにしてみましょう。総スライド数を追加するには、スライドマスター画面を使います。

スライドマスターに総スライド数を入力する

「1/5」のように総スライド数が表示されていると、プレゼンテーションの進行具合を把握できます。ただし、PowerPointには総スライド数を自動的に判断して挿入する機能がありません。**総スライド数を表示するには、スライドマスター画面にテキストボックスを描画してその中に総スライド数を手入力します**。総スライド数が増減したときは、その都度総スライド数の数字を修正する必要があるため、スライドが完成した最終段階で操作するといいでしょう。

● 総スライド数を表示する

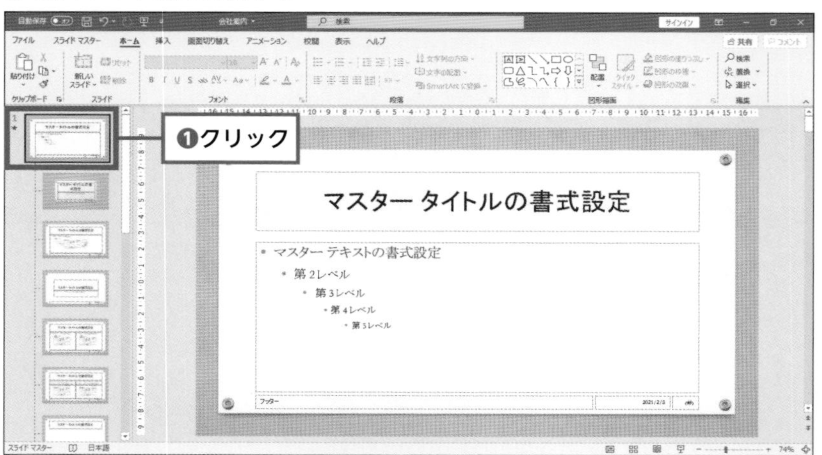

8-7の操作をして、スライド番号を表示しておく。[表示] タブの [スライドマスター] をクリックしてスライドマスター画面に切り替える。左側のマスター一覧から一番上のマスターをクリックする（❶）。

[挿入] タブ (❷) の [図形] (❸) から [テキストボックス] を選択する (❹)。

<#>の右側をドラッグしてテキストボックスを描画する (❺)。<#>はスライド番号を表示する領域だ。

テキストボックスが選択されている状態で「/X」と入力 (❻)。「X」には総スライド数を入力する。左側の<#>と色やサイズが揃うようにフォントサイズやフォントの色を調整する。

[スライドマスター] タブ (❼) の [マスター表示を閉じる] をクリックする (❽)。

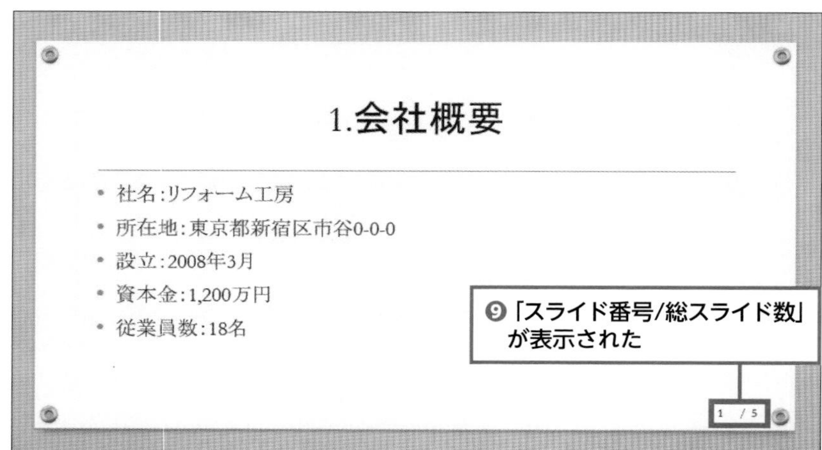

「スライド番号/総スライド数」が表示されていることを確認する(❾)。バランスが悪いときはスライドマスター画面に戻ってテキストボックスの位置などを調整しよう。

memo

スライド番号が小さくて見づらいときは、スライドマスター画面で<#>の外枠をクリックし、[ホーム]タブの[フォントサイズ]を使って拡大します。

Point

スライド番号と総スライド数をバランスよく配置するには、<#>の枠の右側に重なるようにテキストボックスを移動するといいでしょう。ドラッグ操作でテキストボックスを移動しづらいときは、キーボードの上下左右の矢印キーを使って移動します。

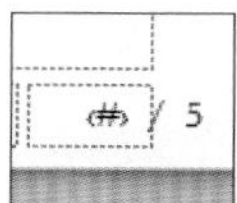

第9章

相手を一瞬で惹きつけるプレゼンのコツ

9-01 聞き手に合わせてスライド枚数をその場で調整する

プレゼンテーション直前にスライドの枚数を変更することになっても、慌てる必要はありません。[非表示スライド] 機能を使うと、非表示に設定したスライドをスライドショーで隠すことができます。

削除しないで一時的に隠す

プレゼンテーションの持ち時間が急遽少なくなったときは、スライドショーで使うスライドの枚数を変更せざるを得なくなります。このようなときに作成済みのスライドを削除してしまうと、次に必要な時に作り直す手間が発生します。**[非表示スライド] として設定すると、スライドを削除することなく、スライドショーで見えないように一時的に隠すことができます**。多めにスライドを用意しておいて、直前に枚数を調整するテクニックを覚えておくといいでしょう。

● 非表示スライドに設定する

非表示にしたいスライドを表示して、[スライドショー] タブ (❶) の [非表示スライドに設定] をクリックする (❷)。左側のスライド一覧のスライド番号に斜線が引かれる (❸)。もう一度同じ操作を行うと、非表示スライドを解除できる。

9-02 スライド番号の「抜け」を素早く解決する

スライド番号が設定されているときに9-1の操作でスライドを非表示にすると、スライド番号がとびとびになってしまいます。これを防ぐには、非表示にしたスライドをスライドの末尾に移動します。

非表示スライドを末尾に移動する

9-1の操作で途中のスライドを非表示にすると、せっかく付けたスライド番号に「抜け」が生じてとびとびになります。スライド番号を連番で表示する早道は、非表示にしたスライドをスライドの末尾に移動することです。すると、スライド番号が自動的に振り直されて連番になります。**スライドの移動はスライド一覧表示モードで行う**と簡単です。

● スライドを移動する

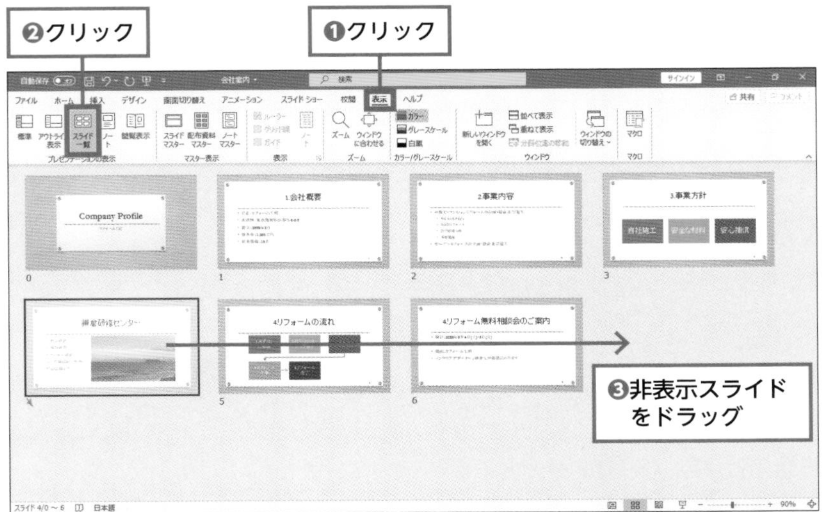

[表示] タブ (❶) の [スライド一覧] をクリックして (❷)、スライド一覧表示モードに切り替える。非表示スライドをスライドの末尾までドラッグして移動する (❸)。

9-03 画面切り替えはなくてもいい！付けるならシンプルに

スライドショーでスライドを切り替えるときの動きを「画面切り替え」と呼びます。PowerPointにはたくさんの種類の画面切り替えが用意されており、クリックするだけで設定できます。

多くても2種類に限定する

［画面切り替え］を設定するときは、シンプルな動きを1種類だけ付けるのが基本です。表紙のスライドに華やかな動きを付けて、2枚目以降のスライドにシンプルな動きを付けるのであれば2種類です。画面切り替えには面白い動きがたくさんありますが、見て欲しいのはスライドの内容であって画面が切り替わる動きではありません。**スライドショーでスライドがパッと切り替わるだけで十分なので、無理にたくさん付けたり、凝った動きを付けたりする必要はありません。**

● 画面切り替えを設定する

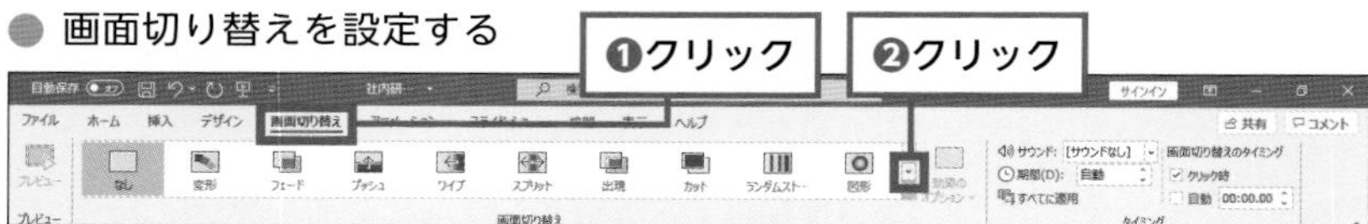

1枚目のスライドを表示し、［画面切り替え］タブ（❶）の［画面切り替え］の［▽］をクリックする（❷）。

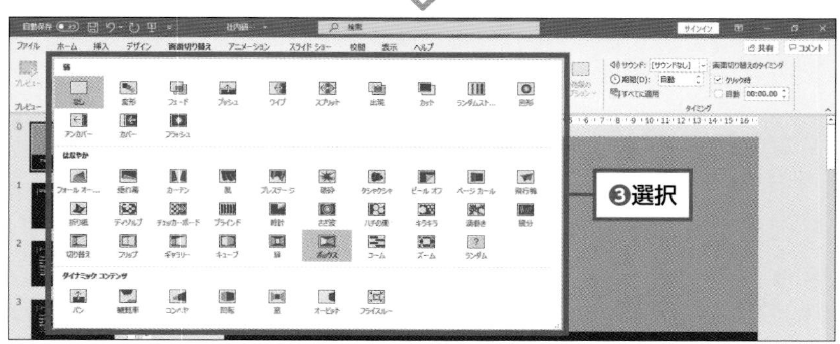

一覧から利用したい動き（ここでは「ボックス」）を選択する（❸）。「なし」を選択すると画面切り替えを解除できる。

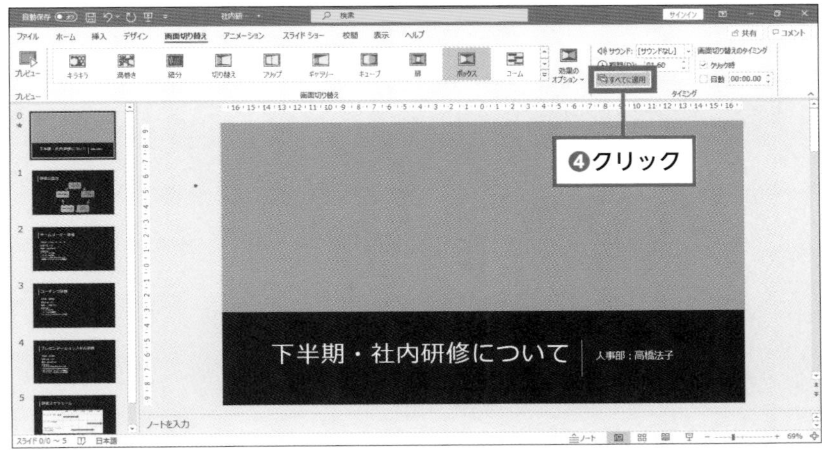

[画面切り替え] タブの [すべてに適用] をクリックすると (❹)、すべてのスライドに同じ画面切り替えが設定される。

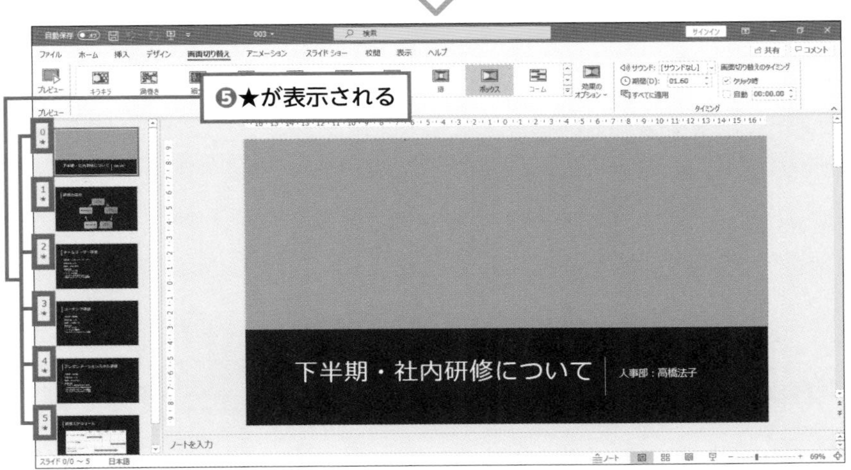

左側のスライド一覧のスライド番号の下に★が表示された (❺)。これは何らかの動きが設定されていることを示している。

memo

設定済みの画面切り替えを変更したいときは、変更後の画面切り替えに選び直すと上書きされます。

9-04 アニメーションの多用は厳禁！

PowerPointのアニメーションには魅力的な動きがたくさんあって、ついつい使いすぎてしまいがちです。アニメーションを使う目的を理解して、ここぞというときに限定して使いましょう。

アニメーションを使う目的を理解する

文字やグラフなどの要素を動かすのがアニメーションで、「開始」「強調」「終了」「軌跡」の4種類を単独で使ったり、組み合わせたりして利用します。ただし、アニメーションばかりのスライドは説明を聞く集中力をそぐ場合もあります。**アニメーションは「キーワードを目立たせる」ときか「発表者の説明を助ける」ときに限定して使いましょう**。商品名やキャッチフレーズが動き出すと、聞き手の注目を集められて効果的です。また、説明に合わせて文字や画像が1つずつ表示される動きを付けることもできます。

● アニメーションを設定する

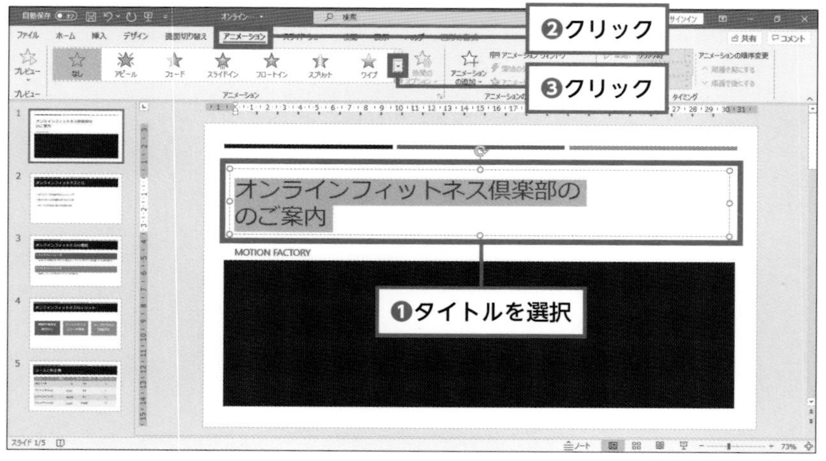

アニメーションを付けたい要素（ここではタイトル）を選択し（❶）、［アニメーション］タブ（❷）の［アニメーション］の［▽］をクリックする（❸）。

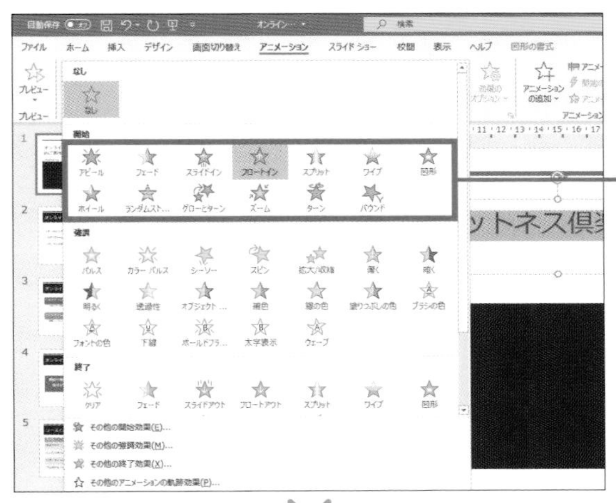

アニメーションが「開始」「強調」「終了」「アニメーションの軌跡」に分類されて表示される。一覧にない動きは下部の［その他の開始効果］などのメニューをクリックして選択する。［開始］グループから利用したいアニメーションを選択する（❹）。

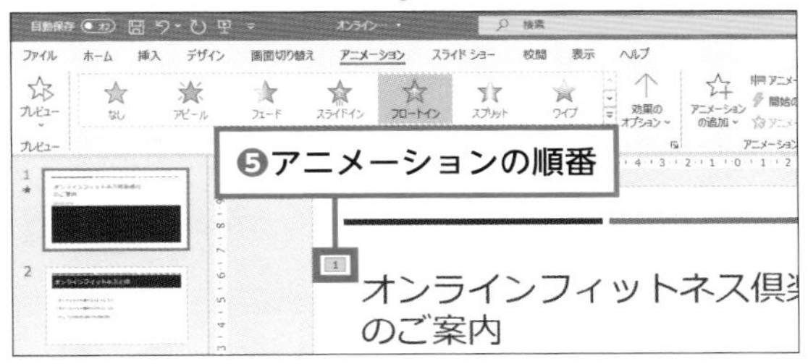

タイトルにアニメーションが設定できた。タイトルの左上に表示される数字がアニメーションを実行する順番だ（❺）。数字をクリックして Delete キーを押すと、アニメーションを削除できる。

Point

開始のアニメーションの後に他のアニメーションを追加するには、タイトルの文字を選択してから［アニメーション］タブの［アニメーションの追加］（❶）からアニメーションを選択します（❷）。追加したアニメーションには「2」の数字が表示されます（❸）。

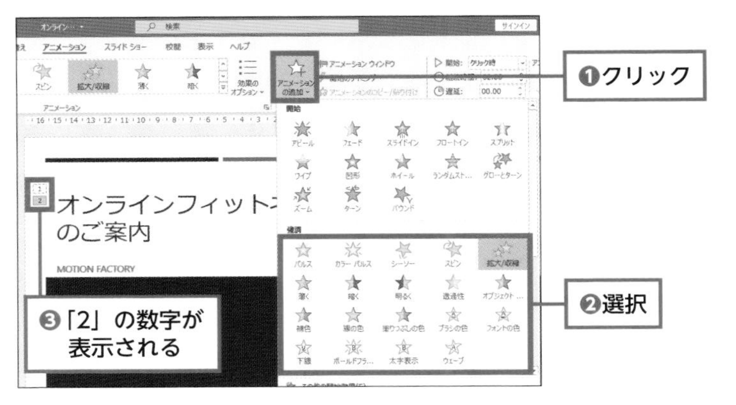

9-05 説明に合わせて箇条書きを順番に表示する

スライドの箇条書きにアニメーションを設定して、説明に合わせて1行ずつ表示されるようにしてみましょう。スライドの要素が順番に表示されるときの動きは、「開始」のアニメーションを設定します。

箇条書きは一度に見せない

スライドショーでスライドの箇条書きを最初からすべて見せてしまうと、これから説明する内容を先に読まれてしまい、手の内を公開するようなものです。説明に合わせて1行ずつ箇条書きが表示されれば、説明している内容だけに集中してもらえるでしょう。**箇条書き全体に「開始」のアニメーションを設定すると、自動的に1行ずつ表示される**ようになります。

● 箇条書きにアニメーションを設定する

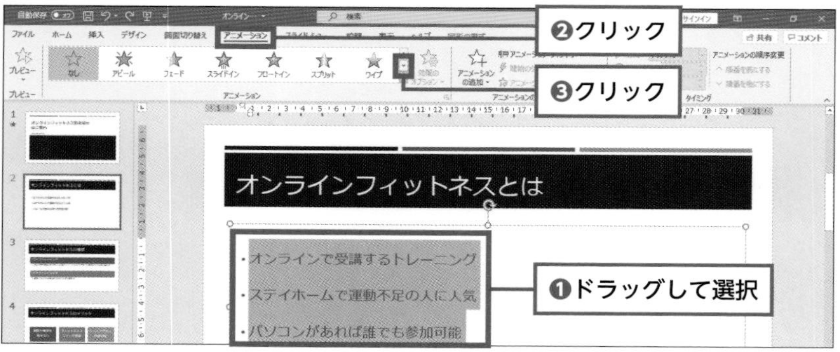

箇条書き全体をドラッグして選択し（❶）、［アニメーション］タブ（❷）の［アニメーション］の［▽］をクリックする（❸）。

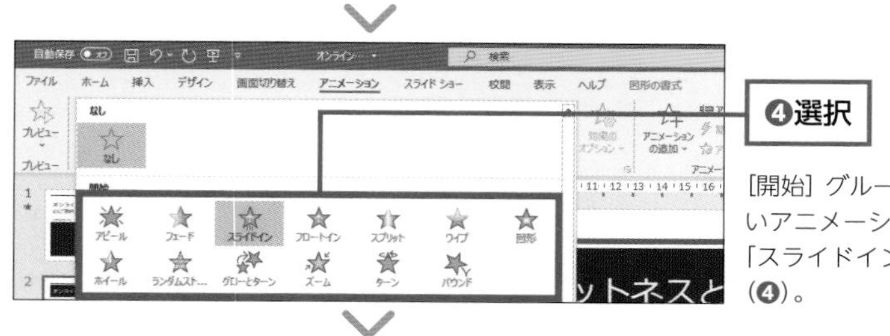

［開始］グループから利用したいアニメーション（ここでは「スライドイン」）を選択する（❹）。

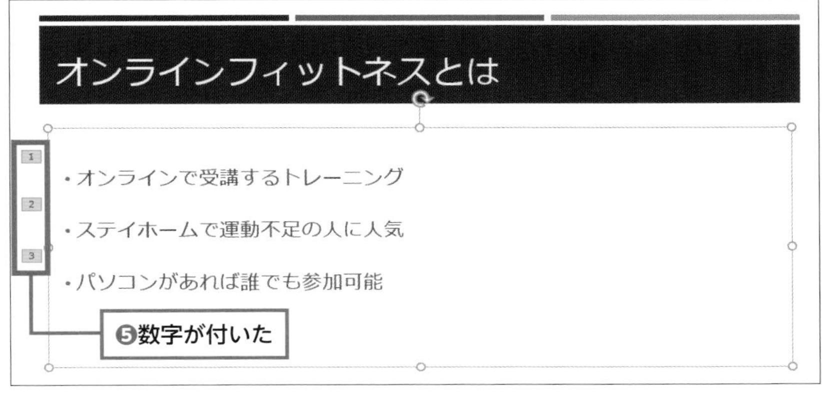

箇条書きの前に「1」「2」「3」の数字が付いた（❺）。

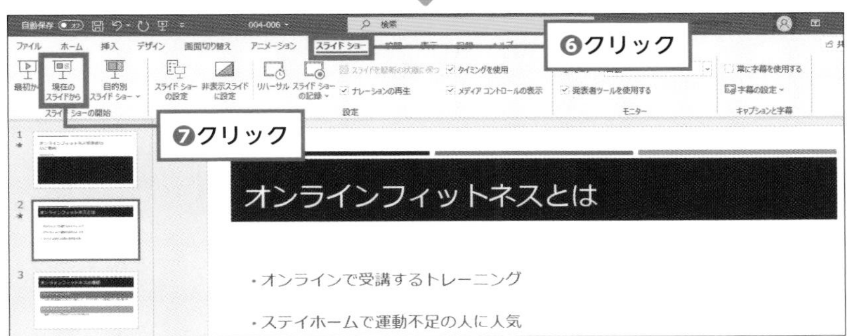

［スライドショー］タブ（❻）の［現在のスライドから］をクリックする（❼）。

スライドショー画面でスライド上をクリックすると、1行目の箇条書きが表示される。クリックするたびに、順番に箇条書きが表示される。

9-06 文字を読ませるアニメーションに最適なのは？

たくさんあるアニメーションの中で箇条書きに最適なアニメーションはどれでしょうか？横書きの文字を左から読むことを考慮して、日本語の文字が読みやすいアニメーションを選ぶのがポイントです。

「スライドイン」か「ワイプ」が最適

横書きの日本語は左から右へ文字を読みます。そのため、箇条書きに付けるアニメーションはその視線の動きを妨げないアニメーションが最適です。「開始」のアニメーションの「スライドイン」はスライドの端から文字を表示するものですが、**［効果のオプション］を［右から］に変更するとスライドの右端から先頭文字が現れます**。また「ワイプ」は文字が表示されている位置で動きますが、**［効果のオプション］を［左から］に変更すると先頭文字から順番に文字が現れます**。

● 箇条書きに「ワイプ」を設定する

9-5と同じ操作で、箇条書き全体に［開始］グループにある「ワイプ」のアニメーションを付ける。［効果のオプション］をクリックし（❶）、［左から］を選択する（❷）。

オンラインフィットネスとは

❸最初はタイトルだけが
表示される

［スライドショー］タブの［現在のスライドから］をクリックしてスライドショーを実行すると、最初はスライドのタイトルだけが表示される（❸）。

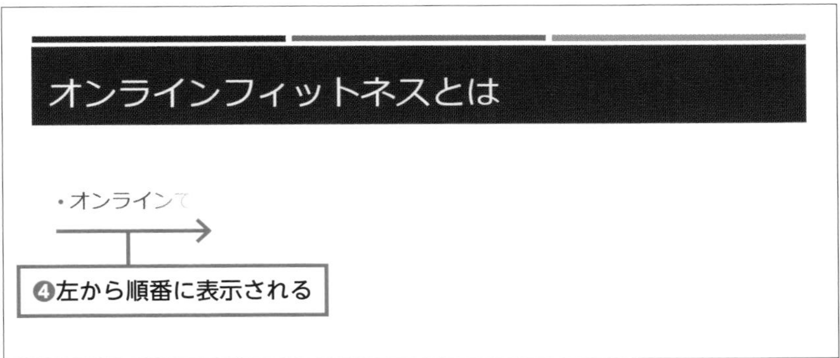

スライド上をクリックすると、1行目の箇条書きがワイプのアニメーションで左から表示される（❹）。

Point

アニメーションをもっとゆっくり動かしたいときは、［アニメーション］タブの［継続時間］の数値を大きくします。

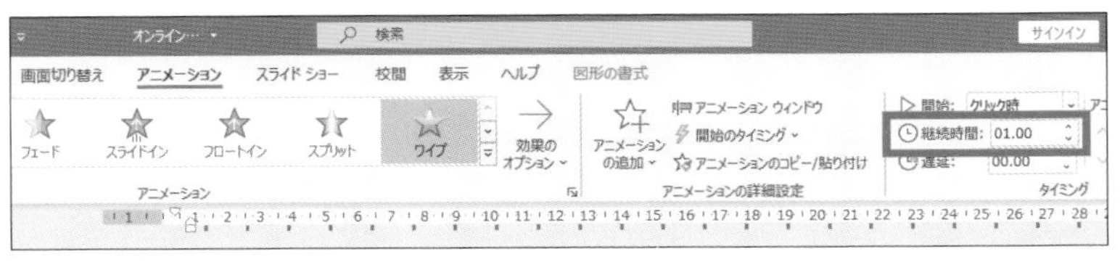

9-07 棒グラフの棒を伸ばして、上昇傾向を際立たせる

時短 10 分

棒グラフの数値がどんどん大きくなっていることを強調したければ、棒グラフの棒が下から上に伸び上がるようなアニメーションを付けると効果的です。「ワイプ」の「下から」のアニメーションを設定します。

「ワイプ」の動きで棒を伸ばす

アニメーションは文字だけでなく、グラフや図形、SmartArtなどにも設定できます。グラフにアニメーションを付けるときは、グラフで伝えたい内容がイメージしやすい動きを付けましょう。たとえば、**売上が右肩上がりに伸びていることを伝えたければ、棒グラフに「ワイプ」の「下から」の動きを付けて、棒が1本ずつ伸び上がっていくようにします**。すると、数値が上昇していることを強調できます。

● 棒グラフにアニメーションを設定する

❶グラフを選択 ❷クリック ❸選択

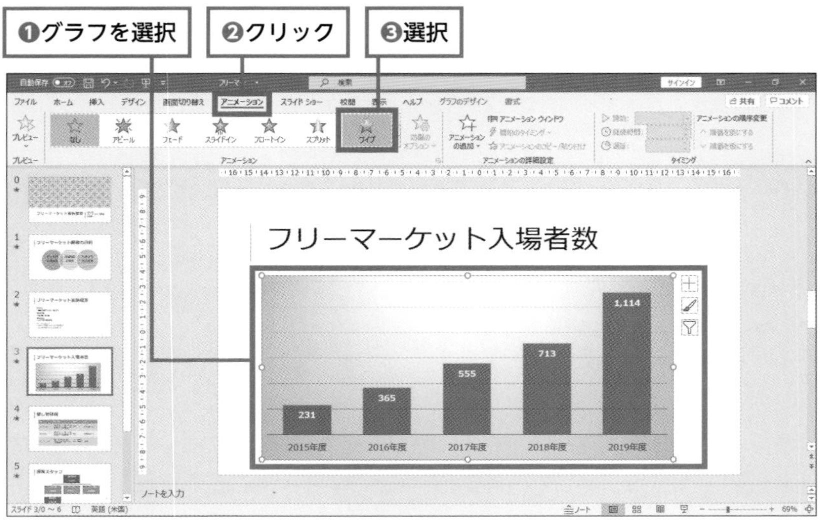

スライドのグラフをクリックして選択し（❶）、［アニメーション］タブ（❷）の［アニメーション］の一覧から［開始］グループの［ワイプ］を選択する（❸）。

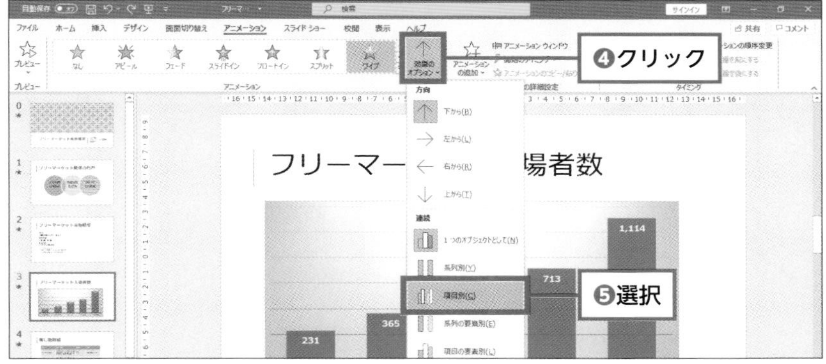

棒が1本ずつ動くように改良する。[アニメーション] タブの [効果のオプション] (❹) から [項目別] を選択する (❺)。

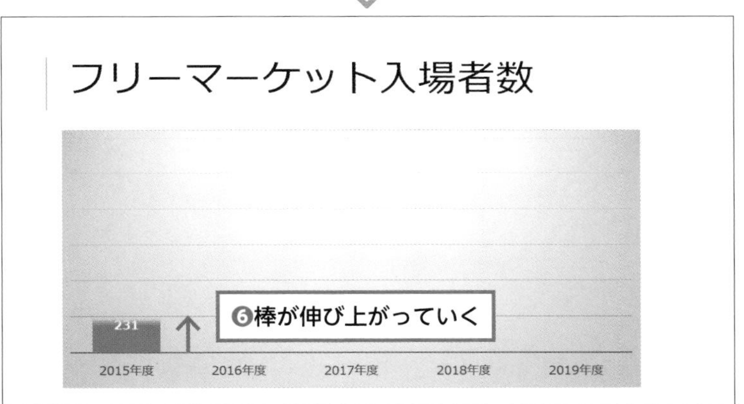

[スライドショー] タブの [現在のスライド] からをクリックしてスライドショーを実行する。クリックするたびに、棒が1本ずつ下から伸び上がって表示されることを確認する (❻)。

Point

グラフ全体にアニメーションを設定すると、グラフの背景にもアニメーションが付きます。背景のアニメーションを解除するには、[アニメーション] タブの [アニメーション] グループ右下の [効果のその他のオプションを表示] をクリックし、[グラフアニメーション] タブの [グラフの背景を描画してアニメーションを開始] のチェックボックスをオフにします。

ワイプ ? ×
効果 タイミング グラフ アニメーション
グループ グラフ(G): 項目別
☐ グラフの背景を描画してアニメーションを開始(A)

9-08 折れ線グラフの棒を1本ずつ動かす

折れ線グラフの線が1本ずつ右へ右へと進んでいくアニメーションを付けてみましょう。アニメーションを付けることとで、折れ線グラフの線の傾きや角度をじっくり伝えることができます。

「ワイプ」の動きで右に伸ばす

折れ線グラフに「ワイプ」の「左から」のアニメーションを付けると、線を右へ右へと伸ばすことができます。これにより、時間の経過とともに数値がどう推移していくのかをじっくり見せることができます。**複数の折れ線が同時に表示されている場合は［効果のオプション］から［系列別］を選択**して、1本ずつ表示したほうがそれぞれの推移を確認しやすくなります。

● 折れ線グラフにアニメーションを設定する

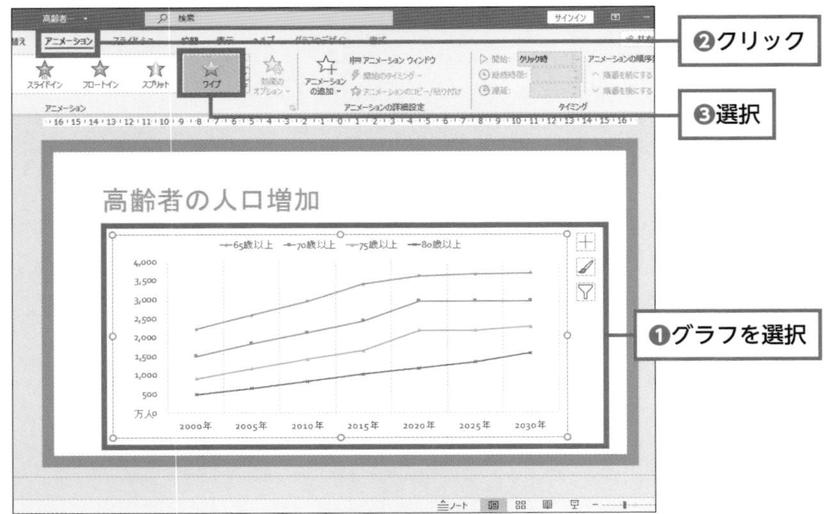

スライドのグラフをクリックして選択し（❶）、［アニメーション］タブ（❷）の［アニメーション］一覧から［開始］グループの［ワイプ］を選択する（❸）。

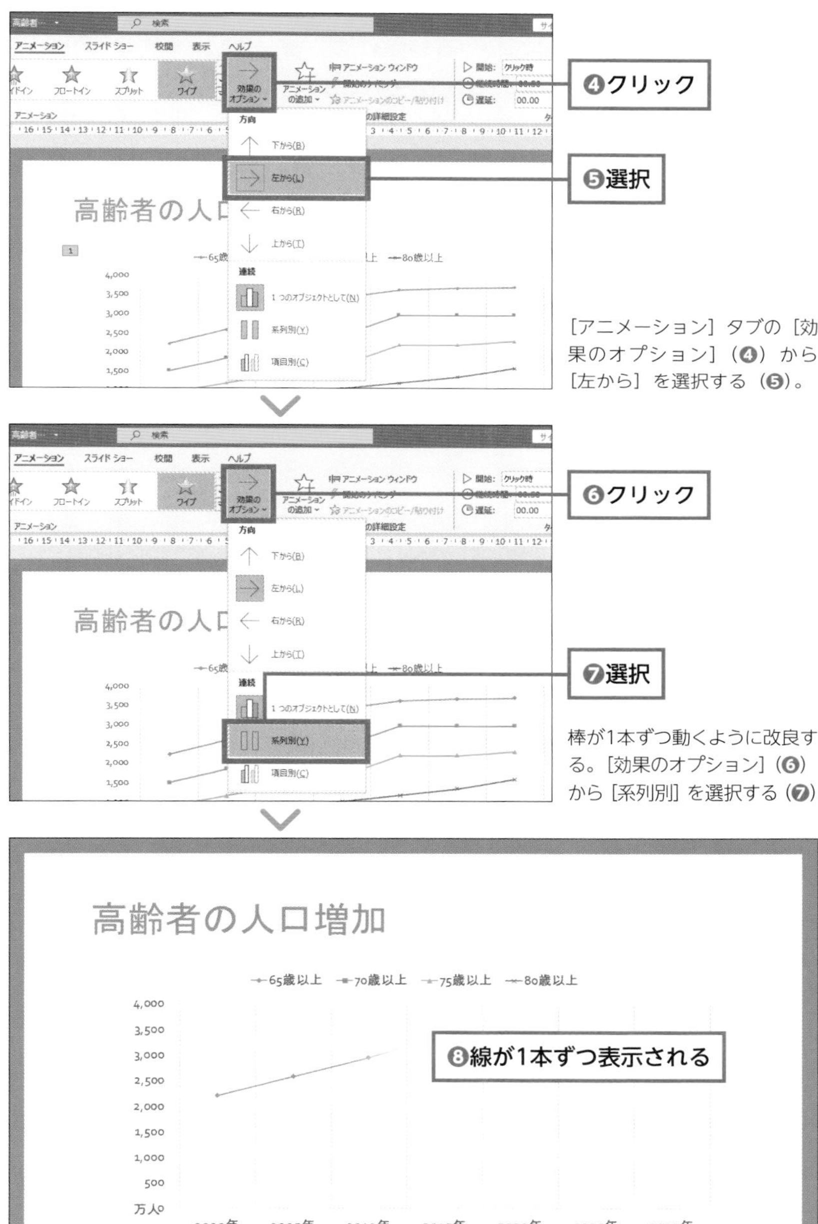

［アニメーション］タブの［効果のオプション］（❹）から［左から］を選択する（❺）。

棒が1本ずつ動くように改良する。［効果のオプション］（❻）から［系列別］を選択する（❼）。

［スライドショー］タブの［現在のスライド］からをクリックしてスライドショーを実行する。クリックするたびに、線が1本ずつ表示されることを確認する（❽）。

9-09 本番前にアニメーションを使いたくないと思ったら？

プレゼンテーションの直前に、設定したすべてのアニメーションを削除するのは大変です。[スライドショーの設定] 機能を使うと、一時的にアニメーションをオフにしてスライドショーを実行できます。

直前の変更は [スライドショーの設定] を使う

「アニメーションを付けすぎてしまった」とか「今日の聞き手にアニメーションが合わない」と思ったら、アニメーションを使わないという決断も必要です。ただし、プレゼンテーション直前の忙しいときにすべてのアニメーションをひとつずつ削除する余裕はありません。**[スライドショーの設定] 画面の [アニメーションを表示しない] のチェックボックスをオンにする**と、アニメーションなしでスライドショーを実行できます。

● アニメーションをオフにする

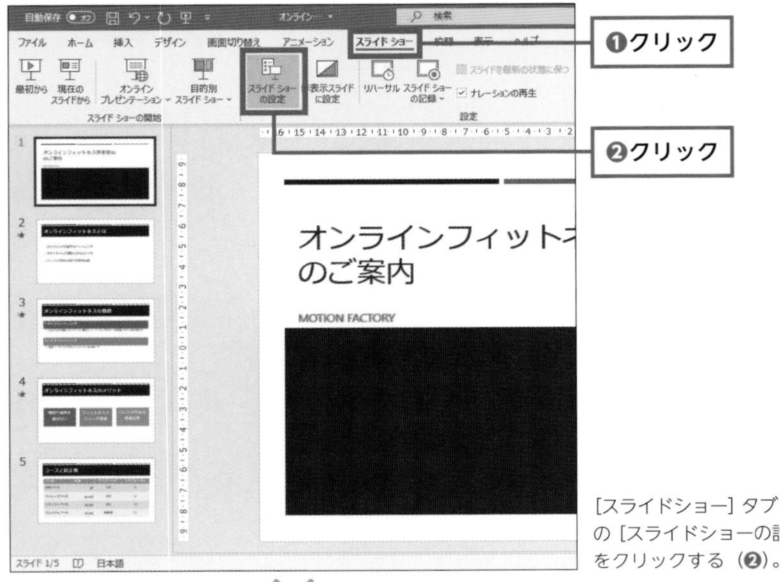

[スライドショー] タブ (❶) の [スライドショーの設定] をクリックする (❷)。

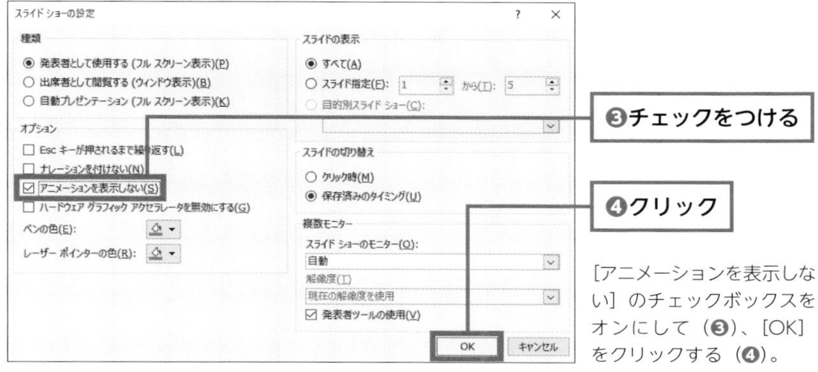

［アニメーションを表示しない］のチェックボックスをオンにして（❸）、［OK］をクリックする（❹）。

●［スライドショーの設定］画面でできること

種類	発表者として使用する（フルスクリーン表示）	全画面でスライドショーを実行する
	出席者として閲覧する（ウィンドウ表示）	ウィンドウ内でスライドショーを実行する
	自動プレゼンテーション（フルスクリーン表示）	発表者のいないスライドショーで使用する
オプション	Esc キーが押されるまで繰り返す	スライドショーをエンドレスで自動的に繰り返す
	ナレーションを付けない	録音済みの音声を一時的にオフにする
	アニメーションを表示しない	設定済みのアニメーションを一時的にオフにする
	ハードウェアグラフィックアクセラレータを無効にする	古いパソコンでグラフィックの描画に問題が発生したときにオンにする
	ペンの色	スライドショーで使う既定のペンの色を変更する（9-18 参照）
	レーザーポインターの色	スライドショーで使う既定のレーザーポインターの色を変更する（9-15 参照）
スライドの表示	すべて	スライドショーですべてのスライドを表示する
	スライド指定	特定のスライドだけをスライドショーで表示する
	目的別スライドショー	作成済みの目的別スライドショーを実行する（9-11 参照）
スライドの切り替え	クリック時	スライドショーでクリックしたときにスライドを切り替える
	保存済みのタイミング	保存したタイミングでスライドを自動的に切り替える
複数モニター	スライドショーのモニター	複数のディスプレイが接続されているときに使用する
	発表者ツールの使用	複数のディスプレイが接続されているときに「発表者ツール」を使用する（9-22参照）

9-10 今の自分にOKを出すまでリハーサルで腕を磨く！

どれだけ準備していても、プレゼンテーションの本番は誰でも緊張するものです。[リハーサル] 機能を使って、時間を計測しながらPowerPointの操作と説明が合うように何度も繰り返して練習しましょう。

本番さながらのリハーサルを行う

プレゼンテーションの練習をするときは、本番と同じようにスライドショーを実行してPowerPointの操作をしながら説明を口に出して行います。そうすることで、操作や説明がもたつく箇所を発見できるからです。また、持ち時間以内に説明を終わらせることも大切です。**[リハーサル] 機能を利用して、時間を計測しながら練習しましょう**。十分に練習することで、本番で最大限の実力を発揮できます。

● リハーサルを実行する

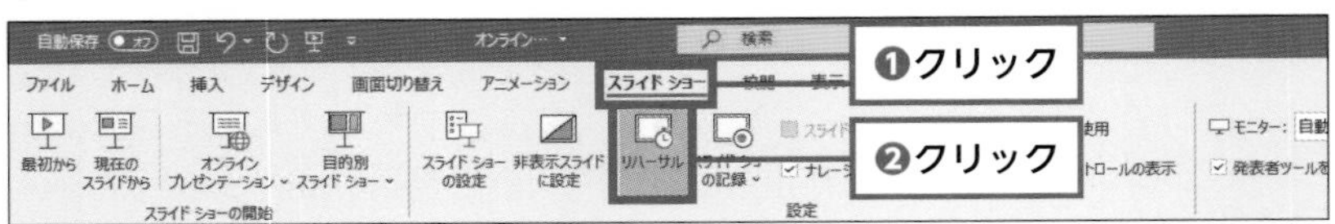

[スライドショー] タブ（❶）の [リハーサル] をクリックする（❷）。

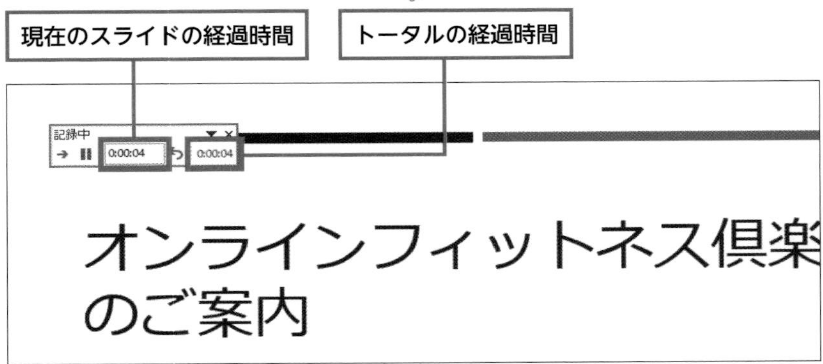

画面左上にパネルが表示され、タイマーがスタートする。

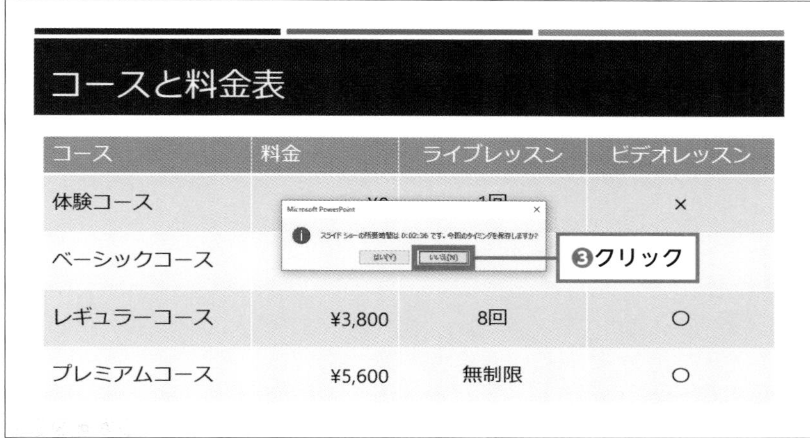

通常のスライドショーと同じように、操作と説明をしながら進める。最後に経過時間が表示されたら［いいえ］をクリックする（❸）。すると、リハーサルが終了する。

memo

最後の画面で［はい］をクリックしてリハーサルのタイミングを保存すると、それぞれのスライドに要した時間が表示されます。保存したタイミングを解除するには、［スライドショー］タブの［スライドショーの記録］から［クリア］→［すべてのタイミングをクリア］を選択します。

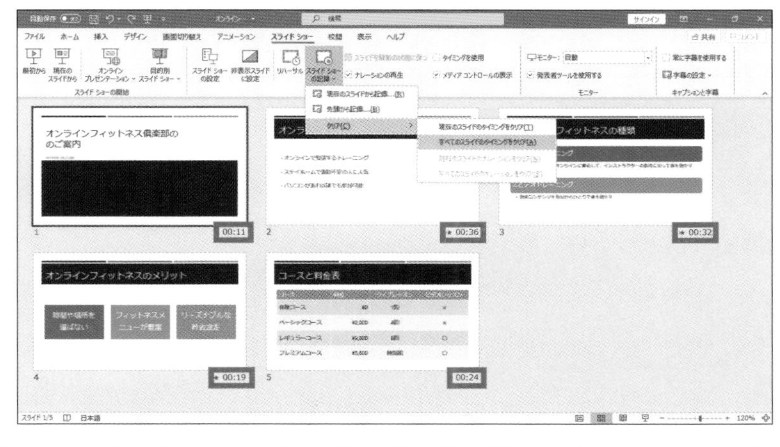

9-11 1つのスライドから特定の内容を変えて2つのパターンを作成！

[目的別スライドショー] 機能を使うと、1つのプレゼンテーションから複数のパターンを作成できます。ここでは「会社案内」のプレゼンテーションから「東京用」と「神戸用」の2つの目的別スライドショーを作ってみましょう。

共通のスライドの修正は1回で済む

「東京用」と「神戸用」、「新卒用」と「既卒用」といった具合に、特定のスライドの内容が異なるだけでそれ以外のスライドが共通したプレゼンテーションは、別々のプレゼンテーションに分けてはいけません。**[目的別スライドショー] 機能を使って、1つのプレゼンテーションから複数のパターンを作っておけば、共通するスライドに修正があったときに、1回の修正で済みます**。

● 目的別スライドショーを作る

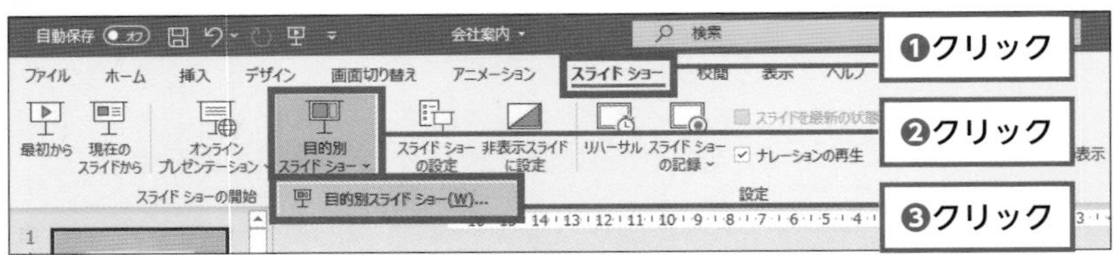

[スライドショー] タブ（❶）の [目的別スライドショー]（❷）から [目的別スライドショー] をクリックする（❸）。

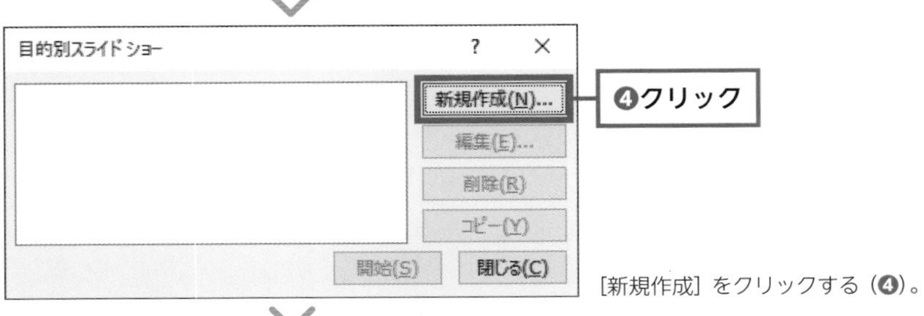

[新規作成] をクリックする（❹）。

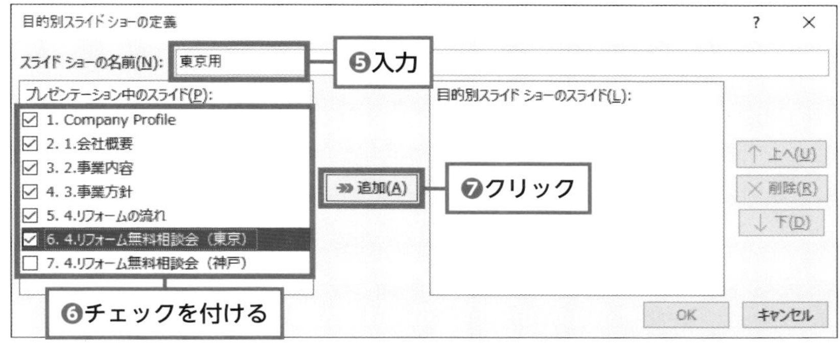

[スライドショーの名前] を入力（❺）。左側の [プレゼンテーション中のスライド] から目的別スライドショーに含めたいスライドのチェックボックスをオンにして（❻）、[追加] をクリックする（❼）。

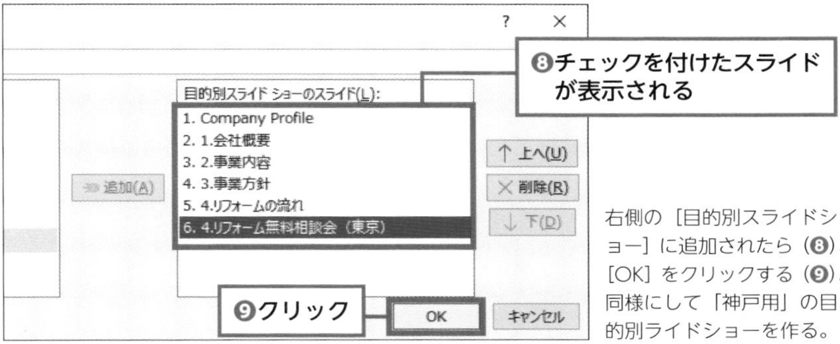

❽チェックを付けたスライドが表示される

❾クリック

右側の [目的別スライドショー] に追加されたら（❽）、[OK] をクリックする（❾）。同様にして「神戸用」の目的別ライドショーを作る。

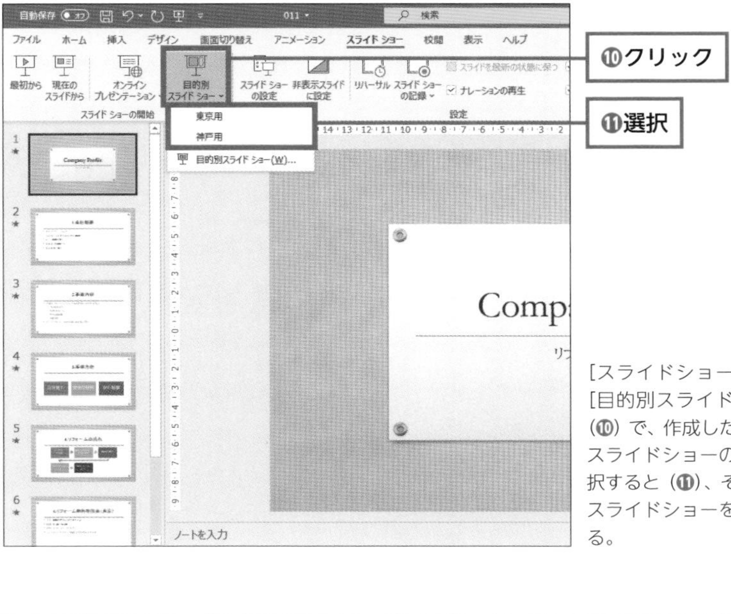

❿クリック

⓫選択

[スライドショー] タブの [目的別スライドショー]（❿）で、作成した目的別のスライドショーの名前を選択すると（⓫）、それぞれでスライドショーを実行できる。

9-12 アイコンをダブルクリックするだけでスライドショーを実行する

スライドショーはできるだけスマートに開始したいものです。プレゼンテーションファイルをスライドショー形式で保存しておくと、アイコンをダブルクリックするだけですぐにスライドショーを開始できます。

第9章 相手を一瞬で惹きつけるプレゼンのコツ

スライドショー形式でデスクトップに保存

スライドショーを実行するには、ファイルを開く→［スライドショー］タブの［最初から］をクリックするという手順が必要です。プレゼンテーションファイルを**「スライドショー形式」で保存すると、アイコンをダブルクリックするだけでスライドショーが始まります**。こうすれば、スライド下のノートペインのメモなどの舞台裏を見せずに済みます。すぐに操作できるようにデスクトップに保存して使いましょう。

● スライドショー形式で保存する

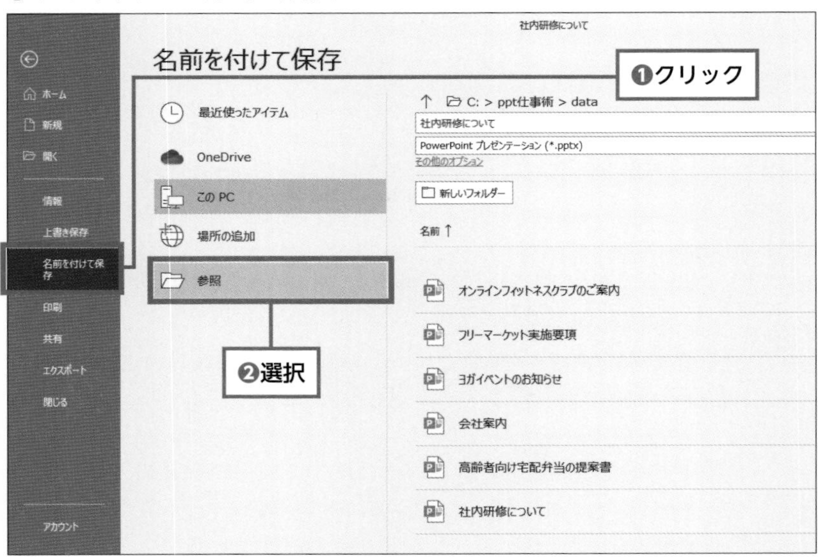

［ファイル］タブの［名前を付けて保存］をクリックし（❶）、［参照］を選択する（❷）。

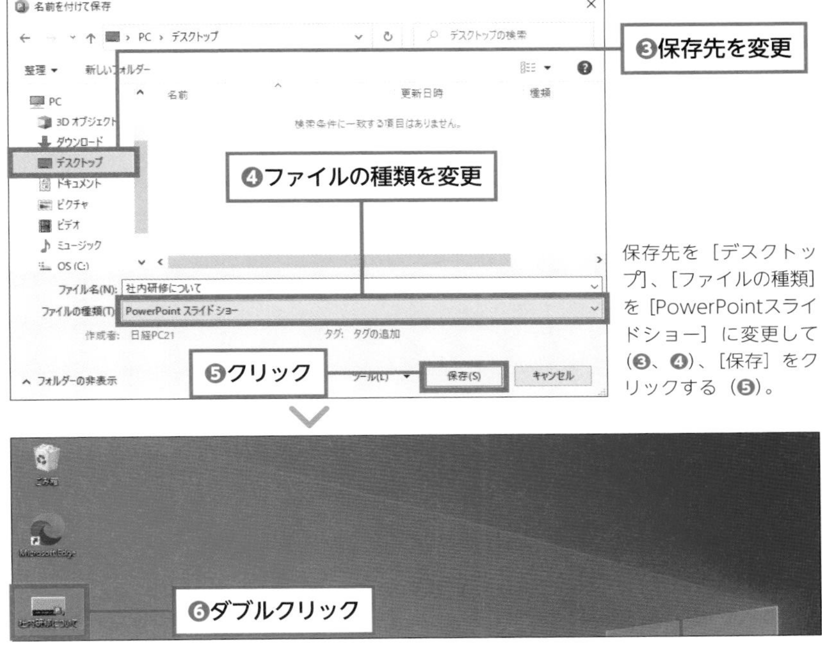

保存先を［デスクトップ］、［ファイルの種類］を［PowerPointスライドショー］に変更して（❸、❹）、［保存］をクリックする（❺）。

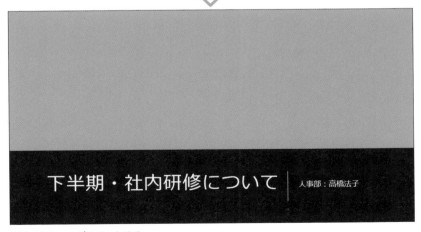

デスクトップに保存したアイコンをダブルクリックする（❻）。

スライドショーがスタートする。

memo

スライドショー形式で保存したスライドを修正するときは、PowerPointを起動して［ファイル］タブの［開く］からデスクトップに保存したファイルを開きます。

9-13 散らかったアイコンを表示して恥をかかない

自分のパソコンを使ってスライドショーを実施するときは、デスクトップの状態がそのまま大画面に表示されてしまいます。デスクトップのアイコンを一瞬で片づけるテクニックを覚えておくと便利です。

デスクトップのアイコンを瞬時に隠す

普段使っているパソコンのデスクトップには、さまざまなアイコンが配置されています。このパソコンをプロジェクターなどに接続したときや対面で顧客に見せたときに、うっかりデスクトップ画面が見えてしまうことがあります。これを防ぐためには、**スライドショーを実施する前にデスクトップのアイコンをすべて隠してしまう**といいでしょう。PowerPointの操作ではありませんが、発表者が知っていると便利なプレゼンテクニックです。

● デスクトップのアイコンを非表示にする

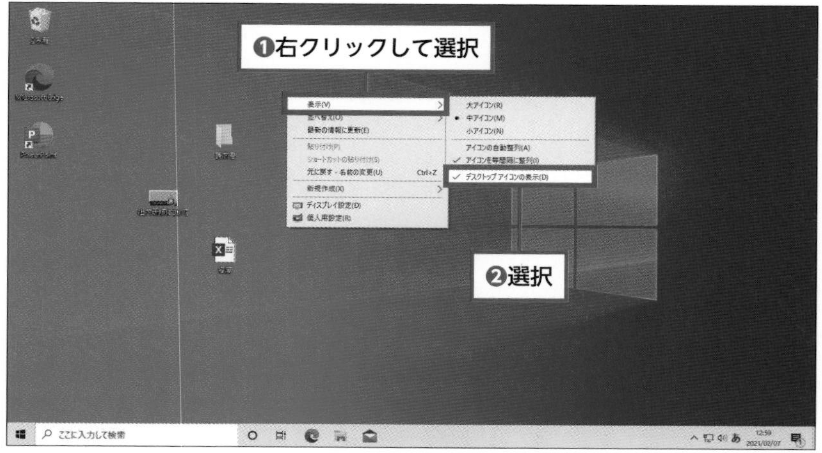

デスクトップの何もないところを右クリックし、[表示] から [デスクトップアイコンの表示] を選択する（❶、❷）。

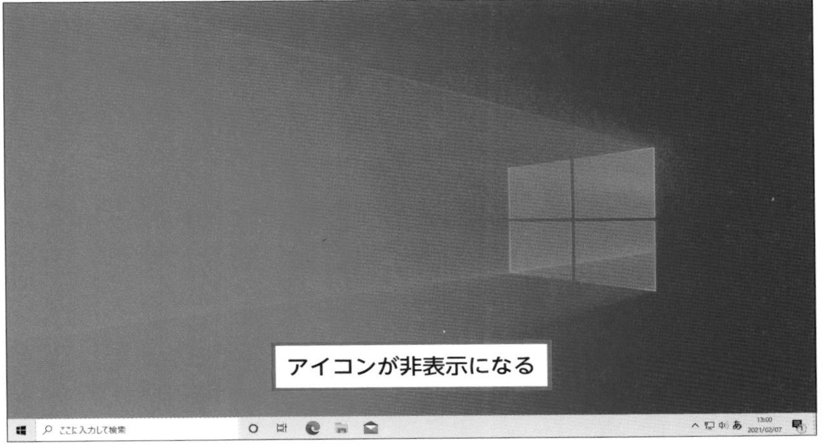

デスクトップにあったすべてのアイコンが非表示になる。もう一度同じ操作を行うと、アイコンを表示できる。

Point

デスクトップのアイコンを非表示にすると、9-12でデスクトップに保存したスライドショー形式のアイコンも消えてしまいます。9-12と9-13のワザを組み合わせて使う場合は、9-12で保存したアイコンを画面下部のタスクバーにドラッグします。スライドショーを実施するときは、タスクバーに追加したアイコンを右クリックして、スライドショー形式で保存したファイルを選択します。

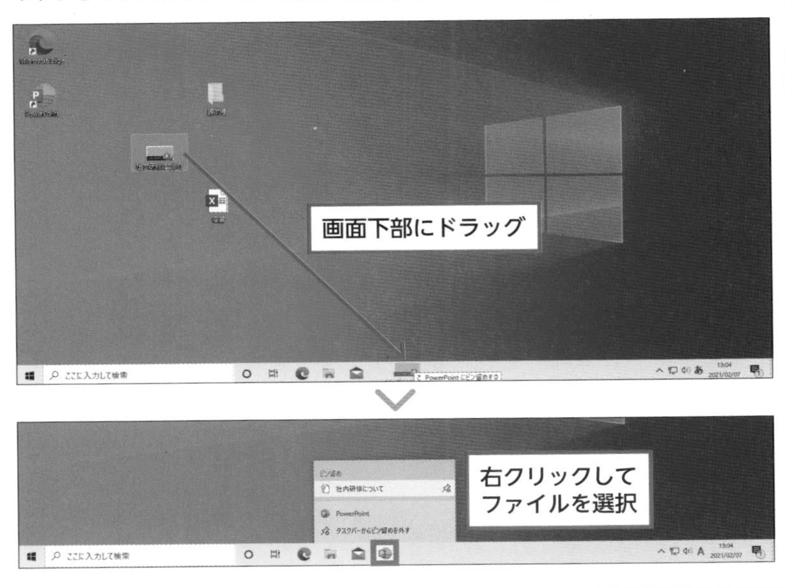

9-14 プレゼン中にアプリやメールの通知を見せない

スライドショーの実施中にメールが届いたり、アプリの更新メッセージが届いたりすると、画面右下に通知メッセージが表示されます。こういった通知メッセージが表示されないようにしておくと安心です。

Windowsを集中モードに切り替える

Windowsの［集中モード］機能を設定すると、メールやアプリ、SNSなどからの通知メッセージを非表示にできます。自分のパソコンでスライドショーを実行するときには、この機能を使わない手はありません。スライドショー実行中に通知メッセージが表示されて気まずい思いをしなくても済むように、事前に集中モードに設定しておきましょう。

● 集中モードを設定する

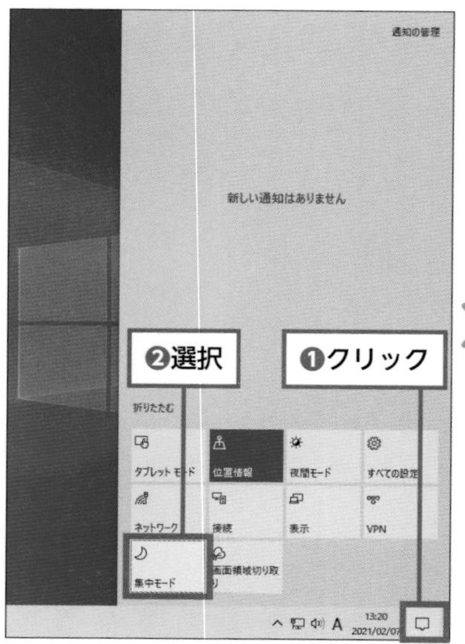

タスクバー右下の［アクションセンター］をクリックし（❶）、［集中モード］を選択する（❷）。Windows11では、タスクバー右下の日付をクリックし、表示されるメニューの「集中モード設定」をクリックする。

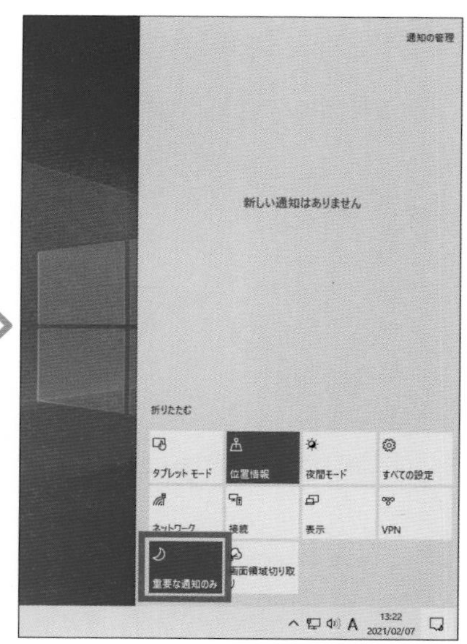

［集中モード］を1回クリックすると［重要な通知のみ］、2回クリックすると［アラームのみ］、3回クリックすると集中モードがオフになる。スライドショー実行前に［アラームのみ］に設定する。

集中モード	説明
重要な通知のみ	あらかじめ設定したWindows10の機能やアプリ以外の通知をオフにする
アラームのみ	Windows 10の標準アプリである「アラーム&クロック」で設定したアラーム以外の通知をオフにする

Point

集中モードの設定を自分の使い方に合わせて変更するには、[集中モード] を右クリックして表示されるメニューの [設定を開く] をクリックします。[重要な通知のみ] を選ぶと、通知をオフにしないアプリを選択できます。また、自動的に集中モードにする時間帯を設定することもできます。

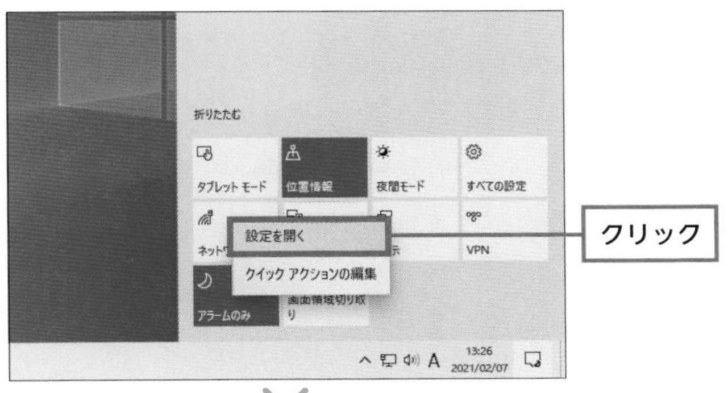

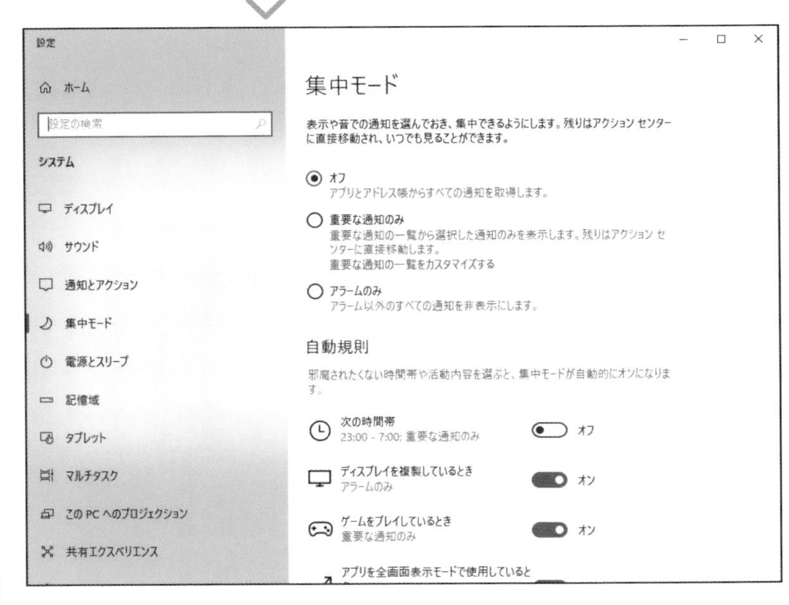

9-15 指し棒を用意せずに、マウスをレーザーポインターとして使用する

スライドショーで発表者がスライドの説明箇所を指し示すことがあります。[レーザーポインター] 機能を使うと、スライドショー実行中にマウスをレーザーポインターの代わりとして利用できます。

Ctrl キーを押しながらドラッグする

スライドショーでスライドを指し示す方法は、伸縮タイプの差し棒を使う、マウスポインターを差し棒代わりに使う、[ペン] 機能でスライドに直接書き込むなどがあります。加えて、マウスをレーザーポインターとして使う方法も用意されています。スライドショー実行中に Ctrl キーを押しながらマウスをドラッグすると、**マウスポインターの形が赤く光ったような形状に変化して、説明箇所を照らしてくれます**。

● マウスをレーザーポインターに変える

オンラインフィットネスとは

・オンラインで受講するトレーニング

・ステイホームで運動不足の人に人気

・パソコンがあれば誰でも参加可能

[スライドショー] タブの [最初から] をクリックしてスライドショーを実行し、スライドを進めておく。

オンラインフィットネスとは

・オンラインで受講するトレーニング

・ステイホームで運動不足の人に人気

・パソコンがあれば誰でも参加可能

Ctrl キーを押しながらクリックしてドラッグ

Ctrl キーを押しながらマウスの左ボタンをクリックしてドラッグすると、マウスポインターがレーザーポインターに変化する。

● レーザーポインターの色を変更する

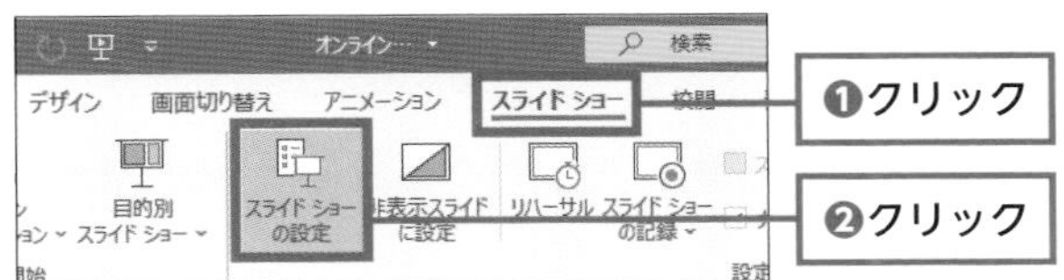

[スライドショー] タブ（❶）の［スライドショーの設定］をクリックする（❷）。

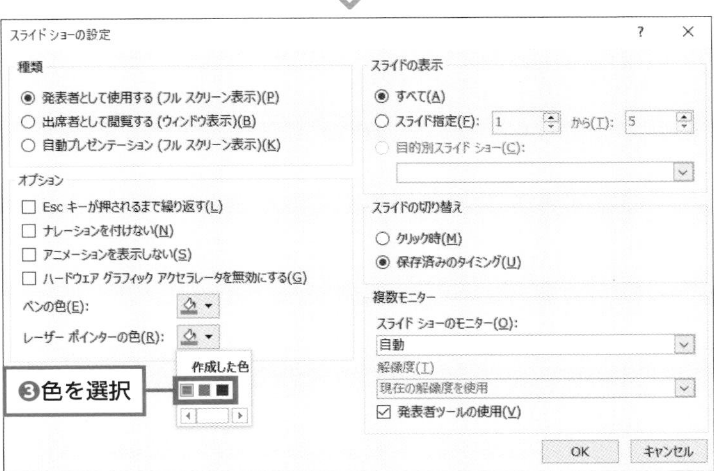

［レーザーポインターの色］の一覧から既定の色を変更できる（❸）。スライドの背景の色を考慮して目立つ色を選ぶと効果的だ。

9-16 ホワイトアウトやブラックアウトで視線を誘導する

スライドショーの途中でスライド以外のものに注目してほしいときは、一時的にスライドショーの画面を白や黒に変更しておくといいでしょう。ショートカットキーで操作すると便利です。

スライド以外に注目させる

プレゼンテーションでは、実際の商品を手にして見せたり、他の登壇者とのやりとりがあったりします。スライド以外に注目してほしいそんなときには、一時的にスライドの内容を隠してしまいましょう。**スライドショー実行中にⒷキーを押すと黒い画面、Ⓦキーを押すと白い画面に切り替わります**。いずれかのキーを押すと、中断前のスライドから再開できます。

● 白い画面に切り替える

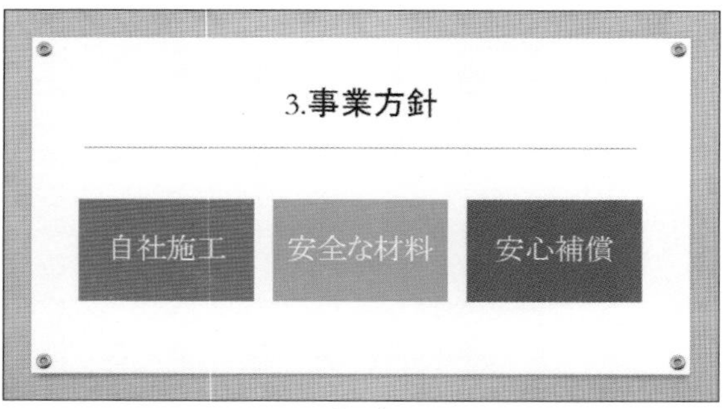

[スライドショー] タブの [最初から] をクリックしてスライドショーを実行し、スライドを進めておく。Ⓦキーを押す。

Ⓦキーを押すと白い画面に切り替わる

スライドショーの画面全体が白くなる。いずれかのキーを押すか、スライド上をクリックすると元に戻る。

9-17

スライドを自由自在にジャンプする

スライドショー実行時にいつでも目的のスライドにジャンプできるようにしておきましょう。ジャンプ先のスライド番号がわかっていれば、「スライド番号」の数字に続けて Enter キーを押すのが早道です。

「スライド番号」＋ Enter キーでジャンプする

時間の関係で用意してあったスライドを飛ばしたり、質疑応答の際に特定のスライドに戻ったりするときには、スマートにスライドを移動したいものです。移動先の「スライド番号」の数字に続けて Enter キーを押すのが一番早いですが、スライドの一覧から移動する方法も覚えておくといいでしょう。いずれも**スライドショーを中断しないで操作できます**。

● スライド一覧からジャンプする

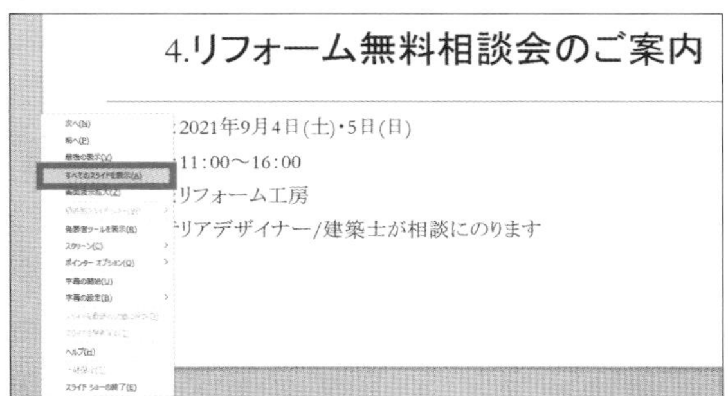

スライドショー画面で右クリックし、［すべてのスライドを表示］を選択する。

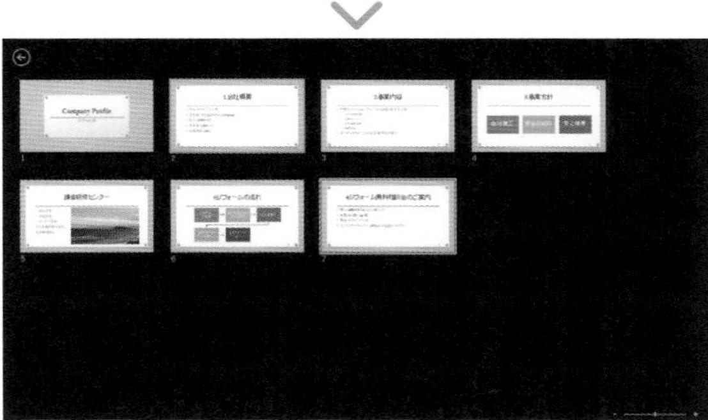

スライド一覧が表示されたら、移動先のスライドをクリックするとジャンプできる。

9-18 その場で書き込むことで「ライブ感」を演出する

［ペン］機能を使うと、スライドショー実行中にマウスでドラッグしてスライドに図形や字を手書きできます。注目してほしい箇所を丸で囲んだり、線を引いたりすると、その場で説明しているライブ感を演出できます。

第9章 相手を一瞬で惹きつけるプレゼンのコツ

ペンの書き込みで注目を集める

事前に用意したスライドにその場で手書きの図形や文字を書き込むと、用意したものだけではないライブ感を演出できます。マウスのドラッグ操作で文字を書くのは難しいですが、下線を引いたり、円を描いたりするのは簡単です。多少線が歪んでいても、それがライブ感につながります。スライドショー実行中に使える**［ペン］と［蛍光ペン］の2種類が用意されており、それぞれ色を変更しながら利用できます**。

● ペンで文字を囲む

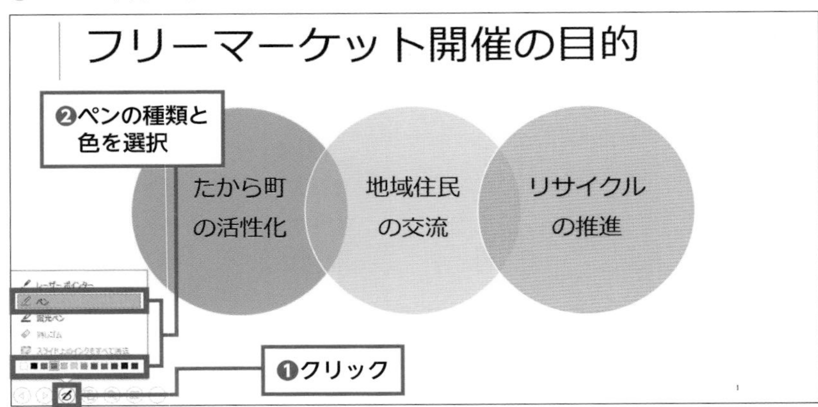

［スライドショー］タブの［最初から］をクリックしてスライドショーを実行し、スライドを進めておく。画面左下のペンのボタンをクリックし（❶）、ペンの種類と色を選択する（❷）。

memo

ペンの機能はショートカットキーでも実行できます。Ctrl＋Pキーでペン、Ctrl＋Aキーでペンの解除、Eキーでペンの書き込みを削除できます。

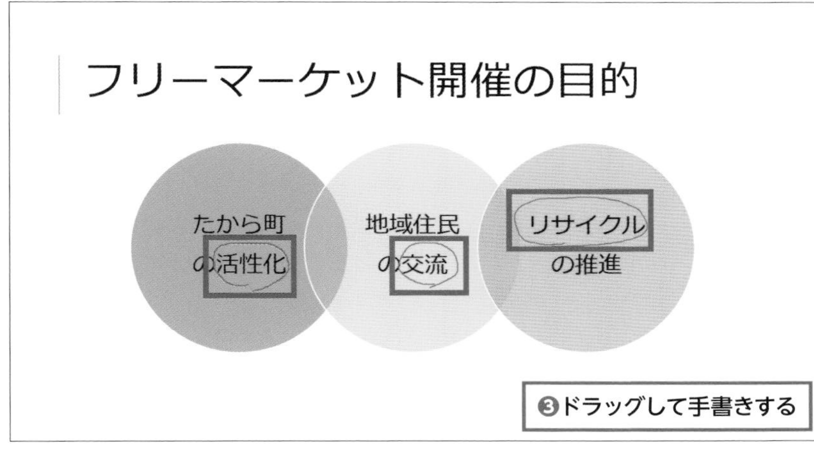

マウスポインターの形状が変わったら、スライド上をドラッグして手書きする（❸）。

画面左下のペンのボタンをクリックし、もう一度ペンをクリックすると（❹）、ペンの機能を解除できる。

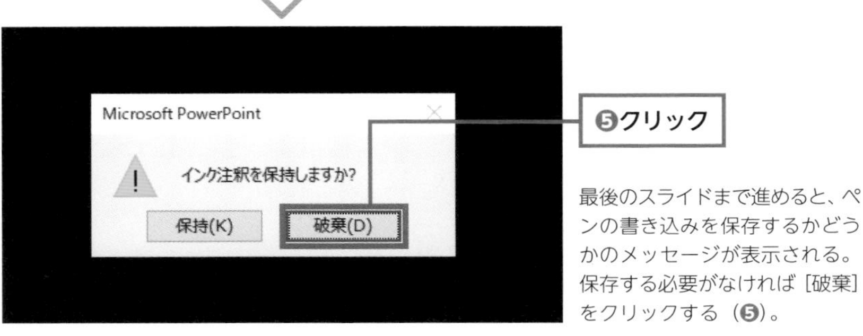

最後のスライドまで進めると、ペンの書き込みを保存するかどうかのメッセージが表示される。保存する必要がなければ［破棄］をクリックする（❺）。

9-19 スライドショーに必要なファイルを1つにまとめる

いつも使っているパソコンとは別のパソコンでスライドショーを行うときは、スライドショーに必要なファイルをUSBメモリーなどに保存して持ち出します。このとき、ファイルのコピーし忘れに注意しましょう。

プレゼンテーションファイルだけでは不十分

スライドに特殊なフォントが使われていたり、Excelの表やグラフのリンクが貼り付けされていたりするときは、USBメモリーなどにコピーするときに、これらのファイルも一緒にコピーする必要があります。そうしないと、他のパソコンで同じように表示されなかったり、修正できなくなったりするからです。**[プレゼンテーションパック] 機能を使うと、プレゼンテーションファイル以外に必要なファイルを自動検出して、1つのフォルダーにまとめてくれます**。

● プレゼンテーションパックを作成する

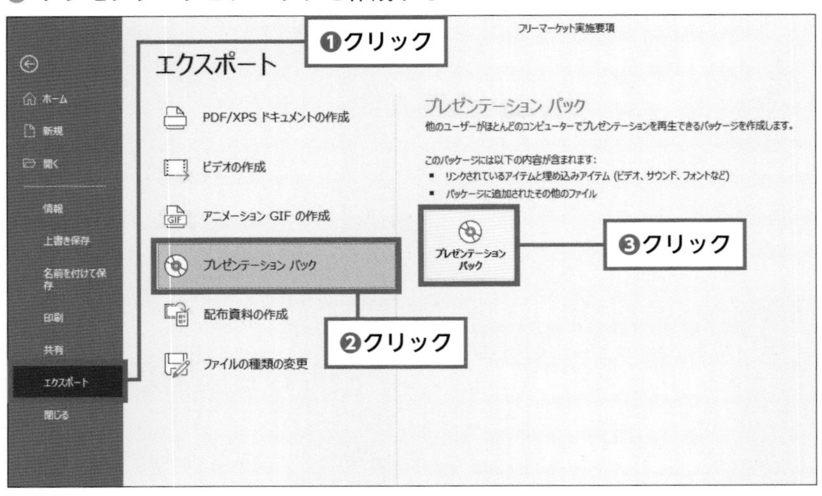

[ファイル] タブの [エクスポート] をクリックし (❶)、[プレゼンテーションパック] → [プレゼンテーションパック] の順番でクリックする (❷、❸)。

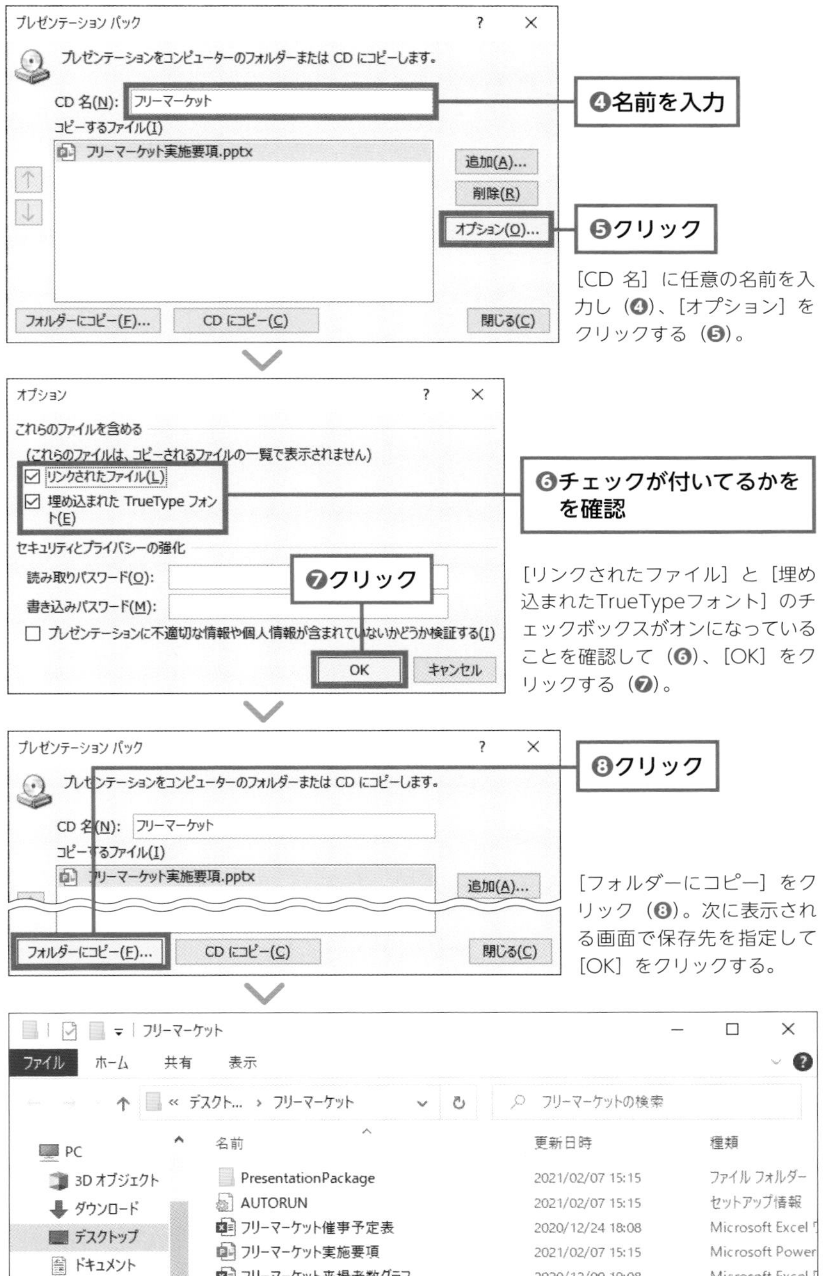

［CD 名］に任意の名前を入力し（❹）、［オプション］をクリックする（❺）。

［リンクされたファイル］と［埋め込まれたTrueTypeフォント］のチェックボックスがオンになっていることを確認して（❻）、［OK］をクリック する（❼）。

［フォルダーにコピー］をクリック（❽）。次に表示される画面で保存先を指定して［OK］をクリックする。

保存先のフォルダーを開くと、プレゼンテーションファイルの他にスライドにリンクを貼り付けしたExcelファイルも保存されていることがわかる。

9-20 配布する資料は2スライドか3スライドで決まり！

作成したスライドを基にして聞き手に配布する印刷物を作成できます。いくつかのレイアウトが用意されていますが、1枚の用紙に2枚もしくは3枚のスライドを印刷するレイアウトが最適です。

メモ欄ありなら3スライド

プレゼンテーションでは、説明に使うスライドとは別に聞き手が持ち帰る配布資料を用意するケースが多いようです。スライドを「配布資料」として印刷すると、1枚の用紙に複数のスライドを配置して印刷できます。ただし、たくさんのスライドを詰め込みすぎるとスライドの内容が読みづらくなります。**スライドを大きく見せたければ2スライド、メモ欄を付けたければ3スライド**というように使い分けましょう。

● 配布資料を用意する

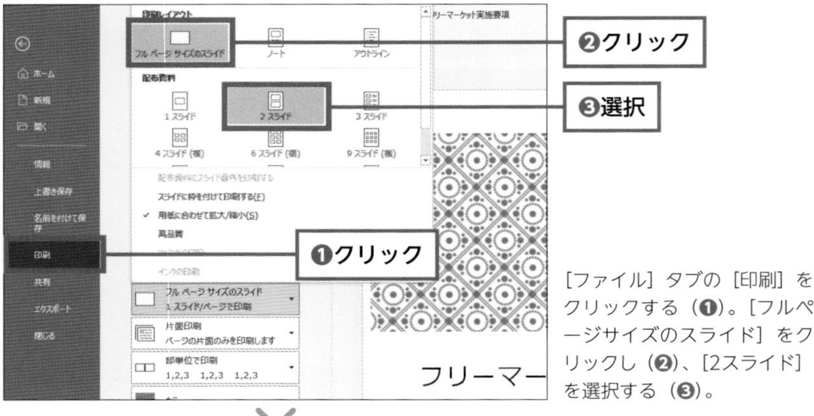

［ファイル］タブの［印刷］をクリックする（❶）。［フルページサイズのスライド］をクリックし（❷）、［2スライド］を選択する（❸）。

memo

スライドの一部を印刷するには、印刷画面の［スライド指定］欄にスライド番号を指定します。「3-5」なら3枚目から5枚目、「3,5」なら3枚目と5枚目、「3-5, 9」なら3枚目から5枚目と9枚目になります。「-」（ハイフン）や「,」（カンマ）は半角で入力します。

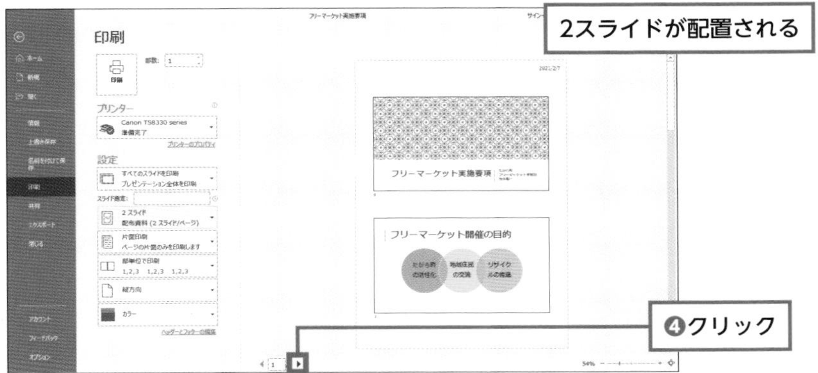

用紙の上下に2枚ずつスライドを配置した印刷イメージが表示された。[次のページ] をクリックすると (❹)、2ページ目以降が表示される。

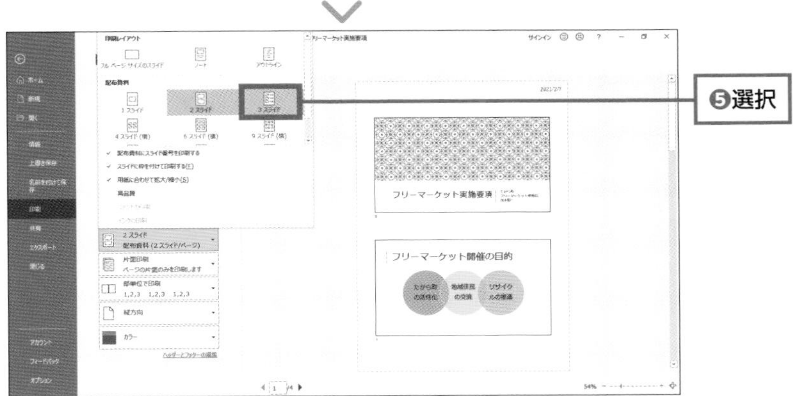

[フルページサイズのスライド] をクリックし、[3スライド] を選択する (❺)。

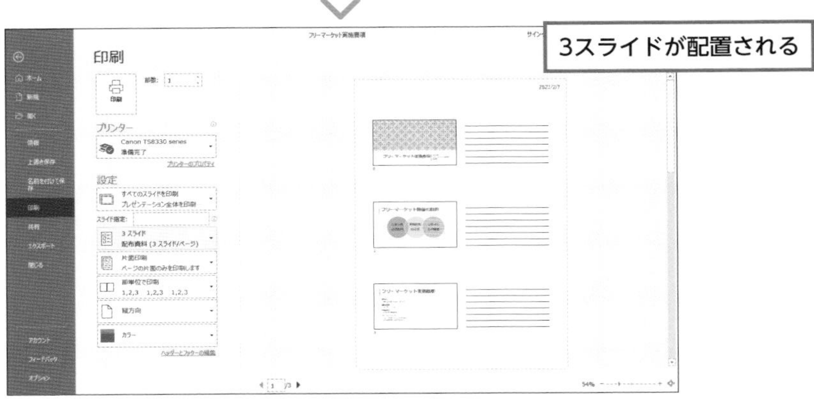

用紙に3枚ずつスライドを配置した印刷イメージが表示された。スライドの右側にはメモ用の罫線が印刷される。

9-21 プレゼン台本はパワポで作る

「ノートペイン」に各スライドで説明するポイントを入力しておくと、プレゼンテーション用の台本を作成できます。そのまま印刷してプレゼン会場に持ち込めば、困ったときにチェックできるので安心です。

ノートペインには台詞は書かない

プレゼンテーション本番で話す内容をメモして会場に持ち込む人は多いでしょう。スライド下の**「ノートペイン」の領域にメモを入力しておけば、それぞれのスライドに対応したメモを残せます**。ただし、話し言葉のような台詞を入力するのではなく、スライドショー進行中にすぐに確認できるような端的でわかりやすいキーワードの入力にとどめましょう。

● ノートを入力する

スライドペインとノートペインの境界線にマウスポインターを移動し、そのまま上方向にドラッグする（❶）。

memo

［表示］タブの［ノート］を選択して、ノート表示モードに切り替えてからメモを入力することもできます。ノート表示モードでは、文字に書式を設定したり、図形や画像などを挿入したりすることもできます。

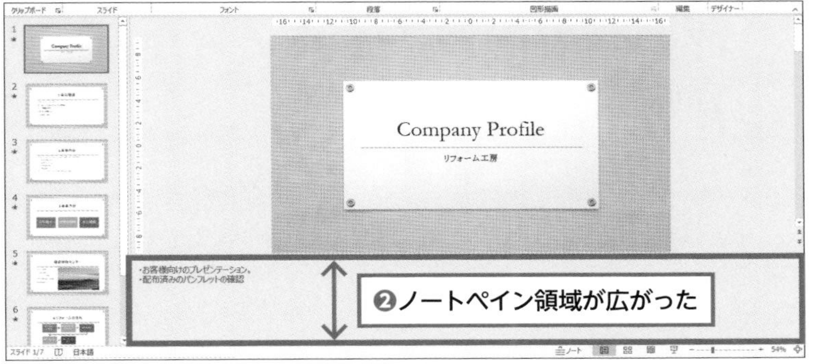

ノートペインの領域が広がった（❷）。ノートペインにスライドで説明するポイントを入力する。

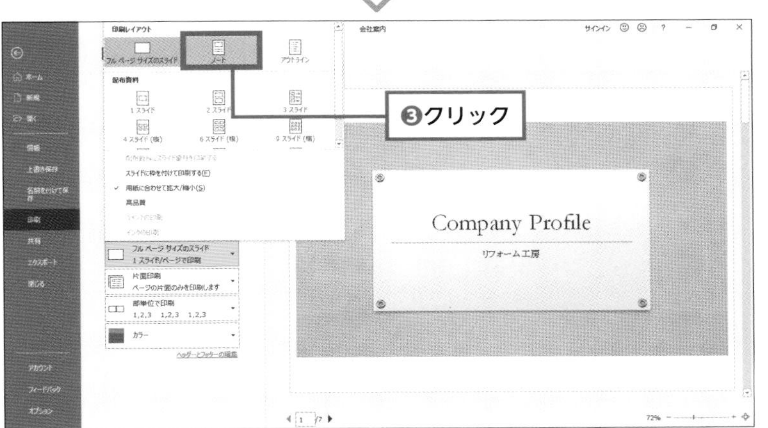

9-20の操作で印刷画面を開き、[フルページサイズのスライド] から [ノート] をクリックする（❸）。

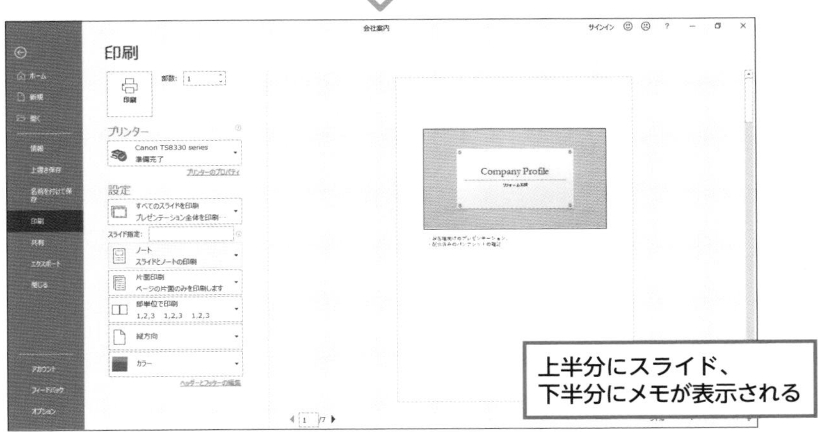

用紙の上半分にスライド、下半分にノートペインに入力したメモが表示される。

9
21 プレゼン台本はパワポで作る

9-22 発表者専用のディスプレイがあれば百人力！

パソコンに2台のディスプレイを接続しておくと、1台は聞き手用のディスプレイ、もう1台は発表者用のディスプレイとして利用できます。発表者用のディスプレイにはノートペインのメモなどが表示されます。

発表者ツールは発表者の強い味方

［発表者ツール］機能を使うと、**発表者専用のディスプレイにタイマーやノートペインのメモ、操作ボタンなどが表示されます**。スライドショーで必要な情報が1つの画面にまとまって表示されるので安心して進行できます。一方、**聞き手用のディスプレイには通常のスライドショーが表示されます**。［発表者ツール］は発表者を強力にバックアップしてくれる機能ですが、操作に戸惑うことがないように使い方をしっかりマスターしておきましょう。

● 発表者ツールを表示する

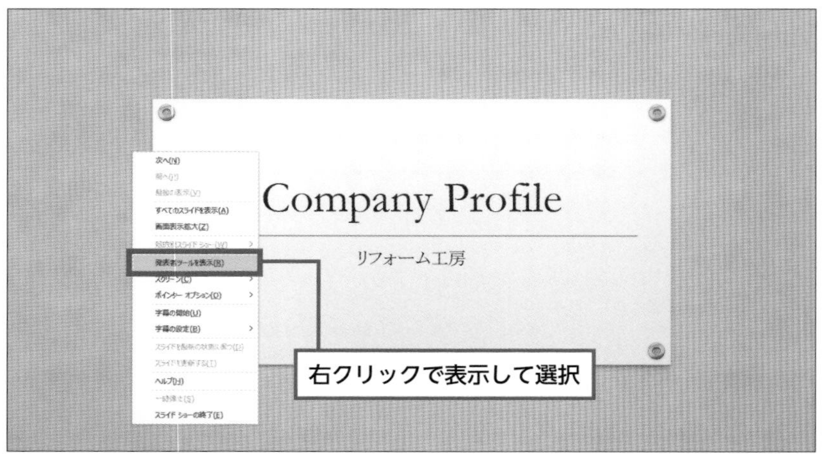

［スライドショー］タブの［最初から］をクリックしてスライドショーを実行する。スライド上を右クリックし、［発表者ツールを表示］を選択する。2台のディスプレイが接続されているときは自動的に発表者ツールが表示される。

● 発表者ツールの画面構成

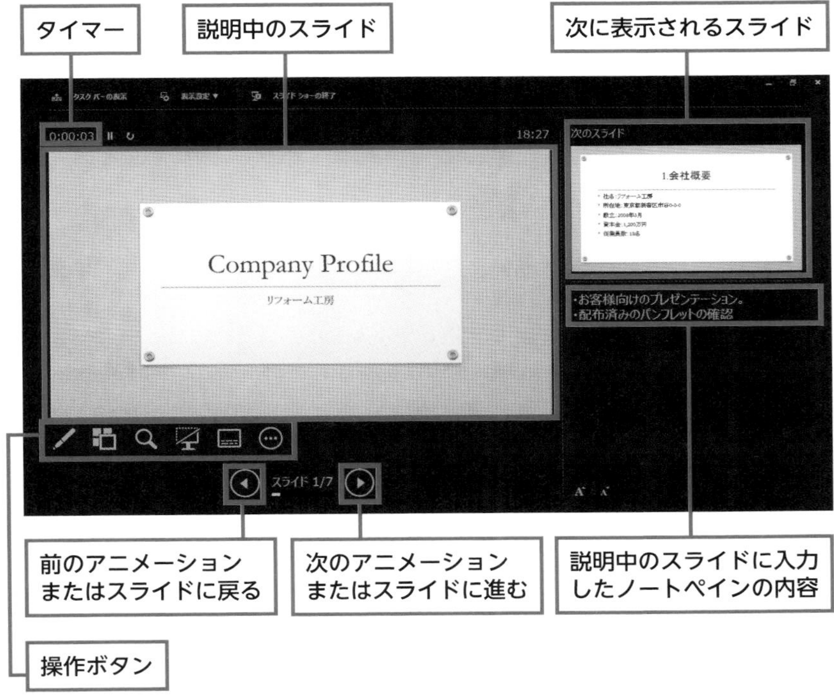

● 操作ボタンの機能

ボタン	名称	説明
	ペンとレーザーポインターツール	ペン / 蛍光ペン / レーザーポインターやペンの色を選択する
	すべてのスライドを表示	スライド一覧を表示する
	スライドを拡大	スライドの一部を拡大する
	スライドショーをカットアウト/カットイン(ブラック)	一時的にスライドショーの画面を黒くする
	字幕の切り替え	マイクが接続されている場合は、発表者の説明を字幕として表示する
	その他のスライドショーオプション	メニューから [字幕の設定] や [スクリーン] などの機能を選択する

ショートカットキー一覧表

■ スライド操作に役立つショートカットキー

新しいプレゼンテーションを作成する	Ctrl + N
PowerPointを終了する	Ctrl + Q
新しいスライドを追加する	Ctrl + M
直前の操作に戻す	Ctrl + Z
直前の操作を繰り返す	Ctrl + Y
プレゼンテーションを保存する	Ctrl + S
印刷画面を表示する	Ctrl + P
[検索] ダイアログボックスを表示する	Ctrl + F
スライドを複製する	Ctrl + D
グリッドの表示/非表示を切り替える	Shift + F9
ガイドの表示/非表示を切り替える	Alt + F9

■ アウトライン表示モードに役立つショートカットキー

段落を分けずに改行する	Shift + Enter
段落のレベルを上げる	Shift + Tab / Alt + Shift + ←
段落のレベルを下げる	Tab / Alt + Shift + →
段落を上に移動する	Alt + Shift + ↑

段落を下に移動する	Alt + Shift + ↓
タイトルだけを表示する	Alt + Shift + 1
内容を表示する	Alt + Shift + +
内容を非表示する	Alt + Shift + −

■ 書式設定に役立つショートカットキー

選択した内容をクリップボードにコピーする	Ctrl + C
選択した内容を切り取る	Ctrl + X
クリップボードの内容を貼り付ける	Ctrl + V
選択した内容の書式をコピーする	Ctrl + Shift + C
コピーした書式を貼り付ける	Ctrl + Shift + V
アニメーションをコピーする	Alt + Shift + C
アニメーションを貼り付ける	Alt + Shift + V
スライド内のすべての要素を選択する	Ctrl + A
選択範囲を1文字左へ拡張する	Shift + ←
選択範囲を1文字右へ拡張する	Shift + →
選択範囲を1単語左へ拡張する	Ctrl + Shift + ←
選択範囲を1単語右へ拡張する	Ctrl + Shift + →
ハイパーリンクを挿入する	Ctrl + K
太字にする	Ctrl + B

下線を引く	Ctrl + U
斜体にする	Ctrl + I
段落を左揃えにする	Ctrl + L
段落を右揃えにする	Ctrl + R
段落を中央揃えにする	Ctrl + E
段落を両端揃えにする	Ctrl + J
[フォント] ダイアログボックスを表示する	Ctrl + T

■ オブジェクトの操作に役立つショートカットキー

選択したオブジェクトの前面のオブジェクトを選択する	Tab
選択したオブジェクトの背面のオブジェクトを選択する	Shift + Tab
選択したオブジェクトを複製する	Ctrl + D
選択したオブジェクトをグループ化する	Ctrl + G
選択したオブジェクトのグループ化を解除する	Ctrl + Shift + G

■ スライドショーに役立つショートカットキー

先頭のスライドからスライドショーを開始する	F5
現在のスライドからスライドショーを開始する	Shift + F5
発表者ツールを使ってスライドショーを開始する	Alt + F5
スライドショーの中断	Esc

操作	キー
画面を一時的に黒くする	B
画面を一時的に白くする	W
ペン機能を実行する	Ctrl + P
蛍光ペン機能を実行する	Ctrl + I
ペン機能を解除する	Ctrl + A
消しゴム機能を実行する	Ctrl + E
ペンで書き込んだ内容を消去する	E
レーザーポインター機能を実行する	Ctrl + L
指定したスライドにジャンプする	スライド番号 + Enter
次のスライドに進む	Enter / → / ↓ / N / Page Down / Space
前のスライドに戻る	Back space / ← / ↑ / P / Page Up
スライドショー実行中にタスクバーを表示する	Ctrl + T
音量を上げる	Alt + ↑
音量を下げる	Alt + ↓
音量をミュートする	Alt + U
スライドショーで使えるショートカットキーの一覧を表示する	F1

著者プロフィール

井上香緒里（いのうえかおり）

SOHOのテクニカルライターチーム「チーム・モーション」を立ち上げ、IT関連の書籍や雑誌、Webの記事を執筆。都内の大学の非常勤講師として「情報処理」の授業を担当。

● **本書サポートページ**
https://gihyo.jp/book/2021/978-4-297-12359-8
本書記載の情報の修正／補足については、当該Webページで行います。

■お問い合わせについて
本書に関するご質問については、記載内容についてのみとさせて頂きます。本書の内容以外のご質問には一切お答えできませんので、あらかじめご承知おきください。また、お電話でのご質問は受け付けておりませんので、書面またはFAX、弊社Webサイトのお問い合わせフォームをご利用ください。
なお、ご質問の際には、「書籍名」と「該当ページ番号」、「お客様のパソコンなどの動作環境」、「お名前とご連絡先」を明記してください。

〒162-0846
東京都新宿区市谷左内町21-13
株式会社技術評論社
『PowerPoint［最強］時短仕事術　もう迷わない！ひと目で伝わる資料作成』係
FAX：03-3513-6167
URL：https://book.gihyo.jp/116

お送りいただきましたご質問には、できる限り迅速にお答えをするよう努力しておりますが、ご質問の内容によってはお答えするまでに、お時間をいただくこともございます。回答の期日をご指定いただいても、ご希望にお応えできかねる場合もありますので、あらかじめご了承ください。
ご質問の際に記載いただいた個人情報は質問の返答以外の目的には使用いたしません。また、質問の返答後は速やかに破棄させていただきます。

● **カバーデザイン**
小口翔平＋三沢稜（tobufune）

● **本文デザイン・DTP**
BUCH+

● **担当**
小竹香里

PowerPoint［最強］時短仕事術 もう迷わない! ひと目で伝わる資料作成

2021年11月9日　初版　第1刷発行

著　　者　井上香緒里
発 行 者　片岡 巌
発 行 所　株式会社技術評論社
　　　　　東京都新宿区市谷左内町21-13
　　　　　TEL：03-3513-6150　販売促進部
　　　　　TEL：03-3513-6160　書籍編集部
印刷／製本　日経印刷株式会社

ISBN 978-4-297-12359-8 C3055
Printed in Japan